高等院校心理学融媒体精品教材

「应用心理学」国家级一流本科专业建设成果
江苏高校品牌专业建设二期工程成果

邓 铸　朱晓红　张晶晶　编著

心理统计学

PSYCHOLOGICAL STATISTICS

南京师范大学出版社

图书在版编目(CIP)数据

心理统计学 / 邓铸，朱晓红，张晶晶编著. —南京：南京师范大学出版社，2020.9
高等院校心理学融媒体精品教材
ISBN 978-7-5651-4423-3

Ⅰ.①心… Ⅱ.①邓… ②朱… ③张… Ⅲ.①心理统计 Ⅳ.①B841.2

中国版本图书馆 CIP 数据核字(2019)第 263224 号

丛 书 名	高等院校心理学融媒体精品教材
书 　名	心理统计学
编 著	邓　铸　朱晓红　张晶晶
丛书策划	徐　蕾　张　春
责任编辑	于丽丽
出版发行	南京师范大学出版社
地 　址	江苏省南京市玄武区后宰门西村 9 号(邮编:210016)
电 　话	(025)83598919(总编办)　83598412(营销部)　83373872(邮购部)
网 　址	http://press.njnu.edu.cn
电子信箱	nspzbb@njnu.edu.cn
照 　排	南京凯建图文制作有限公司
印 　刷	江苏中山印务有限公司
开 　本	787 毫米×1092 毫米　1/16
印 　张	20.5
字 　数	425 千
版 　次	2020 年 9 月第 1 版　2020 年 9 月第 1 次印刷
书 　号	ISBN 978-7-5651-4423-3
定 　价	58.00 元
出 版 人	张志刚

南京师大版图书若有印装问题请与销售商调换
版权所有　侵权必究

总 序

改革开放以来,中国社会发生了深刻而巨大变化。就中国心理学而言,从1977年8月16日—24日召开的"全国心理学学科规划座谈会"算起,其走过了重生并迅速成长的42年。在那次座谈会上,来自全国各地的23位代表起草了心理学发展规划,围绕8个领域制订了3年计划、8年规划、23年设想,故被称为"3-8-23方案",涉及心理学基本理论、感觉与知觉、思维与记忆、心理发展、生理心理、教育心理、工程心理、医学心理研究。可见当时的中国心理学以基础研究为主。这个规划是中国心理学发展史上的一个重要转折点,扭转了心理学在"文革"期间被迫停顿的局面。今天,打开中国心理学会的网站,就会看到它的分支机构包括12个工作委员会、31个专业委员会,覆盖的领域迅速扩展到国际心理学前沿基础研究和中国社会生活的众多热点人群。相应地,心理学的专业人才培养,从只有几所高校招收心理学专业的本科生发展到现在400多所高校设立心理学类本科专业或心理学类本科培养方向,呈现非线性的快速增长模式。

42年来,我国高校人才培养中,心理学教学大致走过四个阶段。第一个阶段是20世纪七八十年代,几乎所有师范类院校均开设了心理学课程,有的设有专门的教研室或教研组,延续了中国心理学早期的存在范式,更大程度上是教育学性质的心理学,因为从1920年南京高等师范学校设立中国高等教育史上第一个心理系开始,中国的心理学主要是作为教师培养的必修课程,除介绍基本概念与理论外,重点是为学校的教与学提供心理学基础。教材的建设也主要围绕师范类教育而编写《心理学》或《教育心理学》等。虽然当时一些设有教育系科的师范大学和北京大学等,聚集了相对比较多的心理学专任教师,开设了基础心理学、人格心理学、实验心理学、变态心理学等非师范性的心理学课程,但是这样的学科点并不多。

第二个阶段是20世纪90年代,在高校教育类专业中逐渐分化出心理学专业,而且加强了硕士、博士研究生的培养工作,为心理学的快速增长准备了人才,同时心理学的广泛应用趋势也越来越明显。改革开放的成功,带来了经济的快速增长,促进了两个重要分支领域的发展:咨询心理学、经济心理学。学校心理咨询受到前所未有的重视,有条件的大学纷纷开设"大学生心理学",建立大学生心理咨询中心,而且这一工作也逐渐向中小学延伸,培育了心理健康教育工作岗位。经济领域的人员选拔和绩效激励引入心理学,人力资源管理也逐渐扎根于心理学类专业;营销工作越来越需要广告心理学、消费心理学等。这一时期,高校中的心理学本科专业开始多起来,而且大部分都叫"应用心理学",基本上都包括两个培养方向:心理健康教育、人力资源管理。各高校互相参照,形成了较一致的课程模式:专业基础理论课+方法学课+实务实践训练课。较系统的教材建设出现规模,书店里和图书馆里出现了心理学书籍专柜。当然,教材中的素材更多来自西方心理学,国内独创成果相对较少。

第三个阶段是21世纪的前10年,高校心理学专业数量出现大规模增长,这与两个因素关系很大,一是心理学专业人才的社会需求迅速增长,二是大学教育的就业导向被强化。有条件的高校建立心理学类专业,不少条件不充分的高校也在其他专业内设立心理学方向。这个阶段的心理学专业,课程建设和实验平台建设成为重点。课程建设中,强调出版精品教材和建设在线精品课程。师资条件好的学校,逐渐加大了课程的专业分化和难度提升,强调学科前沿动态的把握和方法课程的容量,学校之间的差异化显现。课程建设的另一个特点是数据分析软件(如社会科学统计分析软件包,简称SPSS)的引入,大大提升了学生进行大样本调查研究和数据的多元统计分析能力。与此同时,实验平台建设投入增加,出现计算机化的实验操作系统替代传统仪器的趋势,少数经费充足的学科点不断升级其实验室,甚至将功能性磁共振设备购进了心理学实验室。这一阶段是中国心理学人才培养的规模和质量都迅速提升的阶段。

第四个阶段是近10年来,除培养单位数量继续快速增长外,培养规格要求越来越严格,同时强调人才培养要服务于社会重大需求,专业方向出现分化,各高校的专业特色逐渐显现。2008年汶川地震发生后,心理学家带领专业团队和大批心理学志愿者参与了灾后援助,让公众更多地了解了心理学及其价值。与此同时,学校教育、企业员工服务、社区服务、特殊人群关爱、环境与工程设计等对心理学人才的需求越来越迫切。在这样的背景下,应用心理学新的学科分支快速出现。教育部心理学教学指导委员会也越来越担负起推进心理学专业健康快速发展的责任,指导着中国心理学的专业建设,发布了心理学本科专业配置的基本标准。毫无疑问,今天的中国心理学已走向了世界,走向了科学前沿,也走进了广泛的社会实践和家庭生活。我们需要从整个人类社会生活和心理学整体来理解这个学科,规划心理学的工作。我国人口多,精神和心理疾病患者基数比较大。随着物质生活水平的提高,人们更加关注精神需求。而随着信息技术的高速发展,人们将更多地生活在虚拟与现实的冲突中,由此产生的心理和精神问题也是未来社会必须面对的巨大挑战。心理学近20年的发展为此做好了充分的资源积累和社会动员。1999年,科技部将心理学确定为18个优先发展学科之一;2000年,国务院学位委员会将心理学确定为国家一级学科;2010年,心理健康教育被列入国家中长期教育改革和发展规划战略主题,心理疏导技术被列入国家"十二五"发展规划。2015年公布的《中共中央关于制定国民经济和社会发展第十三个五年规划的建议》中,两次强调了心理健康服务问题:在谈到加强和创新社会治理,加强社会治理基础制度建设时,要求"健全社会心理服务体系和疏导机制、危机干预机制";在谈到推进健康中国建设,倡导健康生活方式时,要求"加强心理健康服务"。当前社会生活节奏加快、竞争加剧,人们的心理负荷日益加重。由心理疾患和行为问题所产生的医疗与社会成本,更对当前我国经济社会和谐发展造成了消极影响。党和国家领导人高度重视公民心理健康。2016年,习近平总书记在出席全国卫生与健康大会时强调,"没有全民健康,就没有全面小康","要加大心理健康问题基础性研究,做好心理健康知识和心理疾病科普工作,规范发展心理治疗、心理咨询等心理健康服务"。心理健康问题直接关涉健康中国建设的重大任务。党的十九大报告中明确提出,"加强社会心理服务体系建设,培育自尊自信、理性平和、积极向上的社会心态",其重要基础是社会心理和行为协调。2018年11月16日,国家卫生健康委员会、中央政法委员会等十部委联合发布了《关于印发全国社会心理服务体系建设试点工作方案的通知》,正式启动了社会心理服务体系建设的试点工作。

社会心理服务体系建设是一项宏大工程。要完成这一使命,心理学科既需要加强基础研究,又需要加强应用研究,更需要培养大批具有创新能力和社会责任担当的心理服务实践者。设立心理学专业的各相关高校,理应顺势而为,响应社会变革对心理学的新要求,根据各自资源优势和办学特色,进行科学研究与人才培养方向的重新思考、选择与凝练。毋庸置疑,社会心理服务体系建设工程的推进,必将带来高校心理学人才培养目标、内容、方式的重大改变,培育出一批新的重大研究方向和人才培养专业。可以预见,未来一个时期,与教育、健康、社会治理及人工智能发展等有关的心理学研究及人才培养均会得到越来越多的重视。而学科教育与人才培养的基本保障之一,就是建立科学合理的专业课程体系。根据对现代大学教育的思考,结合学科发展的最新趋势,我们认为,心理学类本科专业课程必须充分凸显以下特点。

(1)重视基础,强调应用。本科教学具有人才奠基意义,它既要为高层次人才培养输送优质生源,又要为社会心理服务培育专业基础扎实的实践者;必须重视心理学基本概念与理论基础、心理学研究方法学基础的教学,以促进学生可持续成长能力的提高;同时,也要重视心理实务技术以及与特定实践领域或特定人群相关的应用性方法教学,以训练学生分析问题、解决问题的能力。就目前来看,基础理论课程与方法学课程有20门左右,这构成了核心的专业基础课系列;测评、诊断、咨询等通用心理技术以及特殊心理实务类课程,也有20门左右,可以形成不同的训练模块,由学生根据不同方向的发展需要进行选修。

(2)尊重经典,勇于创新。科学心理学从其诞生至今,已有140年的历史,已经建立起较为完备的概念、理论、方法学体系,特别是经典心理学理论在提高人类对自身心理的本质、机制及活动规律方面,取得了很大成功。心理学的教学应充分尊重经典,保持教学内容体系的相对稳定。但也应看到,当代心理学正处于"快速发展期":一是学科自身发展,二是社会需求发展。心理学类本科专业的课程体系要保持开放,不断创新,密切注视学科发展和社会需求变化,及时对社会关切作出回应。除不断吸纳最新学科发展成果、引入新技术新方法外,还要及时增加与社会心理服务新焦点相关联的应用性课程。

（3）更新教法，善用融媒。融媒体技术改变了人类的信息表达与传递方式，也改变了人们的思维与学习方式。大学教育需要不断更新教法，包括改变教材的编撰形式。这里需要强调三点：首先，学生专业智能的发展是一个不断解构和重构的过程。大量信息进入大脑，需要脑的思维做功，以神经网络计算模型的调整表征新的信息结构及语义关系，形成新智能结构。这里，激活学生高频率的思维是关键。其次，信息表达与传递方式要适应信息剧增时代的特点，充分利用现代技术实现巨量信息的保存、传递、检索，给予学生自主探索、自主选择与整合信息的机会，培养学生的自主学习能力。这里，善用融媒体技术是关键。最后，培养具有创新实践能力的专业人才，需要问题导向的教学。大学生在专业学习中，必须将课堂教学与现实问题的探索解决有效结合，建立基本理论与现实问题的有效联结。这里，将学生带入社会心理服务的实践是关键。应充分利用现代信息技术，更新教学方式，促进学生高质量的专业发展。总之，不断地探索和创新心理学本科人才培养的课程体系、教学方式，建设崭新的教学资源平台是一项重要任务，需要高校心理学的教学团队不懈努力。

南京师范大学是中国现代心理学的发祥地之一，曾设立国内最早的心理学系。心理学大师潘菽、陆志韦、陈鹤琴、高觉敷等都曾在此著书立说、教书育人。他们尚诚尚朴、求真求实。在他们的培养下，学术梯队薪火相传，历久不衰。今天，我们在继续推进学科发展和人才培养方面更是责无旁贷。中国心理学走向繁荣和发展，不仅要在科学研究、人才培养方面与国际心理学深度融合，更要在服务教育、经济、文化建设方面做出重要贡献。有鉴于此，南京师范大学心理学科将本科教育定位于培养学术型、实践型的卓越人才，不仅继续保持了心理学历史与理论研究的传统优势方向，而且依托优势学科、品牌专业，加强了实验平台和应用心理学学术团队建设，从而在多轮学科评估中位列全国同类学科的前列，并以国内一流实验平台、教师团队，开展脑功能基础、青少年心理发展、国民心理健康系列课题研究，承接了一系列具有重要意义的社会心理服务工作，拓展了与相应社会心理服务工作衔接的心理学实践技能实务训练课程，在江苏省乃至全国产生了示范引领作用。

为适应新时代心理学专业人才培养的要求，进一步有效落实社会心理服务体系建设任务，我们与南京师范大学出版社共同打造了这套"高等院校心理学融媒体精品教材"系列。本套丛书立足于最新培养方案，以融媒体教材体现学科最新理论与实践发展，体现传统教材与数字化资源的有机结合，目标是将教材、课堂、在线资源有机融合，打造一个课程应用与教学服务相结合的优质全媒体心理学教学资源体系。融媒体课程与教材体系建设是一项艰苦的工作。我们会充分吸收心理学科的知识积累、先进方法，团结国内外专家同行，努力为我国心理学本科人才培养贡献精品资源。

邓　铸
2019年8月于随园

前 言

改革开放40多年来,中国心理学从边缘的弱势学科迅速成长为科技部确定的优先发展的18个一级学科之一。我始终热衷于心理学研究方法的课程教学,除一直承担本科生的实验心理学的教学外,还承担研究生的心理学研究方法、SPSS应用课程教学。别看远离了物理学和自然辩证法,我却很享受心理学的教学,因为我在这一学科领域依然感受到浓厚的科学氛围和辩证法的乐趣!

当然,我也注意到,在心理学系科,很多学生不喜欢数据分析,甚至害怕数据。不少学生说:"我一见到数据就晕!"这让我有点纳闷。心理学研究的、测量的几乎都是随机现象和随机变量,而统计学正是研究这些现象的有效工具,它可以分离数据变异中的随机因素,发现偶然中的必然性——可以肯定地说,心理统计学是全部心理学专业课程中最能体现偶然性与必然性统一的课程,这不就是辩证法嘛!

我们需要在教学方式上做出改变。我与同事朱晓红教授在讨论中逐渐形成共识。统计学的教学,首先需要让学生体验到的是:心理统计学很美!其次需要重视统计学与心理学研究的融合。于是我们决定编著《心理统计学》一书。编写过程中,我们进一步分析了心理学类专业本科生的方法学课程体系,拟在编写的书稿中凸显三个重要特点:(1)注重统计学基本概念和假设检验基本逻辑的把握与表述,使读者能够准确地理解抽样研究过程中所收集资料的随机性,以及基于此的思维方式;(2)注重统计学的方法、技术与心理学研究设计的紧密结合,突出统计学为心理学研究和学习服务的意识;(3)加强统计学技术的分析与软件使用的紧密结合。

以往,我们把"心理统计学"与"SPSS应用"融合在一本书中,获得许多同行教师和学生的认可,算是很成功的。但是,后来发现,SPSS软件更新速度很快,教材修订出版的速度跟不上这种变化。而且,越来越多的老师和学生在尝试使用其他的数据分析软件。当然,即使如此,SPSS数据分析软件依然是心理学研究中最为常用的软件,SPSS应用也是绝大多数高校心理学专业学生必学的课程。在与南京师范大学出版社张春主任的讨论中,她建议利用在线教学系统解决这一问题。也就是说,在纸质教材中,我们只谈心理统计学的方法和技术,统计软件使用及其操练交给读者去在线学习,甚至鼓励学生去探索使用其他软件解决具体的数据分析。

促成此书编写的原因还有,2015年6月,南京师范大学心理学院"应用心理学"本科专业经江苏省教育厅组织申报和遴选,被列入"江苏高校品牌专业建设工程一期项目",这将有效推进我们在精品教学资源建设方面的工作进程。结合心理学方法学课程体系的新发展和教学新要求,我们力争将此书打造成精品,并提高其适应性。具体做法上,一是注重吸纳心理统计学在科研实践中常用的新要求,二是增加关于效应量、逻辑回归等内容。同时,进一步加强对各种推断性统计分析条件的介绍,以减少方法的误用;针对关键的、常用的数据分析方法,增加"案例"式教学和操作练习,缩小"课程学习"与"实际应用"之间的距离。在写作风格上,强调融合性、易学性、操作性、实用性等。

在编写过程中,年轻教师张晶晶博士也加入进来。她带领我的几位研究生对教材初稿进行了逐章阅读和完善,使得书稿更为系统和完整,贴近学生学习实际。编写中,除我与朱晓红、张晶晶老师共同构建内容体系和撰写书稿的主体部分外,还组织了心理学专业部分在读研究生,共同组成了研讨团队,对撰写工作进行了分工,具体为:第一章,邓铸、张晶晶;第二章,朱晓红、岳茂婕;第三章,岳茂婕、张晶晶;第四章,朱晓红、祁艳;第五章,朱晓红、张琪;第六章,张琪、张晶晶、邓铸;第七章,吴金金、张晶晶;第八章,张晶晶、邓铸、吴金金;第九章,费天玥、邓铸、张晶晶;第十章,解晓娜、邓铸、费天玥;第十一章,解晓娜、邓铸、张晶晶;第十二章,解晓娜、崔晓青、张晶晶;第十三章,张晶晶、邓铸、崔晓青;附录,邓铸。书稿完成后,由我和同事朱晓红、张晶晶共同承担了书稿的审定工作,保证了各章体例、语言风格的前后一致性。

《心理统计学》可作为心理学专业本科生的教学用书,也可以作为医学、经济学、管理学、社会学类相关专业的本科生、研究生的教材或教学参考资料。

此书的撰写和出版,始终是在南京师范大学出版社的组织和协调下展开的,编辑们审读了全部书稿,字斟句酌间修正了许多错误,使全书文字更为精致和流畅。他们的勤勉、严谨、细致、热诚和专业睿智,为本书增色不少,我们在此致以衷心感谢!

毕竟著者的学识有限,加之时间仓促,书中还必然存在诸多疏漏和不足,恳请读者不吝赐教,我们将在未来的修订工作中充分吸纳,使之日臻完善。先致谢意!

邓　铸

于南京师范大学随园校区

2019 年 9 月

第一章 绪论

第一节　学习统计学的意义　　　　　　　　　> 3
第二节　行为科学研究中的变量与测量　　　　> 7
第三节　从样本到总体　　　　　　　　　　　> 14
第四节　如何学好心理统计学　　　　　　　　> 22
关键词　　　　　　　　　　　　　　　　　　> 24
练习与思考　　　　　　　　　　　　　　　　> 24
课程资源　　　　　　　　　　　　　　　　　> 24

第二章 描述性统计分析

第一节　资料的分类与统计图表　　　　　　　> 27
第二节　常用的集中量数　　　　　　　　　　> 32
第三节　常用的差异量数　　　　　　　　　　> 39
第四节　常用的地位量数　　　　　　　　　　> 48
关键词　　　　　　　　　　　　　　　　　　> 50
练习与思考　　　　　　　　　　　　　　　　> 50
课程资源　　　　　　　　　　　　　　　　　> 52

第三章　随机事件与概率分布

第一节　随机事件及其概率 > 55
第二节　离散变量的概率分布 > 60
第三节　连续变量的概率分布 > 63
第四节　抽样分布 > 70
关键词 > 76
练习与思考 > 76
课程资源 > 76

第四章　抽样分布与参数估计

第一节　参数估计的基本原理 > 79
第二节　总体平均数的区间估计 > 83
关键词 > 86
练习与思考 > 86
课程资源 > 87

第五章　平均数的差异性 t 检验

第一节　假设检验的基本原理 > 91
第二节　单样本平均数的差异检验 > 97
第三节　独立样本平均数的差异检验 > 100
第四节　相关样本平均数的差异检验 > 106
第五节　假设检验中的效应量 > 109
关键词 > 113
练习与思考 > 113
课程资源 > 114

第六章　方差分析

第一节　方差分析的基本原理　　　　　　　　　＞　117
第二节　单因素完全随机设计的方差分析　　　　＞　123
第三节　单因素随机区组设计的方差分析　　　　＞　131
第四节　多因素完全随机设计的方差分析　　　　＞　140
第五节　方差分析中效应的进一步分析　　　　　＞　144
关键词　　　　　　　　　　　　　　　　　　　＞　149
练习与思考　　　　　　　　　　　　　　　　　＞　150
课程资源　　　　　　　　　　　　　　　　　　＞　152

第七章　相关分析

第一节　相关的概念　　　　　　　　　　　　　＞　155
第二节　积差相关分析　　　　　　　　　　　　＞　158
第三节　等级相关分析　　　　　　　　　　　　＞　164
第四节　偏相关分析　　　　　　　　　　　　　＞　169
关键词　　　　　　　　　　　　　　　　　　　＞　171
练习与思考　　　　　　　　　　　　　　　　　＞　172
课程资源　　　　　　　　　　　　　　　　　　＞　173

第八章　聚类分析

第一节　聚类分析的基础　　　　　　　　　　　＞　177
第二节　层次聚类分析　　　　　　　　　　　　＞　181
第三节　快速聚类分析　　　　　　　　　　　　＞　186
关键词　　　　　　　　　　　　　　　　　　　＞　188
练习与思考　　　　　　　　　　　　　　　　　＞　188
课程资源　　　　　　　　　　　　　　　　　　＞　191

第九章　回归分析

第一节　回归分析概述　　　　　　　　　　> 195
第二节　一元线性回归分析　　　　　　　　> 199
第三节　多元线性回归分析　　　　　　　　> 208
第四节　逻辑回归分析　　　　　　　　　　> 213
关键词　　　　　　　　　　　　　　　　　> 219
练习与思考　　　　　　　　　　　　　　　> 219
课程资源　　　　　　　　　　　　　　　　> 220

第十章　探索性因素分析

第一节　探索性因素分析的基本原理　　　　> 223
第二节　适合度检验与因子提取　　　　　　> 228
第三节　因子旋转及因子命名与计算　　　　> 234
关键词　　　　　　　　　　　　　　　　　> 238
练习与思考　　　　　　　　　　　　　　　> 238
课程资源　　　　　　　　　　　　　　　　> 239

第十一章　比率的差异性检验

第一节　总体比率的估计　　　　　　　　　> 243
第二节　单样本比率的差异检验　　　　　　> 245
第三节　相关样本比率的差异检验　　　　　> 247
第四节　独立样本比率的差异检验　　　　　> 250
关键词　　　　　　　　　　　　　　　　　> 252
练习与思考　　　　　　　　　　　　　　　> 252
课程资源　　　　　　　　　　　　　　　　> 253

 χ^2 检验

第一节　χ^2 检验的基本原理　　　　　　　　> 257

第二节　适合性 χ^2 检验　　　　　　　　　　> 262

第三节　独立性 χ^2 检验　　　　　　　　　　> 266

关键词　　　　　　　　　　　　　　　　　　　　> 270

练习与思考　　　　　　　　　　　　　　　　　　> 270

课程资源　　　　　　　　　　　　　　　　　　　> 273

第十三章　非参数检验

第一节　非参数检验概述　　　　　　　　　　　　> 277

第二节　符号检验　　　　　　　　　　　　　　　> 278

第三节　符号秩次检验　　　　　　　　　　　　　> 281

第四节　秩和检验　　　　　　　　　　　　　　　> 283

第五节　中位数检验　　　　　　　　　　　　　　> 286

关键词　　　　　　　　　　　　　　　　　　　　> 289

练习与思考　　　　　　　　　　　　　　　　　　> 289

课程资源　　　　　　　　　　　　　　　　　　　> 290

附录　统计用表

附表1　随机数表　　　　　　　　　　　　　　　> 292

附表2　标准正态分布表　　　　　　　　　　　　> 294

附表3　t 值表（单、双侧检验）　　　　　　　　> 299

附表4　F 值表（双侧检验）　　　　　　　　　　> 300

附表5　F 值表（单侧检验）　　　　　　　　　　> 302

附表6　F_{max} 的临界值（哈特莱方差齐性检验）　> 305

附表7　Fisher Z_r 转换表　　　　　　　　　　　> 306

附表8　积差相关系数（r）显著性临界值表　　　 > 307

附表9　χ^2 分布临界值表　　　　　　　　　　> 308

附表10　符号检验表　　　　　　　　　　　　　　> 310

附表11　符号秩次检验表　　　　　　　　　　　　> 311

附表12　秩和检验表　　　　　　　　　　　　　　> 312

主要参考文献　　　　　　　　　　　　　　　　> 313

第一章　绪　论

内容概览

"心理统计学"是一门应用统计学，讨论如何利用概率统计方法分析随机事件研究中的资料，它是研究随机现象的方法论，是行为科学研究设计和资料分析的基础，是心理学实证研究结果表达的有效语言，是心理学专业的学生应该熟练掌握的应用技术。统计学所要分析的是数据资料，而数据来自于对变量的测量。行为科学研究中，变量测量可以依托称名量表、顺序量表、等距量表和等比量表，这些量表测量得到的数据性质有所不同，可以划分为离散变量数据和连续变量数据。对于不同性质的变量和数据，拟用不同的统计方法来分析。心理统计学的学习重点在于系统掌握其基本概念、基本原理和计算技术，在学习中要注意将统计学的概念、原理、技术与心理学的研究模式及生活实际问题结合起来。

统计学(statistics)乃数学,何以成为心理学专业的必修课?可能很多人没有想到,统计学中蕴藏着无限的美妙,统计学是能应用于所有学科的,心理学、教育学、社会学、生物学……甚至是物理学!任何事物的运动变化都具有随机性,但随机之中有必然。统计学就是研究随机事件运动规律的科学,它要寻找的是偶然中的必然性。

第一节 学习统计学的意义

学习心理学,是要了解人的心理活动的规律,将来从事与人有关的工作,并非都要做一名科学家,这难道也还要学习统计学吗?对于心理学来说,统计学是什么呢?

一、统计学是研究随机现象的方法论

世间万物,变化是永恒的,一切的变化都是有原因的。当原因太多、太复杂和具有不确定性时,变化的过程和结果也就具有了不确定性,即通常所说的随机性。任何事物的变化都具有随机性,但随机之中有必然,二者辩证统一。统计学的方法能够帮助我们从随机性中发现必然性,这必然性就被叫作统计规律,因为它是在对大量随机事件的观测和统计分析中才能发现的规律。

"随机之中有必然",而必然性常常会被随机性所掩盖。于是统计学的逻辑就变得简单了:通过对随机事件的观测与统计分析来把握随机现象的随机性变化,然后将随机性从事件的表现中剥落,必然性就显露出来了,隐藏在随机之中的规律也就显露出来了。

我们把质地均匀的硬币随机地往上抛起,上升,下落,硬币掉在我们的手掌上或桌子上,哪一面朝上,能够事先预知吗?不能。要么正面朝上,要么反面朝上,这就是随机性。因为随机性,我们从这一次试验中发现不了规律。再投一次,结果可能一样但也可能不一样。要想清楚其中的规律,就要投很多次,比如10次,结果会怎样?还是不确定。正面朝上的次数可以是0次、1次、2次……,有11种可能。这能够让我们发现规律吗?不能,还要投很多次。当次数越来越多时,我们会发现,正面和反面朝上的次数在接近50%,这时规律就显露出来了。在心理学研究中,运用统计学去发现规律,常常要求试验次数或观测事件数要多,即所谓大样本。比如,要测量某所学校学生的智力水平,有的学生智商是110,有的学生智商是95,也有随机性。所以,用某一个学生的测量结果不能反映全部学生的智商水平。多测一些学生,我们就会发现测量结果在围绕着某一个居中的数据上下波动,这个居中的数据往往能更好地代表全校同学的总体水平,用这个数据描述全体同学的智商水平至少要比用某一个同学的测量结果可靠得多。其

实,有没有意识到,统计学要讲的这些方法和逻辑,我们早就知道,而且生活中就是这样使用的,不是吗?

统计学总是要求做大样本的观测吗?现实中并不总能做到这一点。可是小样本如何能够保证认识到事件的规律呢?刚才所说的抛投10次硬币,会有11种可能的结果,这肯定难以保证规律被发现。不过,如果我们让许多同学都各自抛投10次硬币,统计一下正面朝上为0~10次这11种结果发生的次数各是多少时,就会发现居中的"5"发生的频数最多,接近"5"的结果也有较高的频数,远离"5"的"0"和"10"出现的次数都极少。可见,一个样本的观测结果具有随机性,很多个样本的观测结果就能表现出规律性。所以,许多学科都要通过观测许多个样本来确定规律,或者使用一个样本的观测结果去预测各种结果发生的概率。我们不能确定抛投10次硬币正面朝上的次数一定是多少,但是我们可以借助统计学确定正面朝上为0次、1次、2次……10次等11种结果发生的概率各是多少,而且知道5次的概率最高,0次和10次的概率最低。

统计学研究的就是随机现象,是帮助人们发现随机现象运动规律的科学,它的基本技术就是分析各种随机现象的发生概率及其分布规律。

二、统计学是行为科学研究设计的基础

心理学及其他行为科学领域的研究者、实践者经常接触大量的具有随机性的数据资料,如何从这些资料中发现规律,这是一个很重要的问题。初涉研究的学生经常遭遇尴尬:在课程学习或学位论文工作中,翻阅文献、拟定题目,再到辛辛苦苦地做实验、进行调查、收集数据,到了分析数据的时候却"卡壳了",于是请教擅长数据分析的老师。老师皱了眉头,看了半天,"噢"了一声,若有所悟,最后说道:研究设计有问题,收集的数据不符合统计学的要求,一些统计分析技术不能用!

因此,心理统计学不仅仅是对已有数据资料进行分析,它也研究如何根据研究目标和研究对象的特点,确定搜集何种资料、如何搜集、如何整理、如何分析以及如何根据这些数字资料所传递的信息进行科学推论,从而找出客观规律。

心理与教育统计学包括三个部分:描述性统计、推断性统计和研究设计。其中研究设计部分就是讨论如何设计实验或调查方案,使所收集来的数据资料能最有效地解决所欲研究的问题,使数据的意义更丰富;讨论要采用什么方法对搜集来的数据资料进行整理、分析,使其蕴藏的信息得以最充分的显现,实现对实验或调查结果的科学解释。在心理学作为一门科学的发展进程中,科学实验和心理测量是最为常用的数据收集方法,但科学实验或心理测量都具有局限性。心理学实验或测量搜集来的数据资料往往都来自于局部对象,如何从局部得来的资料推论全局的情形,得出合乎规律的科学结论,需要借助于统计学才能实现,仅凭少数人的经验直接得出结论是不可靠的。由此可见,心理统计学是可以对行为科学研究的全程进行管理的科学,它从研究设计的环节开

始,一直到数据分析及其结果解释,都起到非常重要的作用,是行为科学研究不可缺少的基础工具。

统计学是作为一种适应科学研究的需要而发展起来的数学工具,其理论基础是关于随机现象的概率论,侧重于数理统计原理与方法的数学证明,而心理统计学对各种统计方法及公式的推导、理论说明都较少,侧重于讨论统计方法如何应用到心理学的研究中,即对于统计方法及其应用的条件、如何解释分析所得的结果等介绍较多。随着行为科学研究的发展和深入,实验中会提出更多的数据分析问题,需要心理统计学加以解决,这又为统计学提供或补充了新的研究内容。

毫无疑问,学习心理统计学的理论和方法,并不能保证能从事心理学的实验研究或各种定量调查。但是,即使系统学习了心理学的相关课程,甚至也学习了实验心理学、心理测量学,如果没有系统的心理统计学知识作为支撑,依然是难以胜任研究设计的。心理统计学是行为科学研究设计的方法学基础。

心理学的实验研究和调查研究要解决什么问题呢?简单地说,主要有以下三类。第一类问题是特征描述,即对研究对象进行多方面的测量,如心理品质、情绪状态、生理指标、行为倾向等,此类测量一般不是为了描述个体,也不是为了描述少数的一些人,更多的是为了描述一个大的群体,但是实际参加测量的只能是少数个体。比如,要了解中国人的颜色偏好,我们不可能对所有中国人进行普查,只能调查其中很小一部分人,然后推知中国人典型的颜色偏好。这里所说的中国人构成了一个很大的人群,统计学上将其称为一个总体(population)。我们实际调查到的那一小部分人就是来自这个总体中的一个小样本(sample),它的测量结果所反映的特征在某种程度上代表了总体的特征。心理统计学用平均数、中位数、众数等集中量数描述样本特征,并由此估计总体特征;用标准差、方差、四分位距等描述样本数据的分散程度,进而计算标准误来反映样本统计量对总体参数进行估计时可能具有的误差程度。

行为科学研究的第二类问题是进行差异比较,以考察不同人群之间的某些差异,以及实验干预是否造成了某种心理品质或心理状态的明显改变。如比较言语材料记忆的性别差异、认知策略发展的年级差异、心理健康水平的校际差异;临床上比较服药组和控制组患者病情转轨、实验心理学上比较不同感觉通道接受刺激的反应时间长短;等等。这类研究多以心理学实验研究的方式出现,但其数据分析主要依赖于心理统计学中的 t 检验和 F 检验方法。有了 t 检验和 F 检验,研究者就可以从样本数据的差异性推断样本所在的总体是否存在差异以及差异性程度。

行为科学研究的第三类问题是相关性分析,以及基于相关分析进行的距离判断、回归分析、聚类分析和因子分析,也包括测量学中的信度分析等。相关性研究,一般是尽量在较为自然的情况下,搜集研究对象的一系列心理体验、行为倾向或行动指标,利用统计学方法来考察各方面变量对应的数据间是否具有某种共变关系。变量间的共变关系就是指一个变量随着另一个变量的变化而变化,表现出某种变化关联性,即相关。行为科学研究中,如果发现了变量间存在某种变化关联性,往往反映这两个变量之间存在两种关系中的一种:一种是因与果的关系,一种是存在共同的因,即第三变量。一般借助于心理测验量表或问卷开展的研究,更多地要用到相关分析,包括信度和效度检验、调查项目之间的相关性、项目之间是否存在内部结构即存在公共因子等,所有这些均可以利用心理统计学来解决。

三、统计学是行为科学研究结果表达的有效语言

心理统计学早已成为心理学专业本科生和研究生的必修课,是他们重要的专业知识基础,其基本符号、术语、结果表达方式和解释方式已经成为行为科学研究报告的语言要素和语言习惯。简单地说,统计学成为行为科学研究结果表达的有效语言。

随手翻开身边的一本心理学学术期刊,我们可以很容易地找到类似于下面这一段语言的结果表达。

在阅读学习方式下,两组被试关键诱饵的虚报率都显著大于无关项目的虚报率[盲生:$t(22) = 8.86, p < 0.001$, Cohen's $d = 2.23$;视力正常学生:$t(31) = 5.56, p < 0.001$, Cohen's $d = 1.18$],关键诱饵的虚报率和学过项目的击中率也都显著相关(盲生:$r = 0.46, p < 0.05$;视力正常学生:$r = 0.55, p = 0.001$)。两组被试的旧项击中率都显著高于50%的随机猜测水平[盲生:$t(22) = 3.60, p < 0.05$, Cohen's $d = 0.74$;视力正常学生:$t(31) = 4.72, p < 0.001$, Cohen's $d = 0.76$][1](张增修,郭秀艳,李林,郑丽,2017)。

统计学的语言既然已经在相当程度上成为行为科学研究报告撰写的"行话",这就对我们提出了两点要求:其一,要能够借助于统计学的知识来阅读心理学的研究报告;其二,在撰写研究报告的时候,需要使用统计学的概念与符号说内行话。

四、统计学是心理学专业学生的应用技术

近年来,有越来越多的心理学专业的毕业生进入学校、企业从事教育调查或评价、人力资源管理、品牌测试和产品界面评价等工作,于是不断有学生回来找过去统计课的老师求助,通常说些当初学统计学时不太用功而学业不精之类的话,然后就是诸如"这个多项选择方式的调查资料怎么处理""这个是使用聚类分析的方法处理吗""这个因子分析要怎样确定因子数呢""老总要我一周内拿出数据分析报告,我该怎么办"之类的问题。

此类情形早在预料之中。尽管当初统计学课老师会不断地强调统计学如何重要,

---

[1] 张增修,郭秀艳,李林,郑丽. 盲生错误记忆和真实记忆研究[J]. 心理科学,2017(4):845.

但没有过"难为"体验的时候,自然会有学生把老师的话当作耳旁风。其实,作为教师,我们并不要求学生在进入实践领域之前就一定要掌握多少操作技能,我们更希望他们能够在大学的学习中掌握一些基本的理论、概念和操作,然后学会自己解决问题,学会自己借助于各种文献和工具书去解决遇到的难题。

今天的中国社会对心理学有了更多的期待,几乎所有实践领域都有心理学起作用的地方。心理学必须在技术层面有所发展和应用,包括各种不同性质的、不同规模的数据资料的分析技术的发展和应用。学习了心理统计学,我们就可以将一个理论的假设转变为一项实证研究的方案,我们就可以借助各种测评工具对特定人群进行心理测评与支持,帮助企事业单位进行人力资源的开发与管理,还可以编制一套有效的评估指标对一些品牌进行市场调查;学习了心理统计学,我们就可以从纷繁的数据资料中发现样本与总体的特征,发现变量间的预测关系,发现隐藏于人的行为背后的潜在人格特质等。

第二节 行为科学研究中的变量与测量

一、行为科学研究中的变量

所谓变量(variable),是指可以在数量或性质上发生变化的事物的属性。根据其来源,行为科学研究中的变量通常可以分为三类:刺激变量、机体变量和反应变量;根据测量结果的数值类型,可以分为离散变量、连续变量;根据研究过程中的处理方式,可以分为自变量、因变量和控制变量。

(一)刺激变量、机体变量和反应变量

行为科学研究中,那些参与到研究过程中、接受观测的对象叫作被试(participant/subject),而主持实验或测试过程的人叫作主试(experimenter)。从被试角度看,行为科学研究中的变量包括三类:刺激变量(stimulus variable,常以 S 表示)、机体变量(organism variable,常以 O 表示)和反应变量(reaction variable/response variable,常以 R 表示)。心理学的研究就是要探明这三类变量间的相互关系,探清主要是相关关系还是因果关系,因此现代行为科学研究的方程式可以写成 $R=f(S,O)$,它表示人的心理或行为改变是刺激变量与机体变量共同作用的结果。

1. 刺激变量

刺激变量是指作用于被试的外部环境的刺激,所以也叫环境变量(environment variable),是研究者感兴趣的或注意到的对被试的心理或行为可能产生影响的外在条件

或因素。在一项心理学的研究过程中,可能对被试发生影响的刺激很多,如环境光线、声响刺激、人际交互作用等等。心理学的许多研究都涉及环境因素,而要对环境因素进行测量时,就将以变量来标记环境属性。例如,在一项关于家庭教养方式对儿童责任意识及责任能力发展影响的研究中,父亲或母亲等监护人如何对待孩子的过错、如何对待孩子的良好行为表现、如何关注孩子的学业成绩、是否给予孩子自主选择的机会、每周给孩子多少零花钱、每天允许其看多长时间的电视节目、家庭中成人间的人际关系等,都可以成为被调查的环境因素,因此也就可以成为研究中的变量。又如,在一项关于视觉刺激下简单反应时间影响因素的研究中,灯光刺激的颜色、强度、面积、持续时间以及环境噪音、主试特征等,都可能对被试的反应速度产生影响,这些产生影响的因素就是刺激变量。

2. 机体变量

机体变量是指可能对被试的心理或行为产生影响的被试自身的特征或身心状态,如被试的年龄、性别、身心健康水平、教育程度、特殊训练、动机、性格、内驱力强度等,都是常见的对被试的某种反应可能产生影响的变量。这类变量虽然是研究者不能随意操纵的,但研究者可以按照实验设计的要求主动选择机体变量的水平,并将其作为分组变量,如研究学生智力的性别差异、认知策略的年级差异、思维风格的专业差异、心理健康水平对学生学业成绩的影响等。

3. 反应变量

反应变量是指研究过程中被试的反应或内外变化,也称因变量(dependent variable),是研究中需要被观测和记录的变量,通常包括反应的速度、强度、难度、准确度和频数、态度偏向等。如单位时间内不同光照条件下的反应时间,这是反应速度;不同刺激情境下皮电测试仪指针偏转度数,这是反应的强度;智力测验中完成的作业等级,这是反应的难度;走迷宫实验中完成一次操作走入盲巷的次数,这是反应的准确性;不同教育方式下学生利他行为的次数,这是反应的频数。这些变量都是易于观测和记录的变量。

(二)离散变量和连续变量

根据测量结果的数值类型,可以将变量分为离散变量(discrete variable)和连续变量(continuous variable)。所谓离散变量,其可能的取值都是相互分离的、间断的,它不能连续变化。换言之,如果将该变量所有可能的数据点都排列出来,它们是不能连接起来的分离的点,这样的变量在行为科学研究中经常遇到,例如,学生上课迟到的次数、获得三好生称号的次数、参加体育比赛的名次等,工人完成的产品件数、工资等级、奖金等级等,这些变量的取值可以是1、2、3……,在1和2之间、2和3之间都没有可能的其他取值。

所谓连续变量,其可能的取值是可以连续变化的。或者说,在任何两个取值之间都还包含无穷多个可能的取值。如果将所有可能的取值都列出来,这些取值点就连接在了一起,所以叫作连续变量。比如,长度变量就是连续变量,在1米和2米之间还有无穷多种可能的长度值。

离散变量和连续变量的量表不同,所得结果的性质不同,能够适用的计算也不相同。比如,1米和2米,这是使用等比量表测量得到的连续变量值,可以相加再平均得到1.5米,但是第1名和第2名是等级量表测量得到的等级变量值,不能相加后平均得到"第1.5名",因为1.5米是长度变量的一个可能值,但在名次的等级量表上不存在"第1.5名"的可能取值。当然,在有些情况下还是可以粗略地将一些运算运用到离散变量中,比如在对赤、橙、黄、绿、青、蓝、紫7种颜色进行喜好度的评价时,小王将红色排在最喜爱的等级7,小李将红色排在中等喜爱度的等级4,如果将两个人对红色的喜爱度进行平均则得到等级5.5。严格地说,这种运算是不合适的,因为这一测量中本身就没有5.5等级,而采用这种运算也是为了描述这两个人对红色喜好度的汇总情况。实际上,在进行这种运算时,我们已经把等级评定粗略地看作是等距量表了。

(三) 自变量、因变量与额外变量

在行为科学研究中,研究者常常面临两类课题:一类课题是要探明人的心理活动是否受到某一种或某一些因素的影响,即心理活动过程中的因果关系。研究者就要有意地改变或选择不同条件,然后对被试的一些行为指标或心理活动进行测量,以便确定这些行为或心理因素是否随着条件的改变而变化。如果因为研究者操纵改变的条件引起了被试某些行为和心理指标的变化,则这些变量之间可能存在因果关系或相关关系。但是,这里又往往需要注意控制一些其他因素,以避免这些因素的变化所造成的混淆。例如,为了探明奖金发放方式是否影响职员的工作绩效,研究者选择了两个工组,分别采用两种不同的奖金发放方式:在其中一个工组每月发放一次奖金,在另一个工组半年发放一次奖金,实验周期为一年,一年结束时比较两个工组完成的工作绩效。如果观察到了两个组的工作绩效有明显差异,则说明奖金的发放方式很可能影响到了员工的工作积极性。在这一研究中,要想得到相对可靠的结论,在两组间就要进行实验条件的控制,即除了发放奖金方式的不同外,其他因素在两个组应该基本一致,如车间的通风条件、照明条件、气温条件,员工的教育程度、从事相应工作的年限、年龄和性别比例在两个组也应是平衡的。这个例子中,有一些变量是研究者感兴趣的,拟考察其是否对被试的心理或行为改变发生了影响,这些变量叫自变量(independent variable);为了有效地测量出被试的心理或行为是否随着自变量的改变而变化,要进行测量和记录的变量叫作因变量(dependent variable)。除自变量或因变量之外,还有许多要进行控制的变量,这些变量就叫额外变量(extra variable)或控制变量(control variable)。上面这个例子中,奖金发放方式是自变量,工作业绩是因变量,而所有其他一些要在两个工组间保持相等或平衡的因素就是控制变量或额外变量。

行为科学研究的另一类课题则是探索变量间的相关关系或者说是共变关系,即两个变量在数值变化上是否存在关联性。例如,我们抽取某一班级学生的数学、物理两门课程的考试成绩,将两门课程成绩排名进行对照后发现:如果一位学生的数学成绩比较

好,他的物理成绩也可能比较好,反之,数学成绩比较差则物理成绩也可能比较差,两门课程成绩具有某种程度上一致性的变化关系。由此,我们不难想象,利用数学成绩可在一定程度上预测物理成绩,这时也可以把数学成绩看作自变量,物理成绩看作因变量,其他诸如年龄、年级、教育环境等因素也属于控制变量,即要想观察数学与物理是否具有一致的变化关系,需要将被试的年龄、年级、教育环境等控制在同一个水平上。

二、数字的特性与测量

(一) 数字的特性

无论古代人,还是现代人,对数字(data)的依赖程度都相当高。数字系统来源于人类对于现实生活现象的抽象和符号化,是高级思维的产物。在某种意义上说,现代大学中的数学课程也是一种思维方式的训练课,它可以帮助学生接受一种高级思维氛围的熏陶,同时它也使得我们对事物的把握更便利,这种便利来自数字本身具有的特征。

数字作为自然数时,至少具有四方面特征。一是同一性或区分性,1就是1,2就是2,不同数字可以有效反映事物属性的某种规定性和某些差异性,例如当盘子里有3个苹果时,你可以说3个而不能说1个;当盘子里是1个苹果时,可以说是1个而不能说是3个,用数字可以区分事物的特征。二是等级性或位次性,用数字的1、2、3等可以有效地反映诸如喜好程度、情绪强度、教育层次、态度偏向、比赛名次、考试成绩排列顺序等信息。三是等距性,数字本身包含着"等距性",比如2比1大1,8比7也大1,这种等距性可以有效地反映事物之间在某些属性上的差异程度,特别是在具有相等单位的度量系统中,它能准确地表达两个事物的某种差异性,例如20℃的气温比15℃的气温高5℃,37℃的气温比32℃的气温也高5℃,这两个差异量相等。四是可加性,数字本身的可加性可以有效地反映事物相加后产生的结果,比如数字的"2+3=5",使得我们很便利地表达长度的"2米+3米=5米"。当然,在实际应用时,数字相加是有条件的,它需要单位相等。

利用数字,可以有效地把握事物,但是要实现这一点,需要测量。也就是说,要想把事物属性转化为数字资料,需要借助于测量。

(二) 测量的含义及要素

所谓测量(measure),是指依据一定的法则、程序或工具,以数字形式对事物或事物的属性进行描述的过程,它由三个基本元素组成:事物、法则和数字。其中事物是测量的对象,其属性构成测量的目标;法则是测量过程中必须遵循的规则和执行的程序,以及必须使用的工具;数字是测量结果的表达形式,即以数字表达的结果是测量的直接结果。比如,要测量一张桌子的长度,桌子是测量对象,长度是测量的目标,尺子是测量的工具,而测量程序要求将尺子的0刻度与桌子一端边缘对齐,读取桌子另一端边缘与尺子相对的刻度值,该刻度值如果是120厘米,即得到120这个数字所表达的测量结果;

要测量中学生的认知策略水平,中学生是测量对象,其认知策略的发展水平是测量目标,编制的"认知策略测验"是工具,要求学生按照测验的标准化程序进行反应,即就认知策略测验中的每一个题目作出回答。根据学生的回答或反应和计分规则得到学生的一个分数,再根据这个分数在常模样本中的排位得到该学生认知策略水平的标准排位数字。

测量一般需要两个要素,即参照点和单位。要确定事物的量,必须要有一个计算的起点,这个起点就叫作参照点。参照点也叫零点,分绝对零点和相对零点两种,例如测量身高、体重等都是以零为参照点的,这个零点的意义是"无",表示测不到长度或重量。另一种零点是人为设定的参照点,即相对零点,例如摄氏温度的零点是人为规定的水的冰点温度值。如果一个测量系统有一个绝对零点,就可以测量到精确的绝对量,但在有些领域这个绝对零点不存在或很难确定,只能采用人为标定的相对零点,其测量结果也具有相对性。

单位是测量的另一要素,其种类、名称繁多,即使是测量同一事物的同一种属性,也可以使用许多不同的单位。比如,重量的测量单位可以是毫克、克、千克、吨等。好的单位要具备两个条件:一是确定的意义,即一个单位所指含义是确定的;二是相同的价值,即相邻两个单位点间的差别量是相等的,一个单位所代表的量不因人、因时、因地而有不同。

(三) 测量量表

测量的本质是在确定了单位和参照点的连续体上把事物的属性数字化表现出来,该连续体就是量表(scale)。要测量某事物的属性,只要将欲测量的该事物的属性放在这个连续体的适当位置上,看它们距参照点的远近,便会得到一个测量值,这个测量值就是对这一属性的数量化说明。

由于制定量表的单位和参照点不同,量表的种类也不同。根据量表的精确程度,斯蒂文斯(S. S. Stevens)将量表从低级到高级分成四个水平,即称名量表、顺序量表、等距量表和等比量表。

1. 称名量表

称名量表(nominal scale)是测量水平最低的一种量表形式,既无参照点和单位,也没有等级或位次性,只是用不同的名称或代码区分事物在某种性质上的差异,将事物标记为不同的种类。即使以不同的数字代表事物的不同种类,这时的数字也失去了自然数的意义。以数字标记的称名量表又分为两种:① 代号,用数字来代表个别事物,如学生的学号、运动员比赛时的号码等;② 类别,用数字来代表具有某一属性的事物的全体,即把一些事物确定到不同性质的类别中,如性别属性,可用1代表女、2代表男,就把人规定到两类中了;又如在调查中,涉及的调查对象包括文、理、工、艺术这四大学科门类专业的大学生,也可以用1、2、3、4把调查对象规定到四个类别中去。

其实,斯蒂文斯所说的称名量表并不具有真正的测量功能,它不是真正意义的测量量表。称名量表即使使用数字，这些数字也只具有标记或分类的性质，没有大小变化关系，不能进行数量化的分析，因此不能进行加、减、乘、除的运算。所以，我们也可以说，测量量表包括下文所述的三类。

2. 顺序量表

顺序量表（ordinal scale）也叫作等级量表，该类量表可以用一组数字将事物规定为不同的类别，但是其测量的水平高于称名量表，因为它的数字不仅可以具有标记类别的功能，同时也含有类别的大小或某种属性的程度高低的比较关系，如学生的年级，可以用1、2、3等数字表示，即将学生规定为不同的类别，同时也表达了教育程度的高低，有一定的排列顺序；学生考试成绩的等级、职员工资级别、消费者对手机各种品牌的喜好程度等等，当用数字表示的时候，其中都包含某种顺序或等级高低的数量关系。

在顺序量表中，既无相等单位，又无绝对零点，数字仅表示等级或位次先后，并不表示某种属性的真正量或绝对值。例如，如果只知道在100米短跑比赛中李平是第1名、王红是第2名，由此我们知道了李平比王红先抵达终点，位次居前，并不知道李平比王红快多少。

3. 等距量表

等距量表（interval scale）当规定了相对零点和相等单位后，对事物的测量就可做得更为精细一些，不仅可以获得被测量对象在这一属性上的顺序关系，而且可以得到对象之间在某种属性上的差距有多少个单位。等距量表的测量水平比顺序量表更高，结果可以进行加、减运算及差异量的计算。由于没有绝对零点，不能测量事物属性的绝对量，得到的数字仍具有相对性，不能进行乘、除运算。例如摄氏温度量表中的0℃就是一个相对零点，是人为地将水的冰点温度规定为0℃，它并不是没有温度之意。因为该量表具有相等单位，可以比较不同温度的差异量，即相差多少个单位。

4. 等比量表

等比量表（ratio scale）是具有绝对零点和相等单位的量表，其对事物属性的测量最为精细且量化水平最高。等比量表参照一个绝对零点来确定一系列类，这个零点不是随意规定的位置，它代表量上的绝对缺失。存在一个绝对的、非随意规定的零点意味着我们可以测量变量的绝对量，即测量其离开绝对零点的距离，这就使得按照比例关系来比较不同的测量值成为可能。比方说，一个人解决某个问题需要10分钟（比0多10），另一个人解决这个问题只需要5分钟（比0多5），那么前者花费的时间是后者的两倍。有了等比量表，我们不仅能够比较两个测量值的差异量和差异方向，而且也可以按照比例关系对两个测量值的关系进行描述。对等比量表测量得到的结果可以进行加、减、乘、除等各种运算。

在测量中，事物的不同属性往往以不同的变量来标识，而测量的结果就表示为变量值。为后续表述的方便，我们需要先来对心理学研究中的变量类型及其数值类型进行分析。

三、测量中的系统误差与随机误差

任何事物的变化都具有一定的随机性,科学测量也具有随机性,测量结果表现出某种不随意的波动,这种波动中包含着一定的误差波动。换言之,任何测量都存在可能的偏差,这种偏差也表现出确定性和不确定性两个方面,例如,测量某位驾校学员的反应时间,可以通过心理学实验室中的简单反应时间测试仪来完成:要求被试看着测试仪上的一个圆形窗口,把食指放在一个按钮上做好按键准备,主持测试的人喊"预备",随后灯泡点亮,被试一看到灯泡亮就尽快按键,测试仪就记录下从灯泡亮到被试按下键之间的时间间距,这就是视觉刺激的简单反应时间。此过程重复进行很多次,我们会发现测试结果具有一定的波动性,下列数据就是一位学生测试 20 次的结果(单位:ms)。

200　165　189　230　212　190　145　220　210　195
173　190　168　180　206　260　230　186　207　217

这一测试结果处在不断地变化中,其中必然存在一些稳定的或不稳定的影响因素,这些因素造成了每一次测量结果都可能偏离了被试本来的反应时间,这种偏差就叫作误差(error)。

统计学的思维是具有因果取向的,误差总是有原因的。在众多的测量案例中,要分析误差的原因,即误差源,主要有两类误差源:一类是具有确定性的误差源,它造成的测量偏差具有某种确定性。例如,反应时间测试仪对按键反应的响应有 20 ms 的滞后,它就会造成一个恒定的 20 ms 误差,即每一次测量都会存在这个稳定的误差量,它使得每一次测量的结果都比被试的实际反应时间多出来 20 ms,这种误差来源于测试系统本身,所以叫作系统误差(system error),有时也叫作常误(constant error)。除非对测试系统本身进行检测,或者将一个系统测试的结果与同类的其他系统测试结果进行比较,否则系统误差是难以被发现的。还有一些因素处在不断变化中,这种变化本身具有随机性,所以对测试结果的影响也具有随机性,即造成的测试偏差幅度、偏差方向都具有不确定性,有时是正误差,有时是负误差;有时是较大的误差,有时是较小的误差,此类随机性的误差就叫作随机误差(random error)。在很多次的重复测量中,随机误差造成数据在一定范围内上下随机波动。如果将重复很多次测量的结果平均,正负误差相互抵消而接近于 0,所以重复测量的平均值就能接近于真值,随机误差为 0 时的测量值就是测量的真值,也叫真分数。

在行为科学研究中,测量结果的变化分别受到系统因素和随机因素的影响,而统计学就是帮助我们在这些变化中将误差分离,特别是将随机误差分离,发现具有确定性的系统变化,例如为了研究个体在声、光刺激通道下反应速度的差异性,就可以分别在两种条件下测量得到两个数据样本,然后分别计算出数据变化中的随机变化和系统变化,系统变化是由于刺激通道不同引起的,随机变化是其他偶然因素引起的。如果声、光刺激变化引起的反应时间的系统变化明显大于随机误差量,我们就可以说人们在声、光不同刺激条件下的反应速度明显不同。

第三节 从样本到总体

行为科学研究存在两种不同取向,即定量研究(quantitative research)和质性研究(qualitative research)。两种研究取向所持的方法论思想有很大不同,研究假设、研究目标各异,但不存在孰轻孰重、孰优孰劣之分。其中定量研究是以收集数据资料然后进行科学推断为主要特征,偏于"形而下",把统计学引入心理学研究,就是出于量化研究的需要。那么行为科学研究为什么需要量化研究呢?量化研究的基本假设是什么呢?

一、量化研究的基本假设

量化研究少不了数据,而数据来自测量,但是测量的直接对象往往是可观察的现象,所以在不少研究者看来,心理学中的定量研究相当程度上就是对人的外部行为的观测,是行为主义的。定量研究的基本假设是:社会环境特征构成了独立存在的现实,而且这些特征具有相对时间和情境而言的不变性。实证主义研究人员借以发展知识的力量是:收集样本中可以观察到的行为方面的资料,并运用数学方法来分析这些资料。具体而言,定量研究存在以下几个假设或特点。

(一)对研究对象的认识

在心理学领域,定量研究的实证取向,首先表现为把心理现象看成一个客观的社会现实,行为科学研究是主观对客观的反映过程。所以这里首先存在一个主观、客观的分离,这种分离导致对研究者理性的、矛盾性的认可,即一方面承认人的认识力,强调客观现实是可知的,同时又表现出对人类理性的不信任性,看到理性的弱点,所以引入各种观察技术、资料分析技术、监督机制来弥补人的理性不足。从认识论的层面看,定量研究取向有以下几个基本观点。

(1)存在客观现实。对于研究者来说,心理现象也是一种客观存在,是可以研究和认知的。

(2)假定社会现实在时空方面具有相对的不变性。心理现象的发生、发展和变化具有内在的规律性或确定性,这就是研究者企图去寻找的真理。

(3)从机械论的角度来看待社会现象之间的因果关系。心理现象的规律不变性表现为变量间的相互制约,在这些制约关系中也包含因果关系,这构成了心理实验的理论基础。

（4）对研究被试及其所处情境采取客观而不偏不倚的态度。研究者既然是相对于现实的,那他在对心理现象进行研究的时候,就应站在理性、公正而中立的立场,以此避免研究结论的个人化。

（二）对研究对象的操作化

简化或操作化往往是定量研究必须采用的手段,因为许多研究对象都是多变量相互作用的复杂系统。毫无疑问,心理现象更是一个巨系统,要想探明其中的各种规律和机制,也必须进行研究对象的操作化,即将研究情境简单化、虚拟化和可测量化。否则,定量研究就会充满混乱而变得不可行。研究中常常采用以下几种方法。

（1）研究个人或代表性样本。研究总是或只能针对少数个案进行,但在作出研究结论时,研究者总想得到带有普适性的"真理",这是研究者常见的价值高估倾向。但是借助于样本的研究总会存在抽样偏差和测量的随机误差,依据样本的研究形成结论时,必须估计误差因素的影响,特别是随机误差的影响,这就是统计学手段的作用。

（2）研究行为和其他可观察现象。采用量化研究或实证研究,包括心理学、社会学等,研究者所获取的主要是被试的行为资料以及可通过观察获取的资料,然后进行理论推断。

（3）研究自然环境中或虚拟环境中的人的行为。研究中,资料可来自于对自然情境中人的行为的直接观测,也可以来自于对虚构情境中的人的反应的记录等,比如柯尔伯格在研究儿童道德判断发展过程时使用的就是虚构的情境。此外,还可以是研究者有意创设的情境,这多半属于实验的方法。

（4）把现实作为变量来分析。研究过程往往是经过设计的,即先编制研究方案,然后有计划地实施,而研究设计离不开变量分析。在将研究的社会现实分解为不同事物属性后,我们看到了众多相互交叉的变量,所以研究设计往往是从变量分析开始的。

（5）利用预先确定的概念和理论来确定应该收集哪些资料。研究的目的性很强,往往是基于研究假设进行,所以研究中首先要获取的就是有利于检验假设的那些资料。这有时也会导致错误,因为研究者的个人信念或偏见会影响观测资料的选择。

（三）研究过程的技术化

当我们把心理现象看作随机现象的时候,统计学就成为行为科学研究的重要技术手段,心理学也因此更具有科学特征。心理学量化研究的技术包括以下几方面内容。

（1）产生表达现实的数字资料。量化研究的重要手段就是对研究资料进行定量分析,所以会尽可能地将研究资料数量化,形成等级、等距、等比的数据系列。

（2）运用统计学的推断程序把从样本得出的结果推及一个界定明确的总体,获得一般结论。

（3）撰写不受个人情感影响的、客观公正的研究报告。实证研究报告具有固定的撰写格式和要求,被有些研究者视为令人生厌的"八股文"。这种厌恶源自一种立场,有时也是一种偏见。实证研究报告首先要保证资料呈现的清晰性、客观性和信息的易获取性。

二、总体、样本与个案

行为科学研究中的测量常常是针对个案进行的,测量的许多个案构成样本,而样本如果是属于某一总体的代表性样本时,样本特征能够在相当程度上反映总体特征。下面将对三个概念及其关系进行适当说明。

(一) 总体

总体(population)是指具有某一特征的一类事物或人的全体。简单地说,它是包含某一研究课题涉及的所有可能的研究对象。就不同的课题来说,总体大小会有很大不同。构成总体的个体大多是指人或物,行为科学研究中,个体也可指心理活动,例如思维能力、学习策略、反应时间等。总体的性质是由个体的性质决定的,所以理论上讲,要了解总体就要对每一个个体进行观测,这实际上很难做到,研究者一般是对总体中的部分个体进行观测,将这部分个体组成样本。

(二) 样本

样本(sample)是按一定规则从总体中抽取出来的部分个体的集合,该集合中的个体数叫作样本容量,一般用 n 表示。样本对总体应具有很好的代表性,才能保证推论的正确。一位资深的统计学家曾说过,数据有两种:好数据和坏数据。好数据是根据合理、正确的统计原理搜集到的数据,坏数据是通过刻意的或不合理的方法搜集到的数据。我们可以通过下面两人的对话,发现搜集数据中存在的问题。在一个办公室里,一个男职员和一个女职员就一项关于"什么是男人最重要的事情"的调查结果在讨论。女士说:"根据这个调查,63%的男人把家庭放在事业、金钱甚至是朋友的前面。"男士答道:"那也许是真的,但是你必须知道调查是怎么一回事,而且还必须了解它所用的方法,然后才能相信它们。比如说,被调查者在答题时,他们的妻子是否在身边。"毫无疑问,任何调查数据的获取都有当时的情境,情境不同,结果可能也是不同的,这就需要研究者作出选择或判断,哪样的情境下,结果更为可靠。上述例子中的被调查者在答题时,如果他们的妻子不在身边,很可能就会是另外一个结果。数据的搜集受很多因素的影响,一般在搜集数据之前都要进行充分的思考和设计,使得数据搜集的方法和过程合理有效。

(三) 个案

构成总体或样本的每一个基本单元称为个案(case)。例如,我们调查女性消费者对化妆品品牌的偏爱程度,那么每一个女性消费者就是一个个案;要在一所高中学校研究学生学习策略的使用情况,那么这所学校中的每一位高中生就是一个个案。

三、常用样本抽样方法

每一项研究都是一个独立事件,多数情况下是对一个或多个样本进行观测,但大部分研究试图要解答的都是关于较大群体的一般问题,而不是关于较小群体的、少数特定人的问题。因此,研究者一般都期望将他们的研究结论推广到研究被试之外的范围。这其中便存在一对矛盾:一方面要选取较少被试参加实验,另一方面又期望将结论推广到一个大的群体。这一矛盾如何解决呢?

为使研究结果能被推广到总体,选取的样本就要具有代表性,即形成代表性样本(representative sample)。所谓代表性样本,就是在与研究有关的特征方面,样本与总体一致(误差在允许范围内)。相反,如果样本特征与总体特征相差甚远,超出了误差许可的范围,这样的样本就叫作有偏样本。在被试选择中,尽量得到代表性样本,避免有偏样本的出现。

需要指出的是,不管采取何种方法,从一个总体中抽取样本,误差总是存在的,所以样本特征与总体特征必然存在差异。而且这种差异符合统计学规律——如果进行许多次抽样,抽样的误差分布往往符合某种统计学分布规律。因此,所谓代表性样本是指在统计学意义上该样本能代表总体。那么如何进行被试选取才能保证得到代表性样本呢? 行为科学研究中,样本选取的方法包括概率抽样(probability sampling)和非概率抽样(nonprobability sampling)两大类。其中概率抽样主要包括简单随机抽样、分层随机抽样、按比例分层随机抽样、整群抽样;非概率抽样主要是便利抽样。

(一)简单随机抽样

简单随机抽样(simple random sampling)的基本要求就是总体中的每一个体具有相等且独立的抽中概率,也叫作完全随机抽样(complete random sampling)。概率相等意味着任何个体都不比其他个体更有可能被选中,相互独立则意味着某一个体的被选择不会影响对另一个体的选择。简单随机抽样的过程一般包括三个步骤。

步骤1:确定一个目标总体,即预备要从中选取样本的总体。
步骤2:列出总体中的所有成员,形成个体表列。通常对表列中的所有个体进行编号。
步骤3:根据研究需要,使用随机过程从表列中选择出一定数量的个体。

这里所讲的随机过程可以运用抽签法,也可以运用随机数表法等。

1. 抽签法

抽签法的操作程序如下。
(1)对总体中的每一个体进行编号。
(2)将每一编号单独记录在一个小纸条上(所有的纸条尺寸和质地相同)。
(3)将每一个纸条搓成团,放入一个容器并摇匀。
(4)随机拿出一个纸团,展开后登记该纸条上的编号,再将该纸条搓成团放回容器并摇匀,接着拿出第二个纸团……如此重复进行(如果出现与前面已抽出的编号重复则放回,不用重复登记),直到抽够所需个案数。

这些被拿出的纸条上的编号就是被选取的被试编号。实际抽签中,人们容易忽视一个问题:当某一个案被抽中后,是否将其编号纸条再放回容器?严格地说,是要放回去的,就如我们上边所描述的操作方法。如果不放回,之后再继续抽时,剩下纸团被拿出的概率就会发生变化,随着容器内纸团数越来越少,容器内每一纸团被拿出的概率就逐渐增大,那就不是严格意义上的简单随机抽样了。当然,如果不进行严格要求时,也可以采用不放回的方式来完成抽样。

2. 随机数表法

随机数表是由 0~9 的数字随机排列构成的数码表,如图 1-1 所示,它以 5 个数字为一组,所表示的就是随机数表的一个小片段。统计学或心理方法学教材一般都会将随机数表作为附录。随机数表法的操作程序如下。

(1)将总体中的每一个体进行编号。

(2)随机地从"随机数表"中划出一个数表片段。

(3)从片段的开始部分依次向后或向下搜索,当遇到一组数字的后几位正好与某一个体的编号相同,就将该个体作为被试选出。依此方法继续进行,直到选够所需要的被试数为止。

比如,要想从 100 个人的总体中抽取一个 20 人的样本,可以先将这 100 名个体编成 00~99 号,然后从数表中随机选择一个片段,如图 1-1 中第 5 行到第 9 行、第 1 列到第 7 列,接着按顺序选号,这里可以选到的编号是:12、18、55、70、51、41、82、42、81、39、72、97、47、61、59、16、23、09、99、40,于是就构成了一个 20 人的样本。

23157	54859	01837	25993	76249	70886	95230	36744
05545	55043	10537	43508	90611	83744	10962	21343
14871	60350	32404	36223	50051	00322	11543	80834
38976	74951	94051	75853	78805	90194	32428	71695
97312	61718	99755	30870	94251	25841	54882	10513
11742	69381	44339	30872	32797	33118	22647	06850
43361	28859	11016	45623	93009	00499	43640	74036
93806	20478	38268	04491	55751	18932	58475	52571
49540	13181	08429	84187	69538	29661	77738	09527
36768	72633	37948	21569	41959	68670	45274	83880

图 1-1 随机数表的片段

严格的简单随机抽样,要求首先对总体中的个案编号,所以要求总体界定明确、总体中的个案具体而数量有限。如果总体构成比较复杂,个案数太多或个案无法具体确定,严格的简单随机抽样就无法进行。日常生活中,人们常常采用的简单随机抽样方法与这里的概念有区别,例如,为了保障超市食品的安全性,可以采用简单随机抽样方法对货架上的食品进行抽检,就是直接随机地从货架上某一类或几类食品中随机挑选若干份进行质量评估。

简单随机抽样从理论或逻辑上排除了选择偏好,一般可以得到代表性样本。但是需要注意的是,简单随机抽样是通过把每一次的选择都置于随机性的规则之下来消除偏好的,它可以在较长的抽样过程中得到很好的代表性样本,就如投掷几千次硬币,最后的结果会是正面朝上和反面朝上各约占 50%。但如果抽样过程较短,就有可能得到有严重偏向的样本。如从 100 名女生和 100 名男生组成的总体中随机抽选 10 人,抽中的可能会是男女生人数相等,也可能不相等,甚至会出现抽取的 10 人全为男生或全为女生的情况。为了避免出现严重的有偏样本,除采取较大样本策略外,研究者常常采用分层随机抽样和按比例分层随机抽样的方法。

(二) 分层随机抽样和按比例分层随机抽样

多数情况下,一个总体可以区分为各种不同的子群(subgroup),如一所大学里的学生可以分为不同年级的子群、不同专业的子群、不同性别的子群等。要保证在一个样本中,各子群都能得到代表,可以使用分层随机抽样(stratified random sampling)。为得到代表性样本,首先要确认样本中应包括哪些具体的子群或层,然后使用与简单随机抽样完全一样的步骤从每个预先确认的子群中选择数量大致相等的子群随机样本,最后把这些子群样本合并成一个总的样本。比如,计划从某学院的研究生中抽取 50 人的样本,可以首先从男生中随机抽取一个 25 人的样本,再从女生中随机抽取一个 25 人的样本,最后将这两个子群样本合并起来就构成了想要的分层随机样本。当研究者想对总体中的各个部分进行描述,或对各个部分进行比较时,分层随机抽样方法就显得特别有用了。采用这种方法,样本中的每一子群必须包含足够的个体,以便它能代表总体中与其对应的部分。

当研究焦点集中到总体中的某一特定子群时,最好采用分层随机抽样方法来选择被试。也就是说,当研究要考察各具体子群并对他们进行比较时,这种方法是比较适当的。但如果研究的目标是考察整个总体,这种抽样技术可能会带来问题。最典型的情形是,总体中每个子群的实际人数不相等,但样本中各子群的代表人数都相等。例如,在一个总体中,某一子群的人数只占总体的 10%,但它在样本中却占到了 25% 的分量。克服这一问题的方法是采用按比例分层随机抽样,做法是:首先,区分出总体中的各个子群或层,并确定总体中相应子群所占的比例;然后,根据计划的样本容量和各子群在总体中的比例数确定每一子群应抽取的被试数;最后,从每一子群中抽取相应的被试数,合并在一起就可以得到一个其比例关系与总体中的比例关系完全匹配的样本。这种抽样就叫作按比例分层随机抽样(porportionate stratified random sampling),简称比例随机抽样(porportionate random sampling)。

（三）整群抽样

研究者通常都是从总体中选择一个一个的个体而得到样本,但有时个体是以现成整群形式存在的,研究者就可以随机地选择整组。例如,研究者想从某个城市的学校中抽取一个由300多名初中二年级学生组成的样本,他不是一次选择一个学生,而是随机地选择了8个班(每个班的学生人数为40名左右),这一程序就叫整群抽样(cluster sampling)。只要在感兴趣的总体中存在很多个界定清楚的整群,就可以使用这一程序。这种技术有两个明显优点:第一,它相对快捷,容易得到大样本;第二,对被试的处理和测量常以整群方式进行,可以大大加快研究进程。在整群抽样中,研究者不是选择单个被试,不是对单个被试施加处理,不是每次只测量到一个分数,而常常是针对整群施加处理,每次可检测一群人,从一次实验测量中就能很便利地取得很多个被试的数据。

（四）便利抽样

便利抽样(convenience sampling)是一种非概率性抽样方法,实际上也是行为科学研究中最常用到的抽样方法。在便利抽样中,研究者只使用那些容易得到的个体作被试,被选的人必须是那些找得到的、愿意参加研究的。所以我们看到,在行为科学研究中,使用大学生为被试是最常见的,因为这些学生通常就是研究者的学生或同学。

便利抽样被看作一种比较弱的抽样方法,因为研究者不试图去了解总体,在选择被试时也不使用随机过程,样本的代表性难以保证,所以得到有偏样本的可能性很大。像广播电台听众热线电话调查或杂志社使用通信方式进行的调查都是特别值得怀疑的,这些情况下的调查样本应该是存在偏差的,因为只有那些倾向于收听这个电台节目或倾向于阅读这个杂志又对调查的主题感兴趣的人才愿意去花费这些时间,这些人不可能构成一般人群的代表性样本。尽管存在明显缺点,但便利抽样可能还是被使用最多的方法。与那些需要详细了解总体中所有成员情况又需要采用费时费力的随机过程来选择被试的方法相比,便利抽样更容易、更经济、更快捷。便利抽样不能保证总能得到代表性样本,但也不能草率地将其看作是一种毫无补救希望的抽样方法。大部分研究者都知道,可以使用两种策略来纠正便利抽样中的主要问题。首先,研究者要尽可能地确保他们的样本具有相当的代表性而无大的偏差;其次,在撰写研究报告时如实地说明样本是如何得到的、参加研究的被试是哪些人;最后,还需要说明如何确定样本的大小。样本容量大小没有绝对的标准,也不存在严格的计算方法,但依据研究本身的特点和目的,确定样本容量实际上要在可行性与准确性之间进行平衡。一般来说,样本容量越大,结果准确性越好,但研究实施的难度越大;样本容量越小,结果准确性越差,但研究实施的难度越小。如何取舍,除考虑准确性外,还要看研究的内容与研究的类型。以下三个方面的考虑对于确定样本容量是有帮助的。

(1) 研究的内容。研究中所要测量的心理现象或心理品质越是受到生物性的制约,个体间的差异就越小,需要的研究样本就可以较小,如关于感知神经机制的研究、事件相关电位(ERP)变化模式的研究等;研究中所要测量的心理现象或心理品质越是受到社会文化的制约,个体间的差异就越大,需要的研究样本就越大。

(2) 研究对象个体间的同质性。总体中个体间的同质性越高,个体差异越小,根据抽样规律,抽样误差也越小,需要的样本容量就可以较小;反之,需要的样本容量就要大。

(3) 研究的类型。利用心理实验室严格控制实验条件,对被试的心理活动或心理特征进行观测,测量过程中产生的误差较小,研究样本可以较小;利用自陈量表对被试的心理特征进行测量,被试反应容易受到多种因素的影响,测量误差会比较大,研究样本就需要较大。

四、从样本推断总体的风险

研究者总是希望以样本观测的结果推断总体特征和运动规律,可是抽样过程会在一定程度上造成样本特征与总体特征的偏离,同时测量本身的随机误差也会造成样本观测结果偏离总体特征。抽样偏差和测量中的随机误差都属于随机误差,它是导致样本推断总体出现错误的主要风险源。

举例来说,某中学教师为了改进教学,对两种解决数学应用题的教学方法进行比较,于是对全校高中二年级的学生进行了数学应用题解题能力的测试,再从测试成绩非常接近的 120 名学生中随机抽取了 20 名学生作为被试,这些被试又被随机分成 A 组和 B 组,每组 10 人。对 A 组被试采用教学方法一,对 B 组被试采用教学方法二,教学周期为一个学期。学期结束时,对两组被试进行数学应用题解题能力测试,结果发现 A 组同学的平均分数为 85 分、B 组同学的平均分数为 76 分,A 组平均比 B 组被试高出了 9 分,那么能否认为教学方法一比教学方法二更为有效呢?

我们不妨来分析一下,这个 9 分之差的可能原因。应该说,以下因素都是可能的原因:① 分组偏差,虽然分组前进行了测试,但是测试本身是会存在误差的,120 名分数接近的学生并不一定真的是数学解题能力和学习能力接近的,他们必然存在差异,这种差异也会造成分组的偏差,即可能造成在教学实验开始之前 A 组和 B 组被试的平均解题能力和学习能力就存在差异;② 教学实验过程中的各种干扰因素,如老师讲课的个人风格、学生学习的个人风格、刻苦程度、接触的学习材料的差异性,各种环境因素的影响等等,都可能造成这 20 名学生一个学期中学习成绩的分化,出现成绩差异;③ 学期结束时的成绩测试也会存在许多偶然因素的影响;④ 两种教学方法产生的教学效果不同,等等。这样说来,9 分之差可能是教学方法不同带来的,也可能是其他一些随机因素的变化引起的。

统计学的分析逻辑是:如果假设样本之间的差异完全与实验者操纵的、系统性改变的变量无关,那么这些差异就是由随机误差因素带来的。在这样的假设下,统计学会帮助我们分析,随机误差造成这种样本间差异的概率是多少。拿上述的例子来说,A 组与 B 组的 9 分差异完全由随机误差因素造成的概率是多少呢?假如,这个概率是很小的,小于 5%,就被认为是小概率,而小概率事件就是"不大可能"事件,换句话说,如此大的

9分差异不大可能完全是由随机误差造成的,那么不同的教学方法很可能导致了一定的差异;假如这个概率是8%,大于5%,统计学就不再将其看作小概率,这个9分的差异有大于5%的可能性,这完全是由随机误差造成的,即不能太确定这个9分之差与教学方法的不同有太大关系。为了避免可能的错误结论,研究者未排除差异量完全由随机误差带来的可能性,也就不能确定两种教学方法中哪一种效果更好。这就是差异性未达到显著性水平的意思。

心理统计学中相当一部分的篇幅都是在讨论类似于上述这个例子的统计推断,即从样本观测的结果是否具有一般意义。可是我们看到,这种统计推断不管得到什么结论,都存在错误风险。在上述例子中,如果9分差异完全由随机误差造成的概率小于5%,这时否定"教学方法与学生成绩无关"的假设,就会有不到5%的错误风险;如果9分差异完全由随机误差造成的概率是8%,这时接受"教学方法与学生成绩无关"的假设,也会有一定的甚至很大的错误风险。

统计学在分析数据资料过程中是基于概率来得到结论的,所以总是存在错误风险,风险水平的控制由不同的课题性质而定。

第四节 如何学好心理统计学

有些同学在还不了解心理统计学之前就盲目地认为这门课程知识较难掌握,进而产生畏难情绪,这其实是大可不必的。心理统计学的学习其实比有些同学想象中的要容易得多。为了更好地掌握心理统计学的概念、原理和技术,以下几点意见或许是可以参考的。

一、重视理解随机现象与随机误差

心理统计学属于概率统计,概率统计就是通过统计随机事件的概率来把握随机现象的特征和运动规律,所以学习中首先要真正理解随机现象。所谓随机现象(random phenomenon),就是其运动变化具有多种可能的结果,哪一种结果会出现具有一定的不确定性。比如,某一学生参加大学英语四级考试,他能取得一个什么样的分数,就具有一定的不确定性或随机性,可能会是70分,也有可能会是56分,甚至得0分或100分的可能性也是存在的。

随机现象的运动也有规律,这种规律的把握就是通过统计其中各种随机事件的概率,比如就上述学生的大学英语四级考试来说,不同条件下,不同分数出现的概率就不一样。如果这名学生目前正在生病,能不能正常参加考试尚不能确定,其得0分的概率就增大;如果这名学生是大学英语专业高年级的学生,其得满分的概率就增大;如果这名学生的英语水平在大学生中属于中等或偏上的水平,那么他得 70 分的概率就增大。这一例子告诉我们,事物的运动虽然有随机性,但随机之中具有规律性,即使是考试分数具有随机性,一般来说它还是能够反映学生的学业水平的,统计学就是要在这些随机变化的现象中认识规律性。

随机误差会上下波动,在重复很多次测量的过程中,随机误差的代数和接近 0,所以我们就经常以很多次测量的平均值作为描述事物特征的量。

二、重视概念理解而非公式记忆

不少学生觉得统计学难学,部分原因是统计学中有一些看上去很复杂的公式。在心理统计学的学习中,最重要的是理解统计学的基本概念和各种数据统计分析的原理,而不是记忆公式。可总是会有学生问统计学课教师:"老师,这些公式都要记住吗?"如果不能真正地理解,记住公式也没用,到实际分析数据时也不知道选用哪个公式。因为统计分析软件很成熟,我们在实际使用统计学来分析数据资料时,其间的计算都是由计算机代劳的。所以我们要理解公式,理解公式所反映的分析原理以及其适应的数据类型、研究情境,而不能机械记忆。

虽然不需要直接使用公式进行计算,但对公式中所包含的变量之间的关系要有清晰、准确的理解。统计学上给出的一些公式也是为了帮助学生理解随机事件的概念和规律,只有理解后才会发现这些公式中的道理其实是很简单的。比如,进行过心理学实验研究的学生感叹,对数据进行方差分析太复杂了!真的很复杂吗?方差分析还不如说是方差分解呢。为什么要进行方差分解呢?假如你想比较是不喝酒的时候反应快还是在喝酒之后反应快。于是你准备了些酒,随机选来 20 名驾校学员,再把这些学员随机分成 2 个组,一组 10 人。让一组学员在不喝酒的情况下测试反应时间,让另一组学员在喝酒之后测试反应时间,于是得到了 20 个人的反应时间。你会发现其中存在差异,有的反应快,有的反应慢。分析一下原因,就很容易知道,两组之间存在喝酒与不喝酒的系统差异和一些难以控制的偶然差异,系统差异可能带来两个数据组的差异,偶然差异可能带来一组数据内部的差异。于是可以用统计学中的离差平方和计算出 20 个数据的差异性,即变化量,再将其分解为组间变化量和组内变化量,分别代表这些数据之中的系统变化和随机变化。相比较而言,系统变化如果明显偏大,不正说明喝酒和不喝酒条件下反应时间相差较大吗?其中的计算虽然复杂了些,但包含的道理非常简单,应该不难理解。

三、重视生活实际与行为科学研究的结合

经常有学生抱怨:"老师讲课的时候,我觉得学会了统计学,但是一遇到实际的实验数据、调查问卷资料,还是一筹莫展,无从下手!"出现这种情况的原因是什么呢?其中

的关键就是,学习中没有注意将统计学与实际的生活现象或行为科学研究过程紧密结合。

我们学习统计学,就是为了解决行为科学研究、实际调查中的数据分析问题,所以学习过程中就要避免统计学与心理学研究、与社会生活实际相脱节。在学习统计学的基本概念、原理和计算过程时,都要联系生活实际中相应的现象、行为科学研究的模式、行为科学研究所得到的数据模式和数据分析目的,这样就会使得看似抽象的统计学术语变得更为具体和生动,而在该课程中掌握的数据分析方法也会很容易地迁移到实际的研究案例上去,做到学以致用。

关键词

心理统计学、总体、样本、代表性样本、有偏样本、命名量表、顺序量表、等距量表、等比量表、完全随机抽样、等距抽样、系统抽样、整群抽样、分层随机抽样、按比例分层随机抽样、便利抽样、描述性统计、推断性统计

练习与思考

1. 为什么说行为科学研究需要统计学?
2. 常用的测量量表类型有哪些?
3. 常用的样本抽样方法有哪些?
4. 常用的统计分析软件有哪些?

课程资源

《心理统计学》概述(视频1-1)
测量与误差(视频1-2)
样本与总体(视频1-3)
SPSS及其界面简介(视频1-4)

第二章
描述性统计分析

内容概览

科学研究往往从分类开始，分类的标志要具有单向性，以避免资料管理的混乱。在一定的分类系统中，对研究对象进行观测后获取的数据资料也就可以依靠分类变量得到归类和整理。在就对象总体或样本进行研究时，先要获取一系列有关变量变化的观测资料，利用数学的方法和图表形式进行分析，比如可以建立变量值变化的次数分布图、分布表系统，这往往是统计分析的起点。就离散变量和连续变量来说，次数分布表的形式有所不同，前者直接给出各不同变量值的次数分布，后者则是给出不同取值区间的次数分布，对应的图示分别为条形图和直方图。对数据资料的定量描述有集中量数、差异量数和地位量数等。集中量数主要包括平均数、中位数和众数，差异量数主要包括方差、标准差、四分位差和全距等，地位量数主要包括百分位数、百分等级。通常把描述对象总体的特征量叫作参数，把描述对象样本的特征量叫作统计量。

研究者搜集到的资料数据,开始往往显得很杂乱,需要借助一些有效手段进行整理和描述,以便更容易把握资料的特征,为进一步的统计分析做准备。对资料初步整理与描述的方法多是通过统计表列和图示进行的,并计算得到一些能反映数据特征的量数,包括集中量数、差异量数和地位量数等。为描述数据特征所进行的这些初步统计分析,叫作描述性统计(descriptive statistics)。

第一节 资料的分类与统计图表

行为科学的研究常常是从资料分类开始的,即根据测量的变量值对研究对象进行分类,然后进行各种差异性、关联性的研究。所以,介绍统计学的方法首先就是说明资料分类方法。

一、资料分类

在预先设计的研究中,所搜集的资料很多时候是按不同类别记录的。但有些时候,资料是杂乱的,需要加以初步整理,即按照一个或多个变量的测量结果将资料归类,以凸显资料中所蕴含的信息,为进一步的统计分析和资料缩减提供条件。这其中被用来作为分类依据的变量叫作分类标志。

分类后的资料或数据常以表列、图示形式表示。统计表采用数字,而统计图采用点、线、面积等,来描述类别与类别之间的相互关系。以表列和图示的形式所表现的类别化数据更直观明确,易于理解,但其质量高低取决于分类的合理性和有效性。具体地说,分类要遵循以下两个原则。

1. 根据研究目的确定分类标志

不管是针对什么样的研究对象,研究目标总是针对一个或多个变量提出来的,更多时候是考察多个变量间的关系,所以数据分类要服从于研究目标,即根据研究目标选择分类标志。如果研究中要考虑不同对象之间的差异性,就需要对研究对象进行归类,由此也就把来自不同对象群的数据归类了。当研究对象是在校学生,常用的分类标志有性别、年级、家庭经济状况、学业成绩、对某事物的态度、是否选修某门课程等。但在具体研究中,只有依据研究目的选择分类标志才是适当的。如果研究学习成绩的性别差异,那就要选择性别和学业成绩两个变量作为分类标志;如果要研究职业价值观与选修课程门类间的关系,就需要选择其对各种职业定向的态度、选修课程的门类作为分类标志。这样做,不仅使得数据资料清晰有序,而且便于进一步考察变量关系,甚至在将资料按照特定标志归类并以图表形式呈现时,变量的关系就已经显而易见了。

2. 保证分类标志的单向性

选定分类标志后，就可以将观察对象划分为不同类别。要保证分类的合理性，必须首先保证分类标志的单向性，即每一个分类标志都必须是建立在对象的某一确定特征上的。例如，按照体育测试成绩可以把学生划分为"达标"与"未达标"两类，或者划分为"优""良""中""差"四个等级。但是"成绩较好""成绩较差"与"训练刻苦""训练不刻苦"就属于不同的特征，不能同时出现在一个分类标志中。分类标志要满足单向性，就必须满足周延性和互斥性。

周延性是指按照一个分类标志所做出的类别划分必须是周延的，即分类对象的全体都无一遗漏地被列举出来，或者说，所有对象都能被划归到该分类标志划分出的一个类别中。

互斥性是指按照一个分类标志划分出来的类别都具有互斥性，即各个类别不能出现相互包容或交叉的情形。按照一个分类标志，属于某一类别的对象就不能再属于其他任何类别。如表2-1中的分类就不能满足分类标志单向性的要求，因为按照表中所分，并列的五个类别并不具有互斥性，而恰恰是交叉包容的。

表2-1 某大学心理学专业开设的课程汇总表

单位：门

类别	必修课	选修课	公共课	专业基础课	专业方向课
门数	30	35	6	15	44

实际上，这里包含的是两个分类标志，即"修读要求"与"课程性质"。为了更有效地表达分类对象的结构成分，可以使用表2-2所示的双向分类法，以"修读要求"分类标志定义表格的行，以"课程性质"定义表格中的列，这样的分类表格既能有效反映该专业课程的组成，又使得两个分类标志相互分开，都满足分类的单向性。

表2-2 某大学心理学专业开设的课程汇总表（双向）

单位：门

修读要求	课程性质			合计
	公共课	专业基础课	专业方向课	
必修	6	11	13	30
选修	0	4	31	35
合计	6	15	44	65

通过统计图表对研究资料进行简缩是研究过程中经常要做的事情。数据简缩中凸显某些关键信息或主要特征的同时，也会丢失部分信息，因为毕竟原始资料中的信息才是最充分的。在运用什么变量、如何简缩数据以及保留哪些信息方面，均要服从于研究的需要，使得信息保留相对于研究目的来说是充足的。比如说，我们从不同地区的不同学校抽取了不同年级的学生参加心理健康水平测试，在资料的简缩过程中要保留哪些信息就要看研究的目的。如果是为了比较不同地区学生的心理健康水平，可以使用"地

区"变量作为分类标志简缩数据;如果是为了研究不同年级学生的心理健康水平,可以使用"年级"变量作为分类标志;如果是想研究不同地区和不同年级学生的心理健康水平,则分类标志要同时包括"地区"和"年级"两个变量,采用双向分类表;如果是要筛选出一些有严重心理健康问题的学生,那么则要保留学生个人的测查资料。

统计分类可以带来便利,而且统计分类的结果往往以表格形式呈现出来。实际使用中,统计表的形式多种多样。只要符合上述原则,能充分表达研究需要,并且容易被他人理解,就是合理和有效的统计表。不过,在统计表的制作上还有一些要求,尤其是在心理学研究中,有些学术期刊编辑部对数据表格有明确而具体的规定。一般来说,表格的编号和标题置于数据表之上,且尽量使用三线表,在表格的最左边和最右边不要加封闭线,保持表格的开放性。

二、次数分布表

次数分布表又称频数分布表,在测量中,它是反映各个变量值出现的次数或某一取值区间内变量值出现的次数,也可以反映各个类别中测量对象的数量。如果分类标志本身是类别或顺序变量,次数分布表的编制就很简单,如表2-3所示。

表2-3 某大学各年级本科生人数分布表

单位:人

年级	一	二	三	四	合计
人数	3500	3150	3150	3100	12900

如果分类标志是等距连续变量或者比率变量,那么次数分布表的编制就相对复杂一些。表2-4是某中学的高三年级参加全市统考的520名学生的语文成绩分布情况,这就是连续变量测量结果的次数分布表,它是采用等距区间计数方法制作的。

表2-4 520名高三学生语文考试成绩的次数分布表

组限	次数	频率/%	向上累计		向下累计	
			次数	频率/%	次数	频率/%
90~	6	1.15	520	100.00	6	1.15
85~	26	5.00	514	98.85	32	6.15
80~	45	8.65	488	93.85	77	14.81
75~	90	17.31	443	85.19	167	32.12
70~	150	28.85	353	67.88	317	60.96
65~	130	25.00	203	39.04	447	85.96
60~	53	10.19	73	14.04	500	96.15
55~	15	2.88	20	3.85	515	99.04
50~	5	0.96	5	0.96	520	100.00

通常情况下,表2-4中的前三列就已经构成了一个简单的次数分布表,可以完整地反映各个不同取值区间内出现的取值次数。如果要用次数分布表来反映多少分以下或多少分以上出现的次数,则可以加上表2-4中的第4至第7列。

制作简单次数分布表一般有下列四个步骤。

步骤1:计算全距(range,R),$R = X_{max} - X_{min}$,即全部测量值中的最大值减去最小值后所得的差。

步骤2:确定组数、组距。组数是指分组的数目,用符号K表示。组距(interval)是指任意一组数据的起点到终点之间的距离,用符号i表示。组数的大小要根据数据的多少来定。如果数据个数在100以上,一般将组数控制在10~20;如果数据个数少于100,则一般取7~9组。组距一般采用2、3、5、10、20等数值,以便于计算分组区间和组中值。组数与组距往往是相互制约的,组数多,组距就小,反之亦然。组数不宜过多,也不宜过少——如果分组数目过多,则组距偏小,有时会出现某些组内次数为零的现象,无法显示整个数据分布的规律,失去了分组简缩资料的本意;如果组数过少,则组距偏大,进一步统计分析处理的误差也就越大。一般地,如果数据的总体分布为正态,则可用下面的经验公式计算组数:

$$K = 1.87(N-1)^{\frac{2}{5}}$$
(公式2-1)

N为数据总个数,K取近似整数,用这个公式计算出的组数只是一个近似数,最终的组数以实际为准。确定组数后,就可以计算组距了,$i = \dfrac{R}{K}$(R为全距,K为组数,i取近似整数)。

步骤3:列出分组区间。分组区间就是确定一个组的起点值和终点值,又称为组限。起点值称为组下限,终点值称为组上限。组限有表述组限和精确组限两种,例如,有一组组距为10的数据,它们的表述组限为50~59,60~69,70~79,80~89,90~99,实际上它们的精确组限分别为49.5~59.4999…,59.5~69.4999…,69.5~79.4999…,79.5~89.4999…,89.5~99.4999…。在列分组区间时,要注意:① 最高分组区间内应包含最大的数据,最低分组区间内应包含最小的数据;② 最低组或最高组的下限最好是组距i的整数倍;③ 呈现表格时,各分组区间使用表述组限,并且为了书写方便,通常只用整数表示下限值,在其后画一浪纹线,上限值并不列出。例如,前面组距为10的那组数据分组区间也可以表示为50~,60~,70~,80~,90~等。不过,在登记次数时,一定要按照精确组限将数据进行归类。在估计或计算某些统计量数(例如平均数、标准差、中位数等)时,也应该按照精确组限值来计算。

步骤4:登记次数与频率。如表2-4中的第2列、第3列所示,按照精确组限将数据归类划分到相应的组别中去,可以使用画线计数或写"正"字的方法登记次数,然后再根据登记结果计算各组的次数,重新制表。各组次数的总和在数值上应该等于数据的总个数。所谓频率,就是该组次数(频数)除以观测总次数 n 所得的商。频率可以用小数的形式来表示,也可以用百分数的形式来表示。

较为完整的次数分布表,还可以包括累计次数、累计频率。累计的方式又包括向上累计和向下累计两种情况,如表 2-4 中的第 4 至第 7 列所示。

三、次数分布图

在次数分布表的基础上可以绘制次数分布图,更加直观地描绘数据的变动趋势和差异细节。与统计表一样,一张好的统计图也应符合统计分类的基本原则,能够准确而清晰地表达研究者的意图,便于他人理解。统计图也要有一个简单明了的标题,统计图的编号和标题通常放在统计图的下方。其中次数分布图是最常用的统计图。

1. 条形图

分类标志是类别或顺序变量时,其变量值都是离散数据,相应的次数分布图一般采用条形图(bar charts)的形式。如图 2-1 所示的是某大学一个班级 56 名同学毕业论文成绩等级分布情况,各成绩等级对应的人数是"不及格"的 2 名、"及格"的 8 名、"中等"的 13 名、"良好"的 25 名、"优秀"的 8 名。图 2-1 中,每一个等级对应一个直条,彼此分立,直条高度表示该等级的人数(观察次数)。

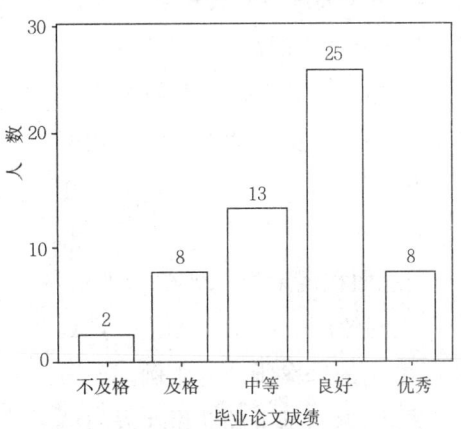

图 2-1　学生毕业论文成绩等级分布图

2. 直方图

如果分类标志是等距或等比的连续变量,要用直方图(histograms)表现次数分布。图 2-2 为表 2-4 中 520 名高三学生语文统考成绩的分布直方图。每一直方条都是以组距为其宽度,以该组的观察次数(或频数)为其高度,与条形图不同的是,直方图的直条之间没有空隙,是连续的,而且横坐标轴上标记的数值是各组的组限。

3. 折线图

折线图(line chart)是等距连续变量次数分布图的另一种形式,绘制折线图要比绘制次数分布直方图更为简便。折线图以各组的组中值为横坐标,以该组的观察次数(或频率)为纵坐标。首先在二维坐标系中描点,再用线段依次将这些点连接起来。使用表 2-4 中的数据为例来做折线图,图 2-3 就是某校高三学生语文成绩分布的折线图。

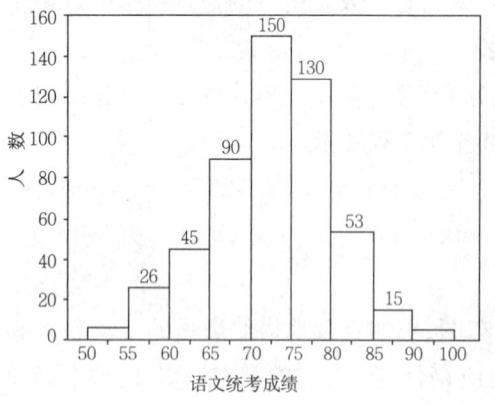
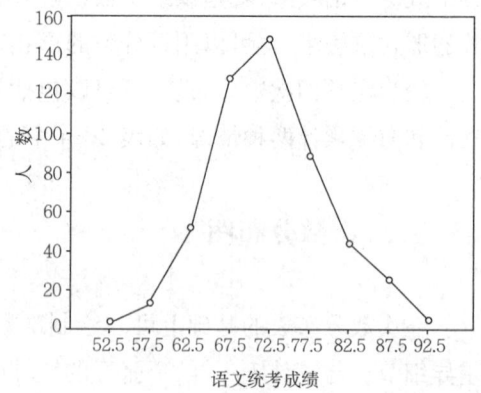

图 2-2　某校高三学生语文统考成绩分布直方图　　图 2-3　某校高三学生语文统考成绩分布折线图

4. 关于曲线下的面积

在连续变量的次数分布图中，介于 X_1 和 X_2 之间的曲线下的面积与曲线下总面积之比，就等于观察数据中取值介于 X_1 和 X_2 之间的个案在观察对象中所占的比例。如果将曲线下的总面积规定为 1，那么介于 X_1 和 X_2 之间的面积就表示取值介于 X_1 和 X_2 之间的个案所占的比例。如图 2-4 所示，灰色部分的面积代表的是取值在该范围内的个案总数 135，而该部分面积与分布图总面积的比值

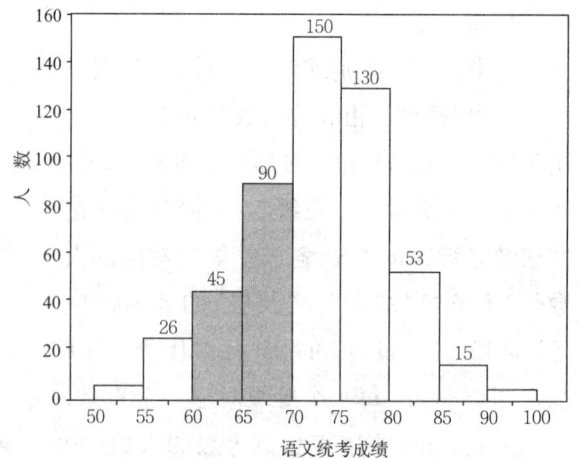

图 2-4　某校高三学生语文统考成绩分布图

135/520 就代表取值在这一范围的学生数占总的学生数的比率。

第二节　常用的集中量数

集中量数是用来描述一组数据分布集中趋势的指标。在研究中，获得的数据组往往都是围绕着一个重心（或中心）呈现出上下波动的局面。而数据的集中趋势是指在一组数据分布中，数据的取值有向分布中心聚集的趋势。一般情况下，集中量数正好反映了一组数据的重心位置，同时也反映了数据的集中趋势。可以反映数据集中趋势的集中量数很多，如算术平均数、几何平均数、加权平均数、调和平均数、中位数、众数等。心理学研究中，最常用的集中量数有算术平均数、中位数和众数。

一、算术平均数

1. 算术平均数的定义

算术平均数(arithmetic mean)是一组数据中所有观测值 X_i 的代数和除以总的数据个数所得的商,简称平均数或均数(mean)。为区分总体与样本的特征量,一般用 μ 表示来自于总体的数据的平均数,用 $\overline{X}$ 表示来自于样本的数据的平均数。总体平均数与样本平均数的计算公式可以分别写为:

$$\mu = \frac{\sum_{i=1}^{N} X_i}{N} \quad (\text{式中 } N \text{ 指总体中数据的个数}) \quad (\text{公式 2-2})$$

$$\overline{X} = \frac{\sum_{i=1}^{n} X_i}{n} \quad (\text{式中 } n \text{ 指样本中数据的个数,也称样本容量}) \quad (\text{公式 2-3})$$

一般将数据代入上述公式,就可以计算出总体平均数或样本平均数。但是,有时数据并非以原始的单个数据存在,而是以分组数据存在的,即给出各组数据取值区间和数据个数,则其平均数如何计算呢?这时,只能采用近似方法估算平均数:将每一分组区间的中间值(组中值)X_c 看作这一数据组的平均数,将一个数据组的数据个数记为 f,先以 X_c 乘以 f,计算出各组数据和的近似值,然后将各组所计算的和值相加即得到数据的近似总和,最后除以数据的总个数即得到近似平均数,其计算公式可以写为:

$$\overline{X} = \frac{\sum X_c \cdot f}{n} \quad (\text{式中 } X_c \text{ 为某一组中值},f \text{ 为对应组中的数据个数})$$

$$(\text{公式 2-4})$$

为叙述方便,之后凡涉及算术平均数的,如不作特别说明,皆简称为平均数,并且如果不是特指总体平均数 μ 的话,一般用样本平均数符号 $\overline{X}$ 表示,有时也用符号 M(mean 的缩写)表示。不管是样本平均数还是总体平均数,它们作为平均数的特性是一样的。另外,在使用求和符号"$\sum$"时,$\sum_{i=1}^{n} X_i$ 可以简写为 $\sum X$,两者的意义是一致的。

2. 算术平均数的特性

算术平均数是最常用的集中量数,也被认为是一种良好的集中量数,因为它能很好地反映数据的集中趋势,同时因为它具有如下一些特性而能给研究者的资料分析带来很多便利。

(1) 所有观测值的总和等于平均数与数据个数的积,即 $\sum X = \overline{X} \cdot n$。

（2）各观测值与平均数的差叫离均差，简称离差。一组数据的离差和为 0，即 $\sum (X - \bar{X}) = 0$。

（3）每个观测值同时加上（或减去）任意常数 C，其平均数等于原来的平均数加上（或减去）常数 C，即 $\dfrac{\sum (X \pm C)}{n} = \bar{X} \pm C$。

（4）每个观测值同时乘以常数 $C(C \neq 0)$，其平均数等于原平均数乘以 C，即 $\dfrac{\sum (X \cdot C)}{n} = \bar{X} \cdot C$。

3. 算术平均数的优缺点

作为一种良好的集中量数，算术平均数既有优点，也有缺点。其优点主要有以下几点。

（1）反应灵敏。根据平均数的定义和计算过程，它的大小与数据组中所有的数据都有关系，数据分布中任何一个哪怕是微小的数据变化都会引起平均数的改变。换句话说，平均数能够非常灵敏地反映数据变动。

（2）有严格的确定性。根据计算公式，一组确定的数据，其平均数也是确定和唯一的。

（3）适合进一步的代数运算。这一点是中位数和众数无法做到的。

（4）受抽样变动的影响较小。如果从总体中随机抽取多个样本，不同样本间的样本平均数起伏变化较小，反映出较小的抽样误差。相比之下，中位数和众数容易受到抽样过程的影响，不同样本间的差异可能很大。所以，在后续一些涉及统计推断的章节中，当需要用样本数据推测总体特征时，样本的算术平均数就是总体平均数的最佳无偏估计值。

当然，事物往往都具有两面性。平均数的主要优点是对数据变化比较敏感，但这有时恰恰又是它的缺点，平均数易受极端值影响而失去典型性。所谓极端值，就是在一组数据中出现的极大值或极小值，它们的出现极易使平均数偏离中心位置，从而失去典型意义。

【例 2-1】 某公司有 15 名员工，他们某一年的年薪收入（单位：元）分别为：15000、15000、15000、15000、15000、17500、18000、17500、21000、21000、26000、21000、40000、100000、60000。请计算这家公司员工的平均年薪收入，并思考这个平均数是否能典型地代表该公司员工的年收入。

【解】 根据题意，计算 15 名员工年薪收入的算术平均数：

$$\bar{X} = \frac{\sum X}{n} = \frac{15000 + 15000 + \cdots + 100000 + 60000}{15} = 27800$$

该公司员工这一年的平均年薪收入为 27800 元。但是在所有的 15 名员工中，年薪收入超过这个数字的只有 3 人，其余员工收入都低于或远远低于这个数字。显然，27800 元并不能代表该公司员工的典型收入或中间趋势。在此类情况下，算术平均数就不再是良好的集中量数，应改用其他的量数反映数据的集中趋势。

我们在很多娱乐或运动类电视节目中经常会看到,给选手计算最终得分时,往往会去掉一个最高分,去掉一个最低分。这种做法在某种程度上克服了可能的极端值对算术平均数造成的影响,使评判结果更具典型性和可靠性。不过,在后续章节我们会指出,极端值的取舍并不是随意的,它必须遵循一些统计规则。

另外,当记录的数据性质不同时,不能简单计算数据的总和。例如,某商人到外地出差,所带现金中有 2000 美元、1000 元人民币、500 欧元、10000 日元,这就不能说他所带的现金一共为 2000+1000+500+10000 = 13500 元。该商人所带现金的币种不同,单位就不一样,因此数字大小的意义不一样,不能直接相加。可以先按照金融市场当时的价格关系,将其转换成相同的币种,如都换算成人民币,使其从"不同质"的数据转换成"同质"的数据,然后求和。

所谓"同质",即性质相同。统计学中,同质性数据是指用相同测量标准或测量工具得到的用来说明相同事物属性的数据。"不同质"的数据不能求和,因此也就不能计算平均数。假如某人曾到美国、英国、越南旅游,均在当地购买了同一品牌的同一日常用品,分别花去 20 美元、14 英镑、20000 越南盾,请问能否说他购买一件这样的日用品平均花费现金是 (20+14+20000)÷3 = 6678 元呢?显然不可以,也必须先根据外汇牌价将"不同质"的数据转换成"同质"的,才能计算平均数。

二、中位数

(一)中位数的定义

中位数(median),又称中数,常用 Md 表示。将一组数据按照大小顺序排位后,位于中间位置的那个数,就是中位数。因此,中位数将一组数据分为大的一半和小的一半。需要指出的是,中位数既可能是现有数据列中一个实际存在的数,也可能只是一个潜在的数。这一点将在后面的计算实例中体现出来。

(二)中位数的计算

在统计学中,连续变化的数据才可以计算平均数和中位数,而这种数据常常有两类不同的记录方式,一类是保留了每个原始数据的记录方式,被称为未分组数据列;另一类是已分组区间并登记了每个区间内数据发生次数的记录方式,被称为分组数据列。这两类数据列的中位数的计算方法有所不同。

1. 未分组数据列的中位数计算

未分组数据列的中位数计算,主要有以下两大步骤。

步骤 1:排列数据。将所有数据按照从小到大(也可以从大到小)的顺序排列。

步骤 2:确定中位数的位置及中位数。若数据的总个数 n 为奇数,则第 $\frac{n+1}{2}$ 个数就是中位数;若数据的总个数 n 为偶数,则取第 $\frac{n}{2}$ 个数与第 $\frac{n}{2}+1$ 个数的中间数(这两个数据的平均数)作为中位数。

【例 2-2】 试计算例 2-1 中公司员工年薪收入的中位数。

【解】 此数据列是未分组的数据,先将所有数据按升序(从小到大)排列如下:
15000、15000、15000、15000、15000、17500、17500、18000、21000、21000、21000、26000、40000、60000、100000。

因为数据个数 $n=15$,是奇数,所以取第 $\frac{15+1}{2}=8$ 个数据作为中位数,得到 $Md=18000$。

【例 2-3】 如果在例 2-1 中公司于2014年初新引进了一名员工,其当年的年薪收入为22000元,试计算将该名员工的工资数加入数据表列后员工年薪收入的中位数。

【解】 现将公司16名员工年薪收入数据按升序排列如下:15000、15000、15000、15000、15000、17500、17500、18000、21000、21000、21000、22000、26000、40000、60000、100000。

这时数据个数 $n=16$,是偶数,中位数应位于第8个数和第9个数之间。第8个数是18000,第9个数是21000,所以 $Md=\frac{18000+21000}{2}=19500$。前面曾经提到,在有极端值的情况下,如果用算术平均数来描述例2-1中公司员工的年薪收入状况,则典型性不佳。改用中位数,典型性就比较强了。

2. 分组数据列的中位数计算

对于已分组数据,求其中位数的原理与未分组数据一样,但计算相对要烦琐一些。主要包括以下步骤。

步骤1:计算数据总个数 n,并确定中位数所在组的区间,即找到第 $\frac{n}{2}$ 个数所在的区间。

步骤2:计算中位数所在区间以下各区间的次数和,即将中位数所在区间下限以下的次数累加,记为 F_b。

步骤3:计算 $\frac{n}{2}$ 与 F_b 之差。

步骤4:计算数据系列中第 $\frac{n}{2}$ 个数的值,即中位数。为表述方便,将中位数所在区间内数据次数记为 f_{Md},中位数所在区间的精确下限记为 L_b。假设中位数区间内的 f_{Md} 个数均匀地分布在这个宽度为 i 的区间内,那么每个数占据的宽度为 $\frac{i}{f_{Md}}$,而中位数到该组下限之间的数据个数为 $\frac{n}{2}-F_b$,因此,中位数到所在区间的下限 L_b 的距离就是 $(\frac{n}{2}-F_b)\times\frac{i}{f_{Md}}$,

所以 $L_b + (\frac{n}{2} - F_b) \times \frac{i}{f_{Md}}$ 也正好是中位数了。概括地说，中位数的计算公式为：

$$Md = L_b + \frac{\frac{n}{2} - F_b}{f_{Md}} \times i \qquad \text{（公式2-5）}$$

同理，如果把中位数所在区间的精确上限记为 L_a，将该上限以上的数据次数累计记为 F_a，则中位数的计算公式为：

$$Md = L_a - \frac{\frac{n}{2} - F_a}{f_{Md}} \times i \qquad \text{（公式2-6）}$$

【例2-4】 某年研究生入学考试中，某考区120名考生"普通心理学"课程的考试成绩的次数分布如表2-5所示。试计算这120名考生"普通心理学"考试成绩的中位数。

表2-5 某考区考生"普通心理学"课程成绩的次数分布表

分组区间	次数	向上累计次数	向下累计次数
90~	1	120	1
80~	9	119	10
70~	35	110	45
60~	62	75	107
50~	10	13	117
40~	3	3	120
∑	120		

【解】 从理论上讲，考试成绩是连续变量。因考生数为120名，所以数据个数为偶数，可以认为考生成绩中位数的位置是在第 $\frac{n}{2}$ 个与第 $\frac{n}{2} + 1$ 个之间，即第60个与第61个数之间。不过，分组数据的个数都是比较大的，所以在这种情况下，为了简化计算过程，不再区分 n 的奇偶。这里，中位数所在区间（60~）的精确下限为 $L_b = 59.5$，精确下限之下次数累加 $F_b = 13$，中位数区间数据次数 $f_{Md} = 62$，分组间距 $i = 10$，将这些数据代入公式2-5，即可计算出该数据列的中位数：

$$Md = L_b + \frac{\frac{n}{2} - F_b}{f_{Md}} \times i = 59.5 + \frac{\frac{120}{2} - 13}{62} \times 10 \approx 67.08$$

使用公式2-6也能得到同样的结果，该分组数据列的中位数约为67.08。

（三）中位数的应用及其优缺点

中位数也具备了良好集中量数的某些特征，例如它定义明确、计算简便，且不会受到极端数值的影响,受抽样变动的影响也较小(但大于平均数)。然而它的灵敏性不如平均数,也不适合做进一步的代数运算。中位数作为集中量数,一般用于一组数据中出现极端数值或有个别数据不确切的时候,以及其他不能用算术平均数作为集中量数的场合。当数据属于顺序量表水平时,可以用中位数来度量其集中趋势。

三、众数

(一) 众数的定义与计算

一组数据中次数出现最多的那个数,即为众数(mode),用 Mo 表示。众数的计算也很简便,只需将数据按大小顺序排列,用观察法直接寻找出现次数最多的那个数即可。如果数据以次数分布表的形式出现,则表中次数最多的那一组的组中值可作为众数。

例 2-1 中计算出公司员工年薪收入的众数就比较简单。先将所有数据按从小到大的顺序排列,然后就会发现,其中出现次数最多的是 15000,共有 5 次,所以 $Mo = 15000$,该公司员工的年薪收入的众数为 15000 元。

(二) 众数的应用及优缺点

众数作为一种集中量数,其性能不及平均数和中位数,这是因为众数虽然定义简单、明确,也不受极端数值的影响,但它不适合代数运算,受抽样变动的影响较大,而且当次数分布表设定不同的组距时,众数的数值就会发生很大的变化,因此它的适用范围非常有限。一般在需要极其快速而粗略地估计一组数据的集中趋势时,才会用到众数。另外,当一组数据出现不同质的情况时,也可用众数来表示典型性情况,如工资收入、学生成绩等有时会以次数最多者作为代表值。

相对而言,算术平均数、中位数和众数是三个较为常用的集中量数,都能在一定程度上反映数据列的中间趋势,所以具有内在的关联性。在数据的次数分布图完全对称的特殊情况下,这三个集中量数就会达到相等,在数轴上重合为一个点,如图 2-5(b) 所示,$M = Md = Mo$。

如果数据分布不是对称的,其次数分布图表现为偏于左边或右边的情形,那么平均数与中位数就不再相等。由于平均数更容易受到极端值的影响,因此平均数的值肯定会因为一边出现了极偏的值而也随之偏向于这一边。具体地说,以测量值作为横坐标,以分布次数或频率作为纵坐标,当数列中出现极大值的时候,分布图偏向于正的方向,叫作正偏态,如图 2-5(a) 所示,通常在这一分布中,$M > Md > Mo$;当数列中出现极小值的时候,分布图偏向于负的方向,叫作负偏态,如图 2-5(c) 所示,通常在这一分布中,$M < Md < Mo$。

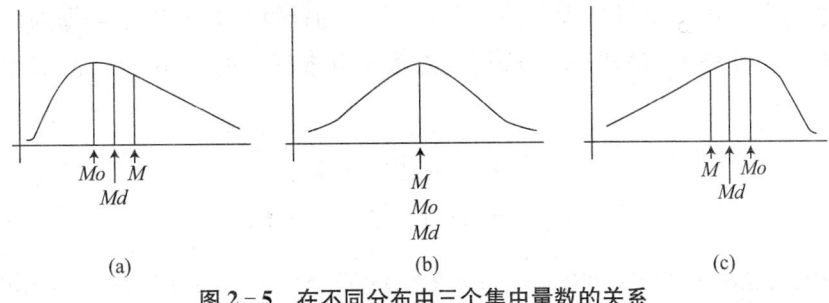

图 2-5　在不同分布中三个集中量数的关系

第三节　常用的差异量数

利用平均数、中位数、众数等集中量数描述一组数据的中间趋势,从一个侧面反映出数据列的特征。但在实际应用中,仅仅有数据列的集中趋势,未必能够较全面地描述数据列的特征。我们不妨来比较下列三组数据。

$$甲组:50,50,50,50,50$$
$$乙组:48,49,50,51,52$$
$$丙组:30,40,50,60,70$$

显然,三组数据的平均数都是 50,但这并不意味着三个数据组的特征一样。我们可以看到:甲组的数据最集中,均为 50;乙组的数据分散在 48~52,分散程度比较小;丙组的数据分散在 30~70,分散程度比较大。可见,三组数据的集中量数虽然一样,但分散程度却不一样,所以看上去具有不同的特征。要全面描述一组数据,只有集中量数是不够的,还需要有描述数据分散程度的特征量,这类特征量被称为差异量数。常用的差异量数包括全距、四分位差、平均差、方差、标准差等,其中最重要的是方差和标准差。

一、全距、四分位差和平均差

(一) 全距

在所有的差异量数中,全距(range)是最粗略、最简单的,它是一组数据中最大值与最小值之差。一般来说,全距越大,说明数据越分散,反之数据越集中。上述三组数据中,甲组数据的全距为 50-50=0,乙组数据的全距为 52-48=4,丙组数据的全距为 70-30=40,说明甲组数据最集中,乙组数据有较小的分散性,丙组数据分散性较大。分散性大,也可以说成是差异性大。然而,由于全距的计算只是使用了数据列两端的数据,所以它极易受极端值的影响而降低其对数据分散程度的反映。例如,有以下两组数据。

$$一组:0,56,57,58,59,60$$
$$二组:35,40,45,52,55,60$$

第一组的全距是60-0=60,第二组的全距是60-35=25。但是实际上第一组中的其他数据都很接近或比较集中,仅仅由于一个极端数据0而造成了较大的全距。所以,全距有很大的局限性,一般只在编制次数分布表时或需要快速而粗略地考察一组数据的分散程度时使用。

(二)四分位差

前文已经提到,为了避免受到极端值的影响,日常生活中,我们经常采取去掉最高分和最低分的方法,即主要看中间部分的分数。这样做的确可以有效减少极端数值的影响,找到更具有代表性的数据,提高测量的稳定性和准确性。统计学中,也可以借用这种方法剔除更多的高分和低分数值,而看排列在中间第 $\frac{n}{2}$ 个数据的分布情况。

四分位差(quartile),也叫四分位距。计算中先去掉数据列中最大的四分之一部分和最小的四分之一部分的数据,剩下来的中间这一半数据的全距被称为四分差全距,四分差全距的一半就叫四分位差,一般用 Q 表示。

$$Q = \frac{Q_3 - Q_1}{2} \qquad (公式2-7)$$

公式2-7中,Q_3 和 Q_1 分别是去掉最高的四分之一和最低的四分之一数据后所剩数据的最大值与最小值,它们正好是位于原来四分之一处和四分之三处的数据,如图2-6所示。由图2-6可见,Q_1、Q_2、Q_3 可将一组按大小顺序排列的数据分为个数相等的四份,所以这三个位置的分数也叫作四分位数,其中 Q_1 叫作第一四分位数,Q_2 叫作第二四分位数(也正好是中位数),Q_3 叫作第三四分位数,而且 Q_1、Q_3 又正好分别是前半段和后半段数据的"中位数"。四分位数的计算可参照中位数的计算方法进行。

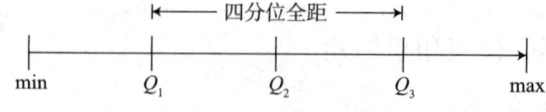

图2-6 四分位全距示意图

【例2-5】 根据表2-5中的数据计算其四分位差。

【解】 类似于中位数的计算方法,可以得到 Q_1 与 Q_3 的值。Q_1 就是前60个数的中位数,Q_3 就是后60个数的中位数。在整个数据列中,Q_1 是第一四分位数,它是由小到大排列的整组数据中的第 $\frac{1}{4} \times 120 = 30$ 个数,位于"60 ~"这组;Q_3 是第三四分位数,它是整组数据中的第 $\frac{3}{4} \times 120 = 90$ 个数,位于"70 ~"这组。参照公式 2 - 5 计算如下:

$$Q_1 = L_b + \frac{\frac{n}{4} - F_b}{f_{Md}} \times i = 59.5 + \frac{\frac{120}{4} - 13}{62} \times 10 \approx 62.24$$

$$Q_3 = L_b + \frac{\frac{3n}{4} - F_b}{f_{Md}} \times i = 69.5 + \frac{\frac{3 \times 120}{4} - 75}{35} \times 10 \approx 73.79$$

$$\therefore Q = \frac{Q_3 - Q_1}{2} = \frac{73.79 - 62.24}{2} = 5.775$$

参照公式 2-6 的计算方法也能得到同样的结果。未分组数据求四分位差的计算过程要简单一些,就是将数据按从小到大的顺序排列后,找到排位在第 $\frac{n}{4}$ 和第 $\frac{3n}{4}$ 位置上的分数,二者相减即得到四分位差全距,该四分位差全距的一半为四分位差。

与全距相比,四分位差剔除了极端数值,似乎可靠了许多,但从另外的角度看,其计算相对烦琐,且忽略了大量信息,不适合做进一步的代数运算,实际中较少使用。

(三) 平均差

平均差(average deviation)是指一组数据中所有数值与平均数之间的距离(离差的绝对值)的平均数,一般用 AD 表示。其计算公式为:

$$AD = \frac{\sum |X - \bar{X}|}{n} \qquad (公式 2 - 8)$$

平均差的意义明确,它以平均数为中心,将每一个数值与平均数之间的差值($X - \bar{X}$,也叫作离差)看作误差,平均差有平均的误差之意。离差可以是正数,也可以是负数,如果直接计算总和,根据前面说过的平均数的性质,则离差之和为 0。所以,要计算平均差,就要对每个离差取绝对值后再求总平均。由于平均差的计算过程要使用取绝对值的步骤,使得代数运算过程不方便,形成了平均差应用中的制约因素,所以平均差在实际数据分析中并不常用。

二、方差与标准差

(一) 方差与标准差的定义

根据前文讨论,离差(deviation)反映的是数据组中某一个数据离平均数的距离,而将所有数据的离差直接求和,其结果为零,所以离差直接求和再平均所得结果不能反映一组数据的分散性。而取绝对值后求和再平均所得到的平均差又不方便进一步的代数运算,于是统计学家采取以下策略来解决这一问题:将数据组中所有数据的离差平方再求和,所得结果叫作离差平方和,也叫平方和(sum of square,简称SS),其代数表示形式是 $\sum(X-\overline{X})^2$。离差平方和除以数据个数 n 得到平均的离差平方和,在统计学中叫方差(variance)。通常,样本数据的方差用 S^2 或 S_n^2 表示,总体数据的方差用 σ^2 表示。如果将该定义中的所有要素一一对应地在公式中体现出来,这样的公式称为定义公式。样本方差 S^2 与总体方差 σ^2 的定义公式如下:

$$S^2 = \frac{\sum(X-\overline{X})^2}{n} \qquad (公式2-9)$$

$$\sigma^2 = \frac{\sum(X-\mu)^2}{N} \qquad (公式2-10)$$

与平均差相比,方差先将离差平方然后再求其平均数,避免了使用绝对值所引起的计算不便,同时也非常好地避免了直接对离均差求平均数(导致结果为零)的缺陷。

但是,对于实际测量数据来说,方差的单位与原始数据的单位不一致,前者是后者的平方。拿计算一组长度测量数据来说,其原始数据的单位为米,方差的单位就为平方米,二者不能进行加减等运算。于是,统计学家又提出了标准差的概念。标准差(standard deviation,简称SD或S、S_n),就是方差的平方根。数据总体的标准差 σ 和样本数据的标准差 S 分别为:

$$\sigma = \sqrt{\frac{\sum(X-\mu)^2}{N}} \qquad (公式2-11)$$

$$S = \sqrt{\frac{\sum(X-\overline{X})^2}{n}} \qquad (公式2-12)$$

(二) 方差与标准差的计算

根据定义公式即可计算方差与标准差,但使用定义公式时都要先求平均数,再求离差。如果平均数不是整数或者是一个除不尽的数,则计算过程就会比较麻烦且易带来误差。经过推导,可利用下列公式直接从原始数据计算方差与标准差:

$$S^2 = \frac{\sum X^2}{n} - \left(\frac{\sum X}{n}\right)^2 \qquad (公式2-13)$$

$$S = \sqrt{\frac{\sum X^2}{n} - \left(\frac{\sum X}{n}\right)^2} \qquad (公式2-14)$$

【例2-6】 根据定义公式,试就本节开始所举三个数据样本分别计算方差与标准差。

【解】 由于三组数据的平均数已知均为 $\overline{X}=50$,则:

① 甲组数据的方差:$S_n^2 = \dfrac{\sum(X-\bar{X})^2}{n} = \dfrac{(50-50)^2+\cdots+(50-50)^2}{5} = 0$

标准差:$S_n = 0$

② 乙组数据的方差:

$S_n^2 = \dfrac{\sum(X-\bar{X})^2}{n} = \dfrac{(48-50)^2+(49-50)^2+(50-50)^2+(51-50)^2+(52-50)^2}{5} = 2$

标准差:$S_n = \sqrt{2} \approx 1.414$

③ 丙组数据的方差:

$S_n^2 = \dfrac{\sum(X-\bar{X})^2}{n} = \dfrac{(30-50)^2+(40-50)^2+(50-50)^2+(60-50)^2+(70-50)^2}{5} = 200$

标准差:$S_n = \sqrt{200} = 10\sqrt{2} \approx 14.14$

如果遇到分组数据,那么如何计算方差与标准差呢?根据前面对分组数据求平均数的思路与公式2-4以及公式2-13、公式2-14,可以推导出对分组数据求方差与标准差的公式。读者可以根据该公式自行计算表2-5数据的方差与标准差。计算公式为:

$$S_n^2 = \dfrac{\sum X_c^2 \cdot f}{n} - \left(\dfrac{\sum X_c \cdot f}{n}\right)^2 \qquad \text{(公式2-15)}$$

$$S_n = \sqrt{\dfrac{\sum X_c^2 \cdot f}{n} - \left(\dfrac{\sum X_c \cdot f}{n}\right)^2} \qquad \text{(公式2-16)}$$

公式中 X_c 代表分组数据中某一组数据的组中值,f 代表与 X_c 组中值对应组的数据个数。

方差与标准差在计算过程中要用到一组数据中的所有数值,无一遗漏。因此,它们具有反应灵敏的优点,但同时也带来一个缺点,即易受极端值影响。另外,方差与标准差定义明确,计算并不复杂,并且适宜于进一步的代数运算。总体来说,它们具备了良好差异量数的特征。

(三)标准差的应用

1. 差异系数

标准差作为一个良好的差异量数,用途非常广泛,最直接的意义就是可以用来比较几个不同的数据组之间的离散程度。一般说来,标准差越大,数据离散程度越大,反之离散程度越小。当然,在实际的资料分析中,要注意结合各数据样本的测量单位、集中量数大小来使用标准差。

首先,当两组或几组数据的单位不同时,不能直接用标准差比较离散程度的大小。

【例2-7】 已知某地区6岁儿童的平均身高是1.15米,标准差是0.08;平均体重是23千克,标准差是4.2。问身高和体重的离散程度哪个大?

如果仅仅根据身高的标准差 0.08、体重的标准差 4.2 这两个数字的大小来判断,做出身高的离散程度小、体重的离散程度大的结论,肯定是不恰当的。假如将身高的单位由米换成厘米,则其标准差的数值将变为 8,岂不是大于体重的标准差了吗?可见,对于有不同测量单位的两组数据来说,不能直接比较其标准差的大小。

其次,当两组或几组数据资料的单位相同,但它们的平均数相差较大时,即使是各组数据的标准差相近,我们也会感觉到各组数据的相对离散程度有很大不同。

【例 2 - 8】 有人用同一份数学试卷同时对一至五年级小学生进行测试。结果发现:五年级学生的平均成绩是 80 分,标准差是 5,而一年级学生的平均成绩是 40 分,标准差也是 5。问这两个年级的测验分数中哪一个离散程度大?

本例中,如果仅仅从标准差的大小来看,一年级和五年级的数学成绩离散程度一样,因为两者标准差的值是相同的。但这与我们的直觉不一致,仔细分析即可发现,一年级与五年级学生的平均成绩相差很大,这让我们感觉到,一年级学生成绩的相对差别较大,五年级学生成绩的相对差别较小。看来,有些时候需要把集中量数和差异量数结合起来才能更好地认识数据样本的特征。

于是提出了相对差异量数的概念。其中最常用的是差异系数,也叫相对标准差,一般用符号 CV 表示,是指数据样本的标准差与算术平均数的比率,常以百分数形式表示。它没有单位,是一种相对系数,计算公式为:

$$CV = \frac{S}{\overline{X}} \times 100\% \qquad (公式 2 - 17)$$

式中,S 为样本的标准差,$\overline{X}$ 为样本的平均数。

在例 2 - 7 中,$CV_{身高} = \dfrac{0.08}{1.15} \times 100\% \approx 6.96\%$

$$CV_{体重} = \dfrac{4.2}{23} \times 100\% \approx 18.26\%$$

通过比较差异系数,可知该地区 6 岁儿童体重的相对离散程度比身高的相对离散程度大。

在例 2 - 8 中,$CV_{五年级} = \dfrac{5}{80} \times 100\% = 6.25\%$

$$CV_{一年级} = \dfrac{5}{40} \times 100\% = 12.5\%$$

通过比较差异系数,可知一年级学生的测验分数的相对离散程度更大。

在应用差异系数比较相对离散程度时,应注意,由公式 2 - 17 可知,如果平均数为 0,则差异系数没有意义。从测验理论来说,只有等比量表测量的数据组的平均数才不会等于 0(因为它的测量起点是绝对零,所以测得的任何一个数据都应是大于 0 的),因此严格地说,也只有等比量表的数据才能计算差异系数。不过,那些用等距量表或接近等距量表水平的测量数据资料,如果平均数不等于0,如百分制考试成绩等,也可以降低限制条件,使用差异系数。总之,使用差异系数时,数据资料至少应为等距量表水平,因为只有此时,所计算的平均数和标准差才有意义。

2. 标准分数

在统计学中,与标准差有关的一个重要概念就是标准分数。所谓标准分数,又称基分数或 Z 分数,是以平均数为中心、标准差为单位表述一个原始分数在其团体中所处相对位置的数量。这个相对位置,是参照平均数而言的。标准分数反映了一个原始数据大于或小于平均数多少个标准差,从而明确该原始分数在团队中的相对地位。标准分数的计算公式为:

$$Z = \frac{X - \bar{X}}{S}(\text{适用于数据样本内部的计算}) \quad (\text{公式 2-18})$$

或

$$Z = \frac{X - \mu}{\sigma}(\text{适用于数据总体内部的计算,实际中很少用到})(\text{公式 2-19})$$

以上公式也非常直观地显示出 Z 分数的意义。它是以离差除以标准差所得的商,没有实际单位。它既可以是一个正数(当原始分数大于平均数时),也可以是一个负数(当原始分数小于平均数时),还可以为0(当原始分数正好等于平均数时)。可见,从 Z 分数的大小,就可以看出某一原始分数在团体中的相对排位。

【例 2-9】 在一次期中考试中,某班同学的数学平均成绩为 68 分,标准差是 10。该班考生甲、乙、丙三人的成绩分别为 60 分、68 分、88 分。试计算他们数学成绩的标准分数各是多少。

【解】 已知 $\bar{X} = 68, S = 10, X_甲 = 60, X_乙 = 68, X_丙 = 88$,根据公式 2-18 可得到:

$$Z_甲 = \frac{60 - 68}{10} = -0.8 \quad Z_乙 = \frac{68 - 68}{10} = 0 \quad Z_丙 = \frac{88 - 68}{10} = 2$$

所以,甲、乙、丙三人的数学标准分数分别是 -0.8、0、2。

标准分数具有如下几个基本性质。

(1) Z 分数无实际单位,是以平均数为参照点,以标准差为单位的相对量。

(2) 一组数据中,所有原始分数对应的 Z 分数之和为 0, Z 分数的平均数亦为 0,即 $\sum Z = 0, \bar{Z} = 0$(很容易根据其计算公式来证明)。

(3) 一组数据中,原始分数转化为 Z 分数后,其标准差为 1,即 $S_z = 1$,根据前一性质和标准差的计算公式可以证明。

(4) 如果原始分数呈正态分布,则转换后得到一个所有 Z 分数的均值为 0,标准差为 1 的标准正态分布(具体说明见第三章)。

标准分数有着广泛的用途,下面介绍标准分数的三个主要应用。

第一,用于比较几个分属性质不同的观测值在各自数据组中相对位置的高低。

【例 2 - 10】 小平和小明是兄弟俩,分别上小学一年级和五年级。期中考试结束后,妈妈发现,小平的数学考了 85 分,而小明的数学则考了 80 分。小明的数学成绩不如小平吗?已知小平所在班级的数学均分为 90 分,标准差为 5;小明所在班级的数学均分为 70 分,标准差为 10。

【解】 显然,兄弟俩分属于性质不同的团体,不能直接比较两者成绩的高低,而应从各自团体的情况作具体分析。Z 分数恰好可以反映兄弟俩在各自团体中所处的相对位置,从而通过比较 Z 分数的大小来比较兄弟俩成绩的高低。根据公式 2 - 18,计算可得到:

$$Z_{小平} = \frac{85-90}{5} = -1.0$$

$$Z_{小明} = \frac{80-70}{10} = 1.0$$

尽管从原始分数上看,小明的 80 分低于小平的 85 分,但小明在他所属班级中的水平处于平均数以上一个标准差的位置,而小平则处于班级分数平均数以下一个标准差的位置。可见,就各自班级排位来说,小明的数学成绩要好于小平。

心理与教育研究中经常会遇到属于不同质的观测值。这时不能对它们进行直接比较,而应根据各自数据分布的平均数与标准差,分别计算 Z 分数后再比较。

第二,计算个体不同质观测值的总和或平均值,以比较其在团体中的综合排位。前面在讲到平均数的使用时,曾提到直接将不同质的数据相加计算成绩的总和或平均值是没有意义的。但如果这些不同质的观测值总体分布为正态时,可以将它们都转化为 Z 分数后相加求和或平均数,就变得有意义了。例如,以往对高考成绩的计算,常常是将几门课程的原始分数直接相加得到总分,但实际上这样做是不科学的,也是不公平的。因为这几门课程的试卷难易程度很难做到完全相同,会造成各科考试分数实际上的不同质,不能以直接相加的方式求总分。而应改为先对各门课程的分数求 Z 分数,再将各科成绩的 Z 分数相加求 Z 总分或平均分,基于 Z 分数的比较才更科学和公平。类似地,期末考试各科成绩的总和,也应以 Z 分数来合成更为合理。

【例 2 - 11】 表 2 - 6 所示为甲、乙两名考生的高考成绩。试问,根据考试成绩应优先录取谁?

表 2 - 6 甲、乙两名考生高考成绩的比较

考试科目	原始成绩		全体考生		Z 分数	
	甲	乙	平均分	标准差	甲	乙
语文	95	98	85	10	1.0	1.3
政治	77	72	75	5	0.4	-0.6
外语	68	75	70	8	-0.25	0.625
数学	85	75	80	5	1.0	-1.0

续表

考试科目	原始成绩		全体考生		Z 分数	
	甲	乙	平均分	标准差	甲	乙
理化	78	85	75	8	0.375	1.25
$\sum$	403	405			2.525	1.575

【解】 如果按以往将原始分数直接相加得到考生的总分,则考生乙的总分高于甲,乙应优先被录取;若通过公式 2-18 计算考生各门课程成绩的标准分,然后相加得到标准分总分,则考生甲的总分高于考生乙,甲应优先被录取。那么究竟采用哪一种算法更合理呢? 由于各科考试试卷的内容不同、难易程度不同、考生之间水平对比关系不同,各门课程的分数具有不同的性质。严格地说,这样的分数是不能直接相加的,因此将原始分数简单相加求总分是不科学的。更可靠的方法是用 Z 分数来求和。从 Z 分数看,考生甲的各科成绩除一门稍低于平均分外,其他各科均高于平均分;考生乙有两门课程成绩低于平均分,且差距较大。用 Z 分数来确定优先录取的考生更为合理。

第三,经过线性转换后表示标准测验分数。由于标准分数能清楚地表明某一分数在数据组中的排位,所以很多标准化的心理和教育测验都使用 Z 分数来表示测查结果。但是 Z 分数往往含有小数、负数,不易为非专业人士所理解。为克服这些缺点,可对其进行线性转换,使其分数形态更易为人们所接受,但其实际性质未发生改变,即这种线性转换不改变相应分数在团体中的相对排位。标准分数线性转换的一般公式为:

$$Z' = A \cdot Z + B \qquad (公式\ 2-20)$$

公式中,Z 为转换前的标准分数,Z' 为转换后的标准分数,A、B 为常数。转换过程中,在原来的 Z 分数前乘以常数 A,是为了消除小数,而加上一个常数 B 是为了消除负数。例如,某一学生的数学成绩是 65 分,而其所在年级学生考试分数的平均分为 80 分,标准差为 10,于是可以计算得到该学生数学成绩的标准分 $Z = -1.5$,为了消除小数和负号,将这一标准分乘以 10,再加 100,该标准分数就转换成了 $Z' = 85$。

标准分数经过这样的线性转换,仍然保持着原始分数的分布形态,同时仍具有原来标准分数的一切优点。例如,《韦氏成人智力量表》中使用离差智商表示一个人在同龄团体中的相对智力。

$$IQ = 15 \times \frac{X - M}{SD} + 100 = 15Z + 100$$

公式中,X 为被试在智力测验中的原始分数,M 为某年龄团体智力测验原始分数的平均分,SD 为该年龄团体智力测验原始分数的标准差。公式中的常数 100 与 15 实际上是转换后标准分数的平均分与标准差。类似地,比奈-西蒙智力测验中使用了公式 $Z' = 16Z + 100$,普通分类测验(AGCT)使用了公式 $Z' = 10Z + 100$ 等。

3. 异常值的取舍

在统计学中，异常值的出现会影响到数据列集中量数与差异量数的计算，有时为了消除这种影响，可以把那些异常值从数据列中删除。但是，数据的删除不是随意的，而是要遵循一定规则。这个规则一般被称为三个标准差原则。在一个正态分布中，平均数上下一定的标准差处，包含有确定百分数的数据个数。以平均数为中心，平均数上下三个标准差之内约包含 99.739% 的数据个数。即使不是正态分布，根据切比雪夫定理，在平均数的 h 个标准差之内至少包含有 $1-\dfrac{1}{h^2}$ 个数据，因此平均数上下三个标准差之内也至少包含约 89% 的数据个数。所以，整理数据时常采用三个标准差原则取舍数据，即若数据的值落在平均数加减三个标准差之外，则可将此数据作为异常值舍去，然后再计算集中量数与差异量数。

第四节 常用的地位量数

中位数在按大小顺序排列的数据列中占有特殊地位，它正好位于中间；而三个四分位数分别位于数据列中的四分之一、四分之二和四分之三处，将数据列按分数由低到高的顺序或按人数由少到多的顺序划分为四等份。这些划分或排列都是按照数值大小顺序进行的，各个数值排列位置的不同，也反映出这些数值在数据系列中的地位不同，所以这些排位数也叫地位量数。地位量数就是反映特定观测值在一个数据系列中所处位置或地位的量数，常用的有百分位数和百分等级。

一、百分位数

按照类似于确定四分位数的方法，分别以数据列中的 1%、2%、……、99% 位置上的数值为分界点，则可以将数据列划分为人数相等的 100 等份，而这里的 99 个分界点正好就是 1% 的位数、2% 的位数……，统计学将这些位数统称为百分位数。所以，百分位数是以一定顺序排列的一组数据中某个百分位置所对应的值，一般用 P_p 表示。例如，P_{70} 就表示 70% 的位数，或叫作第 70 个百分位数，它代表在按照从小到大顺序排列的一组数据中的一个可能数值，小于这个数值的数据个数占 70%，大于这个数值的数据个数占 30%。三个四分位数中，第一四分位数正好是 25% 的位数，第二四分位数正好是 50% 的位数或中位数，第三四分位数正好是 75% 的位数。可见，中位数、四分位数都是一些特殊的百分位数。

已分组数据百分位数的计算方法可以参照中位数和四分位数的计算方法，其原理不再重复。计算公式如下：

$$P_p = L_p + \frac{\frac{P}{100} \times N - F_b}{f_p} \times i \quad （公式2-21）$$

$$P_p = U_p - \frac{(1 - \frac{p}{100}) \times N - F_a}{f_p} \times i \quad （公式2-22）$$

公式中，N 为总次数，L_p 为百分位数所在组的精确下限，U_p 为百分位数所在组的精确上限，F_b 为小于 L_p 的累计次数，F_a 为大于 U_p 的累计次数，i 为组距，f_p 为百分位数所在组的次数。

【例2-12】 根据表2-5中的数据计算其 P_{40}。

【解】 要求计算的是40%的位数，即第40个百分位数。因为表2-5中的数据共有120人，所以从最小值开始计算的40%的位置就是第48人，不难看出，这个人应在"60～"数据组。根据公式2-21，可得：

$$P_{40} = 59.5 + \frac{\frac{40}{100} \times 120 - 13}{62} \times 10 = 59.5 + 5.65 = 65.15$$

或根据公式2-22，可得：

$$P_{40} = 69.5 - \frac{(1 - \frac{40}{100}) \times 120 - 45}{62} \times 10 = 69.5 - 4.35 = 65.15$$

二、百分等级

百分等级是百分位数的逆运算，它是某个数值在以一定顺序排列的一组数据中所对应的百分位置，用 PR 表示。在例2-12中，如果先给出一个数65.15，要求计算该数值在整个数据表列中的位置，根据前面计算所知 $P_{40} = 65.15$，所以该例中也肯定能计算得到 $PR = 40$。

根据百分位数的计算公式可以推导分组数据的百分等级，计算公式如下：

$$PR = \frac{F_b + \frac{(X - L_p)}{i} \times f_p}{N} \times 100 \quad （公式2-23）$$

$$PR = \left[1 - \frac{F_a + \frac{(U_p - X)}{i} \times f_p}{N} \right] \times 100 \quad （公式2-24）$$

公式中，X 为需要求出其百分等级的数值，其余符号的意义与公式2-21、公式2-22

中的相同。

【例 2-13】 根据表 2-5 的数据列计算 $X=68$ 所对应的百分等级。

【解】 根据题意可知 $X=68$,处于"60~"数据组。根据公式 2-23,可得：

$$PR = \frac{13 + \frac{(68-59.5)}{10} \times 62}{120} \times 100 = 54.75$$

或根据公式 2-24,可得：

$$PR = \left[1 - \frac{45 + \frac{(69.5-68)}{10} \times 62}{120}\right] \times 100 = 54.75$$

所以,与 68 对应的百分等级是 54.75,即在 54.75% 处。

关键词

描述性统计、直方图、条形图、次数分布表、平均数、中位数、众数、离差、标准差、方差、标准分数、四分位差、百分位数、全距、平均差、百分等级

练习与思考

1. 资料分类的两个原则是什么？
2. 举例说明如何才能保证资料分类标准的单向性。
3. 试比较条形图与直方图的异同。
4. 分别就下列三组数据计算其平均数、中位数和众数,并思考各组数据更适合采用何种集中量数。

(1) 12,10,8,2,10,5,4,7,10,2

(2) 3,5,5,7,7,7,9,9,11

(3) 121,7,6,6,6,5,3,2

5. 现有 8 位同学参加心理学考试的原始分数:92,77,83,66,89,73,80,90。试解答下列问题。

(1) 计算其算术平均数。

(2) 给每个数加 5,再计算它们的算术平均数。

(3) 给每个数乘 5,再计算它们的算术平均数。

(4) 根据以上各小题结果可以得出什么规律？

6. 某次全区高一数学统考中,某校高一学生 80 人的数学统考成绩次数分布如表 2-7 所示。试计算这些学生数学成绩的算术平均数、中位数、标准差、四分位差以及第 70 百分位数。

表 2-7　某班同学数学统考成绩的分布

分组区间	次数
90 ~	5
80 ~	15
70 ~	23
60 ~	20
50 ~	13
40 ~	3
30 ~	1
∑	80

7. 什么叫标准分？某班同学语文考试成绩的平均分为 65 分,标准差为 12,试分别计算表 2-8 中所列 5 位同学语文考试成绩的标准分。

表 2-8　5 位同学语文考试的成绩

学号	08001	08002	08003	08004	08005
分数	90	53	65	47	75

8. 小张与小明期末的考试成绩,以及全年级各门课程考试成绩的总体情况如表 2-9 所示。试计算小张与小明各门课程的标准分、标准总分以及考试原始分数的总和。比较这两位同学标准总分、原始总分的高低,并说明期末考试总成绩的年级排名依据哪一总分更合理。

表 2-9　小张、小明及年级考试分数信息表

科目	年级平均分	年级分标准差	小张分数	小明分数
语文	80	5	90	70
数学	62	7	80	80
英语	90	5	90	80
物理	65	6	55	75
化学	60	8	65	90
历史	72	6	80	75
地理	68	7	70	65

9. 下面的数据均为标准 Z 分数：-2.50　-1.00　0.50　0.00　1.00　2.00　2.60，试将该组分数转换为平均分为 50、标准差为 10 的标准 t 分数，或者转换为平均分为 10、标准差为 3 的标准分数。

10. 百分等级与百分位数有什么区别和联系？

课程资源

心理统计学中常用的统计图(视频 2-1)
常用的集中量数(视频 2-2)
常用的差异量数(视频 2-3)
描述性统计分析案例(视频 2-4)

第三章
随机事件与概率分布

内容概览

在一定条件下，会出现多种可能结果或表现形态的现象叫随机现象，它的每一种可能结果就是一个随机事件，包括基本事件和复合事件两大类。复合事件的概率可通过基本事件的概率之和与其概率之积来计算。而随机事件之间又包括相容与不相容的关系。关于随机现象的科学研究往往是通过随机事件的概率及其分布的研究来完成的。对随机现象进行观测获得的数据包括离散型变量的数据和连续型变量的数据。离散型变量的概率分布最常用到的是二项分布的概率分布，适合于解决"二项独立试验"问题；连续型变量的概率分布最常用到的是正态分布，该分布常用于估算两个分数值之间的人数、录取分数线及各分数等级的人数。此外，在统计学中经常要做的就是从样本统计量去估计或推断总体参数及不同总体参数间的关系，其基础在于抽样分布，如样本平均数及样本平均数差异量的 t 分布等。

在第一章绪论中谈到,行为科学研究的几乎都是随机现象,再加上测量过程中诸多随机因素造成的数据波动,心理学研究要分析的数据资料也都是具有不确定性的。即使能够通过一个数据样本的描述特征量对样本特征有所认知,但是因为抽样的随机性,我们并不能将样本的统计量作为对总体参数的精确测量,只能在一定程度上用样本统计量去估计总体参数。要分析这种估计的把握度,就需要首先理解随机现象的运动规律。本章所介绍的概率及其分布特点就是关于随机现象的运动规律,也是用样本推断总体的基础。

第一节　随机事件及其概率

一、随机现象和随机事件

(一)随机现象

心理学研究中,通过实验、问卷调查所获得的数据常因主试因素、被试因素、施测条件因素的随机变化而呈现出不确定性。即使是在相同的被试、相同的观测条件下,多次重复测量的结果也还是上下波动的,我们一般都无法事先确定每一次测量的结果。这种在一定条件下,会出现多种可能结果的现象叫随机现象。例如,我们用同一测试仪对某一儿童反复多次地进行反应时间的测试,得到的结果却不会完全相同,它总是在一定的范围内上下波动。心理学研究中所获得的数据大多都具有随机性,属于随机现象。随机现象具有两个显著特点:① 偶然性,即在每一次试验之前,其结果都具有不确定性;② 规律性,即在相同的条件下,进行多次重复试验,试验的结果会呈现出某些统计规律。前文介绍过的抛硬币游戏就属于这种既具有随机性,又具有规律性的随机现象。

为了探索随机现象的规律性,往往需要对随机现象反复进行许多次观测,而每一次观测被看作一次试验。如果一次试验满足以下条件,我们就称这样的试验是一个随机试验,简称试验:① 一次试验有多种可能的结果,其所有可能结果又是可知的;② 试验之前不能确定哪种结果将会出现;③ 试验可以在相同条件下重复进行。

例如,掷骰子游戏就是一种随机试验。骰子有6个面,每个面上的点数分别为1、2、3、4、5、6。每次抛出骰子,然后它落在桌面上,朝上一面的点数必定是这6个点数中的1个,这是已知的或确定的,但是每一次掷骰子前不能确定朝上的点数是多少。这种掷骰子试验当然也是可以重复很多次的,所以掷骰子试验是一种典型的随机试验。

（二）随机事件

随机试验中研究的现象都是随机现象,随机现象的每一种可能结果叫作一个随机事件,简称事件,通常用大写英文字母表示。例如,在抛硬币试验中,硬币正面朝上和反面朝上都是随机事件,可分别用字母 A、B 表示。当然,有些事件的反面或事件的否定也是一个事件,可用 $\bar{A}$、$\bar{B}$ 等表示,可读作非 A、非 B 等。研究中,一般不单纯考察一个事件,而是考察几个事件以及它们之间的联系。例如,判断一个人的心理正常还是异常,需要考察其主客观的统一性,这里就会涉及许多的随机事件之间的关系问题。详细了解事件间的关系有助于我们深入认识事件的本质,为此,需要先把握以下三对概念。

1. 基本事件和复合事件

实际生活中,有的随机事件是由一些事件集合而成的,它实质上是一个随机事件集,这种事件就叫作复合事件;有的事件则是不能再分解的事件,叫作基本事件。如在刚才所说的掷骰子游戏中,其出现的点数为 1、2、3、4、5、6 中的任意一个,都是一个基本事件。但就出现偶数点数这个事件来说却是一个复合事件,因为点数为 2、4、6 这三个基本事件都属于偶数点数事件,该事件是由三种基本事件构成的集合,只要三个基本事件中有一个发生了,偶数点数事件就发生了。

2. 事件之和与事件之积

事件之和、事件之积都是复合事件。事件 A 和事件 B 中只要有一个发生,其构成的复合事件就发生了,这样的复合事件叫作 A 和 B 的事件之和;事件 A 和事件 B 必须同时发生,其构成的复合事件才发生,这样的复合事件叫作 A 和 B 的事件之积。

例如,我们将"骰子朝上一面的点数是偶数"记作事件 A,其中包含的三个基本事件分别记作:A_1 = 朝上一面的点数是 2,A_2 = 朝上一面的点数是 4,A_3 = 朝上一面的点数是 6。事件 A 就是事件 A_1、A_2、A_3 三者之和,可记为 $A = A_1 + A_2 + A_3$。日常生活中,事件之和的例子很多,比如上课的时候,老师问"有同学旷课吗",全班每一个同学旷课都是一个基本的随机事件,而只要有一个同学旷课,"有同学旷课"的事件就发生了;教练问某运动员"今天打中过 10 环吗",该运动员在一天的练习中,一枪打中 10 环是一个基本随机事件,而只要有一枪打中,"打中过 10 环"就发生了。

再以掷骰子游戏说明事件之积的概念。投掷三次骰子,我们将"三次骰子朝上一面的点数都是 6"记作事件 B,其中包含的三个基本事件分别记作:B_1 = 第一次朝上一面的点数是 6,B_2 = 第二次朝上一面的点数是 6,B_3 = 第三次朝上一面的点数是 6。事件 B 就是事件 B_1、B_2、B_3 三者之积,可记为 $B = B_1 \times B_2 \times B_3$。日常生活中,事件之积的例子也很多,比如说"一个都不能少",那必须是"每一个同学都不能缺少"的事件都发生才行。

3. 互不相容事件与相互独立事件

互不相容事件是指在一次试验中不可能同时发生的事件,若事件 A 发生,事件 B 就一定不会发生,那么事件 A 和事件 B 就是互不相容事件,例如,"篮球明星姚明现在在北京"和"篮球明星姚明现在在休斯敦"就不可能同时发生,这就是两个互不相容事件。

独立事件是指两个事件发生的概率不发生任何相互影响,即 A 事件出现的概率对 B 事件出现的概率不产生任何影响,反之亦然。例如,两个射击运动员站在不同靶场的各自的靶位上做射击训练,他们各自打中 10 环的概率不会发生相互影响,就是相互独立事件。但如果两人在一场重要比赛中同时进入了决赛,站在相邻的靶位上争夺金牌,则两人打中 10 环的事件就会发生相互影响,这时两个事件就不是独立事件了。

随机现象在每次试验中的结果是随机的,但是如果进行多次重复的试验和观察,随机现象又会表现出某种规律性或确定性。为了研究随机现象中的确定性和规律性,统计学中引入概率这一概念来表示随机事件发生的可能性。

二、随机事件的概率

(一) 频率与概率

频率是事件实际发生的次数比率,概率则是事件发生的可能次数比率,前者是现实发生的,后者是可能发生的。为研究某事件 A 发生的规律性,进行了 n 次重复试验或观察,结果统计出事件 A 发生的次数是 m,于是可以计算事件实际发生的次数比率为 $\frac{m}{n}$,该比率就叫作事件 A 的频率。

概率则只是事件发生的可能性大小,并非实际观察到的现实结果,而且它与是否进行了试验和观察没有关系。比如,在某一班级的 50 名同学中,男生 20 名、女生 30 名。如果采取完全随机抽样的方法从中抽取学生,则每次抽到男生的可能性就是 $\frac{2}{5}$,也就是抽中男生的概率为 $\frac{2}{5}$,这是一个确定的值,与实际抽取的结果无关。一般统计学中将 A 事件的概率记作 $P(A)$。

频率和概率是两个不同的概念。频率与概率虽有本质不同,但也存在一定的关联性。频率是一个波动值,概率是一个确定值,但频率的波动往往是围绕着概率而发生的。比如,掷骰子游戏中,朝上一面的点数为 1 的概率是 $\frac{1}{6}$,如果投掷 30 次,则朝上一面的点数为 1 的概率就是 $\frac{5}{30}$,还是 $\frac{1}{6}$。但是,30 次投掷中,朝上一面点数为 1 的事件实际频数却不一定是 5,也就是频率不一定是 $\frac{1}{6}$,它具有随机变化性。如果不断地重新投掷 30 次,其得到的频率就会不断地变化。不过,这里的频率变化也具有规律性,它主要是在概率上下一个较小的范围内波动。而且,试验或观察次数越大,频率越是接近于概率。所以,实际研究中,概率未知的情况下,可以利用大量观察,让事件的频率去逼近概率,从而达到对事件概率的把握。

概率具有以下三条基本性质。

(1) $P(\Omega) = 1$：随机现象中所有可能结果的概率之和等于1，其中的 Ω 代表随机现象中所有可能事件之和；

(2) $0 \leq P(A) \leq 1$：随机事件的概率一定是大于等于0、小于等于1的，不可能为负，而且不可能事件的概率为0，必然事件的概率为1；

(3) $P(A + B) = P(A) + P(B) - P(A \times B)$：两个随机事件之和（至少有一个发生）的概率等于它们各自概率的和减去它们之积（同时发生）的概率。

由此可见，概率越接近于0的事件，其发生的可能性越小，当概率小于5%时，统计学中一般将该事件定义为"小概率事件"或"不大可能发生事件"；概率越接近于1的事件，其发生的可能性就越大。

（二）概率的加法和乘法

1. 概率的加法

k 个互不相容事件之和的概率等于它们各自概率的和，即：

$$P(A_1 + A_2 + \cdots + A_k) = P(A_1) + P(A_2) + \cdots + P(A_k) \quad \text{（公式3-1）}$$

这一加法定理的条件是事件之间"互不相容"，也就是这一组 k 个随机事件不可能有两个或两个以上事件同时发生。满足这个条件时，它们之和事件的概率才等于各自概率的简单相加。

【例3-1】 某学院要从已被评为三好生的学生中随机抽取一名同学去担任院学生会主席。已知大二年级的男生三好生占全部三好生的 $\frac{1}{7}$，大二年级的女生三好生占全部三好生的 $\frac{2}{9}$，那么此次选出大二年级学生担任院学生会主席的概率是多少呢？

【解】 由题意已知，此次院学生会主席从三好生中选出，而全体三好生中，有大二年级男生占 $\frac{1}{7}$，大二年级女生占 $\frac{2}{9}$，所以选中大二年级男生的概率是 $\frac{1}{7}$，选中大二年级女生的概率是 $\frac{2}{9}$。又因为此次只选出一人担任主席，不可能同时选出2人，所以选中男生和选中女生就是两个互不相容的事件。但不管是选中大二男生，还是大二女生，都为选中大二年级学生担任主席，所以"选出大二年级学生担任主席"是前述两个事件之和，其概率等于两个事件概率相加，即 $\frac{1}{7} + \frac{2}{9} \approx 0.365$。

但是，如果两个事件是相互独立的事件，就不能满足互不相容条件，事件之和的概率不能再以简单相加的方式来计算。这时，根据概率的性质(3)，事件之和的概率等于两个独立事件概率之和减去两个事件之积的概率。

【例3-2】 某学院要从已被评为三好生的学生中随机抽取一名男生和一名女生进入校学生会担任学生会干部。已知有大二年级的男生三好生占全部男生三好生的 $\frac{3}{7}$，大二年级的女生三好生占全部女生三好生的 $\frac{1}{3}$，那么该学院此次选出的校学生会干部中有大二年级学生的概率是多少呢？

【解】 由题意已知，该学院此次抽取一名男生和一名女生进入校学生会是两个独立事件，但不满足"互不相容"条件。从男生中抽中二年级的概率是 $\frac{3}{7}$，从女生中抽中二年级的概率是 $\frac{1}{3}$，"选出的两人中至少有一人是二年级的"则为事件之和，其概率为：

$$\frac{3}{7} + \frac{1}{3} - \frac{3}{7} \times \frac{1}{3} \approx 0.619。$$

2. 概率的乘法

相互独立的 k 个事件之积的概率等于它们各自概率的乘积。即：

$$P(A_1 \times A_2 \times \cdots \times A_k) = P(A_1) \times P(A_2) \times \cdots \times P(A_k) \quad （公式3-2）$$

在运用概率的乘法时，一定要注意事件的"相互独立"条件是否满足。只有满足相互独立性的一组随机事件之积的概率才等于各自概率的简单相乘。

【例3-3】 假如某一批体育彩票的中奖率为 $\frac{1}{10^3}$，某人随机购买了3张彩票，请问这3张彩票同时中奖的概率有多大？有2张中奖的概率有多大？

【解】 由题意已知，每一张体育彩票中奖都是一个独立的随机事件，所以3张彩票中奖是3个相互独立的事件，各自的概率均为 $\frac{1}{10^3}$。显然，3张彩票同时中奖是3个独立事件之积，其概率等于3个事件概率的乘积，即3张彩票同时中奖的概率为 $\frac{1}{10^3} \times \frac{1}{10^3} \times \frac{1}{10^3} = \frac{1}{10^9}$。

有2张中奖的概率如何计算呢？我们可以把3张彩票中奖的事件分别记作 A_1、A_2、A_3，2张彩票中奖的事件有以下3种可能：$B_1 = A_1 \times A_2 \times \bar{A}_3$，$B_2 = A_1 \times \bar{A}_2 \times A_3$，$B_3 = \bar{A}_1 \times A_2 \times A_3$。显然，$B_1$、$B_2$、$B_3$ 这3个事件中的任一事件发生，就会出现"2张彩票中奖"的事件，而且这3个事件是不可能同时发生的，所以是3个互不相容的事件。于是可知，"有2张彩票中奖"的概率为：

$$P(B) = P(B_1 + B_2 + B_3) = P(A_1 \times A_2 \times \bar{A}_3 + A_1 \times \bar{A}_2 \times A_3 + \bar{A}_1 \times A_2 \times A_3)$$

$$= \frac{1}{10^3} \times \frac{1}{10^3} \times \frac{1000-1}{10^3} \times 3 = 2.997 \times 10^{-6}$$

第二节　离散变量的概率分布

随机变量按其取值情况可分成两类：一类是离散型随机变量，其可能的取值是间断的，有时只有很有限的几个变量值；另一类是连续型随机变量，其可能的取值是连续的，即在数字上连续地充满某一区间，因此数目是无限的。本节专门讨论离散型变量的概率分布。

一、离散变量的分布列

一些随机变量的可能取值被一一列出，我们称之为离散变量，其常用分布列来描述。设离散变量 X 的可能取值为 $X_1, X_2, \cdots, X_i$，相应的概率分别为 $P_1, P_2, \cdots, P_i$，则 $P(X = X_i) = P_i (i = 1, 2, \cdots, n)$ 称为离散型随机变量 X 的概率函数或概率分布。如果将离散型随机变量 X 的取值及相应的概率列成表，就是一个概率分布表，如表 3-1 所示。

表 3-1　离散型随机变量的概率分布表

离散型随机变量 X 的取值	X_1	X_2	X_3	$\cdots$	X_i
离散型随机变量各取值 X_i 的概率 P_i	P_1	P_2	P_3	$\cdots$	P_i

从表 3-1 中很容易看出概率函数具有下列性质：

$$P_i \geq 0 \ (i = 1, 2, \cdots, n), \sum_{i=1}^{n} P_i = 1$$

离散变量的分布就是指它的概率函数或概率分布。例如，某学生在考试时完全凭猜测回答 3 道是非题，答对的题数有 4 种可能，4 种可能取值对应的概率分布如表 3-2 所示。

表 3-2　完全凭猜测回答 3 道是非题答对的题数的概率分布

凭猜测答对的题数	0	1	2	3
各答对题数对应的概率	$\frac{1}{8}$	$\frac{3}{8}$	$\frac{3}{8}$	$\frac{1}{8}$

再如，掷一枚骰子，用 X 表示可能出现的点数，其概率分布 $P(X = X_i) = \frac{1}{6}$ ($i = 1, 2, \cdots, 6$)，如表 3-3 所示。

表 3-3　掷一枚骰子朝上一面的点数 X 的概率分布

骰子朝上一面的点数 X_i	1	2	3	4	5	6
各点数 X_i 对应的概率 P_i	$\frac{1}{6}$	$\frac{1}{6}$	$\frac{1}{6}$	$\frac{1}{6}$	$\frac{1}{6}$	$\frac{1}{6}$

二、二项分布

(一) 二项分布的定义与概率

二项分布(binomial distribution)是一种最常见的离散变量的概率分布,被广泛地应用到心理学和教育学的研究中,它适合于二项独立试验问题。凡满足以下条件的试验就叫作二项独立试验。

(1) 每次试验都只有两种可能的结果,记为 A 或 $\bar{A}$。

(2) 每一次试验都是在相同条件下进行的,所以 $P(A) = p, P(\bar{A}) = q = 1 - p$ 保持不变。

(3) 事先规定了试验的次数 n。

(4) 各次试验是相互独立的,即各次试验结果之间毫无影响。

在行为科学研究与教育测量中,研究者常常遇到二项独立试验问题,如学生在完成判断题和选择题时,答对得 1 分、答错得 0 分;在样本抽取过程中,对于性别变量来说,每一次抽样,要么抽到一个男性被试,要么抽到一个女性被试。在这样的试验中,如果把事件 A 记为 1 分,$\bar{A}$ 就记为 0 分,于是进行 n 次试验,就有 $n + 1$ 种可能的 $X(0, 1, 2, \cdots, n)$,X 的可能取值也就是事件 A 出现的次数,而每一种可能取值 $X = k$ 的概率服从于二项分布。

二项分布的定义是:在二项独立试验中,每一次试验的结果只有 A 和 $\bar{A}$ 两种可能的结果,事件 A 出现的概率为 p,事件 $\bar{A}$ 出现的概率为 q ($q = 1 - p$),则事件 A 出现 $X = k$ 次 $(0 \leqslant X \leqslant n)$ 的概率服从二项分布,即:

$$P(X = k) = C_n^k p^k q^{n-k} = C_n^k p^k (1 - p)^{n-k} \qquad (公式 3 - 3)$$

公式 3 - 3 也叫作二项分布函数,式中:

$$C_n^k = \frac{n!}{k! (n - k)!} = \frac{n(n - 1)(n - 2) \cdots (n - k + 1)}{k!} \qquad (公式 3 - 4)$$

利用二项分布的规律,我们可以很容易地计算二项试验中随机事件的发生概率。

【例 3 - 4】 将 10 枚硬币掷一次或 1 枚硬币掷 10 次,请问有 6 次正面朝上的概率是多少?正面朝上超过 6 次的概率是多少?

【解】 由题意可知:$n = 10, p = q = \frac{1}{2}, k = 6$。代入公式 3 - 3 则可计算 6 次朝上的概率:

$$P(X = 6) = C_{10}^6 \left(\frac{1}{2}\right)^6 \times \left(\frac{1}{2}\right)^{10-6} = \frac{C_{10}^6}{2^{10}} \approx 0.205$$

正面朝上超过 6 次则包括 4 种情况:正面朝上 7 次、8 次、9 次、10 次,因为 4 种情况的发生是互不相容的,所以 4 种情况之和的概率等于 4 种情况的概率相加,即首先按照上述同样的方法计算各种情况的概率,然后相加。于是可得正面朝上超过 6 次的概率为:

$$P(X > 6) = P(X = 7) + P(X = 8) + P(X = 9) + P(X = 10)$$
$$= C_{10}^{7} p^{7} q^{3} + C_{10}^{8} p^{8} q^{2} + C_{10}^{9} p^{9} q^{1} + C_{10}^{10} p^{10} q^{0}$$
$$= \frac{120}{1024} + \frac{45}{1024} + \frac{10}{1024} + \frac{1}{1024} = \frac{176}{1024} \approx 0.172$$

所以,最后得到,正面朝上为 6 次的概率约为 0.205,正面朝上超过 6 次的概率约为 0.172。

(二) 二项分布的平均数与标准差

根据二项分布函数,不难推出,当 $p = q = \frac{1}{2}$ 时,无论 n 取何值,二项分布都是呈对称分布的;当 $p \neq q$ 时,只要 n 很大,而且满足 $np \geq 5$ 和 $nq \geq 5$,二项分布就会呈现出接近正态分布的趋势;当 $n \to \infty$,二项分布即为正态分布。当二项分布接近正态分布时,在 n 次二项试验中事件 A 出现次数的平均数为:

$$\mu = np \qquad (公式 3 - 5)$$

标准差为:

$$\sigma = \sqrt{npq} \qquad (公式 3 - 6)$$

如果把二项试验中的事件 A 作为成功事件,则上述公式表示在二项试验中,成功事件出现次数的平均数 $\mu = np$,成功事件出现次数的标准差 $\sigma = \sqrt{npq}$。

【例 3 - 5】 为了解学生最近的心理健康状况,从男生人数占 $\frac{1}{3}$ 的班级中随机抽取 30 名学生去做 SCL - 90 量表测试,从理论上讲,平均应抽到几名男生?其标准差是多少?

【解】 由题意已知:$n = 30, p = \frac{1}{3}$,代入上述公式得:

$$\mu = np = 30 \times \frac{1}{3} = 10$$

$$\sigma = \sqrt{npq} = \sqrt{30 \times \frac{1}{3} \times (1 - \frac{1}{3})} \approx 2.58$$

从理论上讲,平均应抽到 10 名男生,其标准差约为 2.58。

(三) 二项分布的应用

在心理与教育学研究中,二项分布主要用来解决以下两类问题。

1. 计算事件成功若干次的概率

【例 3 - 6】 从女生占 $\frac{3}{5}$ 的心理学班级中随机抽取 10 名学生去做心理旋转实验,请问,正好抽到 5 名男生的概率是多少？至多抽到 2 名男生的概率是多少？

【解】 由题意可知,男生比例占 $p = 1 - \frac{3}{5} = \frac{2}{5}$,所以 $q = \frac{3}{5}$,而 $n = 10$。

如果正好抽到了 5 名男生,那么 $k = 5$。根据二项分布函数式,可得:

$$P(X=5) = C_{10}^5 \left(\frac{2}{5}\right)^5 \times \left(\frac{3}{5}\right)^{10-5} = \frac{10!}{5!(10-5)!} \times \left(\frac{2}{5}\right)^5 \times \left(\frac{3}{5}\right)^5 \approx 0.20$$

再看,至多抽到 2 名男生的情况有 3 种:第一种是没抽到男生,第二种是抽到 1 个男生,第三种是抽到 2 名男生,即 $X = 0, X = 1, X = 2$,而且这 3 种事件是互不相容的,所以"至多抽到 2 名男生"的事件是这 3 种互不相容事件之和,其概率等于 3 种事件概率之和。所以:

$$P = P(X=0) + P(X=1) + P(X=2) = C_{10}^0 p^0 q^{10} + C_{10}^1 p^1 q^{10-1} + C_{10}^2 p^2 q^{10-2}$$

$$= C_{10}^0 \left(\frac{2}{5}\right)^0 \times \left(\frac{3}{5}\right)^{10} + C_{10}^1 \left(\frac{2}{5}\right)^1 \times \left(\frac{3}{5}\right)^9 + C_{10}^2 \left(\frac{2}{5}\right)^2 \times \left(\frac{3}{5}\right)^8$$

$$= \frac{3^{10} + 10 \times 2 \times 3^9 + 45 \times 4 \times 3^8}{5^{10}} = 0.167$$

2. 解决含有机遇性质的问题

在心理和教育学研究中,经常用二项分布来解决含有机遇性质的问题,并判断由猜测所得的结果与真实结果之间的界限。

例如,某心理学家想了解小学生对某些字词的再认能力,于是他设计了 20 个名词。先让小学生识记,然后进行再认测验。请问小学生对这 20 个名词能正确再认多少个？才能说明是真的有所记忆而不是全靠猜测得出的结果。这一问题的解决需要应用到统计推断的原理和知识,等到后续介绍了有关统计推断的内容后再来解决。

第三节 连续变量的概率分布

一、连续变量的概率密度函数

概率密度函数是用来表示连续变量在某一区间取值的概率。所谓连续变量,是指其变量可能的取值充满整个取值空间,任何两个可能取值之间都存在无限多个可能的取值,无法全部列举,因此无法用描述离散变量的方法来描述连续变量的概率分布,故引入概率密度函数的概念。

如果随机变量 X 的分布函数 $f(x)$ 的曲线与 x 轴围成的面积等于 1,则称曲线 $f(x)$ 为

连续变量 x 的概率密度函数,简称密度函数。而 x 取值在区间 $[a,b]$ 的概率就是由 $[a,b]$ 上曲线 $f(x)$ 与 x 轴围成的面积。如图 3-1 所示,$P(a \leqslant x \leqslant b) = \int_a^b f(x) \mathrm{d}_x$。

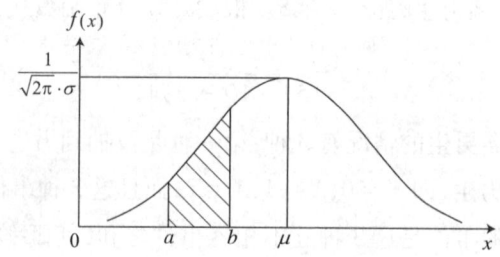

图 3-1　概率密度函数示意图

需要说明的是,图 3-1 中的纵坐标 $f(x)$ 不是代表连续变量取值为 x 时的概率大小,而是代表该随机变量取值在点 x 处概率分布的密集程度。事实上,对任何一个实数 c 来说,$P(x=c) = \int_c^c f(x) \mathrm{d}_x = 0$;对一个取值区间来说,讨论概率大小才是有实在意义的。也就是说,在讨论连续随机变量的概率时,都是指变量 x 处在一个确定的取值范围内的概率,而不是一个点上的概率,但 $f(x)$ 的大小能反映随机变量在 x 附近取值的概率大小,所以用密度函数来描述连续型随机变量比较直观。

二、正态性概率分布

连续变量的概率分布中最常见、应用最广的是正态分布(normal distribution)。正态分布也称常态分布或常态分配。心理学研究中遇到的心理现象大多按正态或接近正态分布。例如,学生智商的高低、能力大小、社会态度及行为表现等都呈现出正态分布的趋势,其密度函数曲线表现为"两头低,中间高,左右对称"的情形。

(一) 正态分布曲线及其基本特征

正态分布曲线的函数形式可表示为:

$$y = \frac{1}{\sqrt{2\pi} \times \sigma} \times e^{-\frac{(x-\mu)^2}{2\sigma^2}} \quad (\sigma > 0, -\infty < x < +\infty) \qquad (公式 3-7)$$

其中,π 为圆周率 3.1415926…;e 作为自然对数的底,为常数,约为 2.71828;μ 为正态分布的平均数;σ^2 为正态分布的方差。

正态分布的形态是由它的平均数和方差决定的,因此,常把正态分布记作 $X \sim N(\mu, \sigma^2)$。正态分布函数曲线简称正态曲线,如图 3-2 所示。

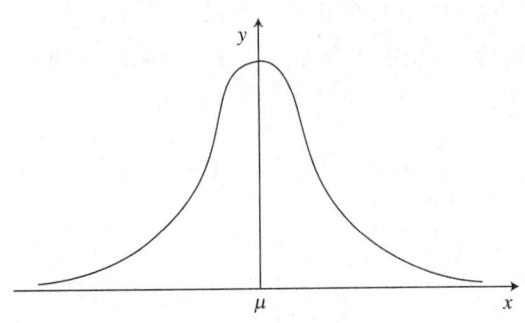

图 3-2 正态函数曲线

从公式 3-7 和正态分布曲线图中,很容易看出正态分布及其曲线有以下几个明显特征。

(1) 正态分布曲线位于 x 轴上方,形式对称,对称轴在 $x=\mu$ 的位置上。

(2) 正态分布中的平均数 μ、中位数 Md 和众数 M_0 三者相等,曲线的中央点最高,y 值最大,为 $y=\dfrac{1}{\sqrt{2}}=0.3989$。

(3) 曲线从最高点 ($x=\mu$) 向左右延伸,拐点位于正负 1 个标准差处,即从正负 1 个标准差开始,既向下又向外弯。曲线两端向 x 轴无限靠拢,但永远不与 x 轴相交,意味着该变量在理论上任何取值都是存在可能性的,其概率不会为 0。

(4) 正态曲线下的面积为 1,由于曲线以 $x=\mu$ 为中间线左右对称,所以经过 $x=\mu$ 处的垂线将曲线下的面积平分成两份,各为 0.5。

(5) 正态分布是由随机变量的平均数 μ 和标准差 σ 唯一决定的分布。如果平均数 μ 和标准差 σ 不同,正态曲线呈现的位置和形态也不同。正态分布曲线的位置由平均数 μ 的大小决定,如图 3-3 所示。分布曲线形态则是由标准差 σ 的大小决定的,σ 越大,曲线越低、越宽阔;σ 越小,曲线越高、越狭窄,如图 3-4 所示。

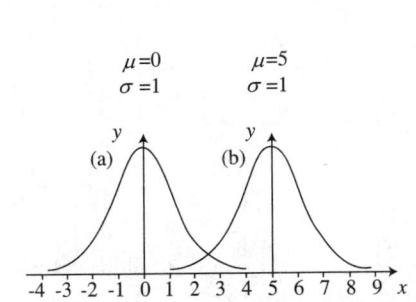

图 3-3 平均数不等、标准差相等的正态分布　　图 3-4 平均数相等、标准差不等的正态分布

(二) 标准正态分布

通常我们所使用的正态分布是指正态分布的标准形式,称为标准正态分布

(standard normal distribution)。标准正态分布是平均数 $\mu = 0$,标准差 $\sigma = 1$ 的随机变量的概率分布,记作 $N(0,1)$,其密度函数如公式 3-8 所示,标准正态分布曲线如图 3-5 所示。

$$y = \frac{1}{\sqrt{2\pi} \times \sigma} \times e^{-\frac{1}{2}x^2} \quad (-\infty < x < +\infty) \quad （公式3-8）$$

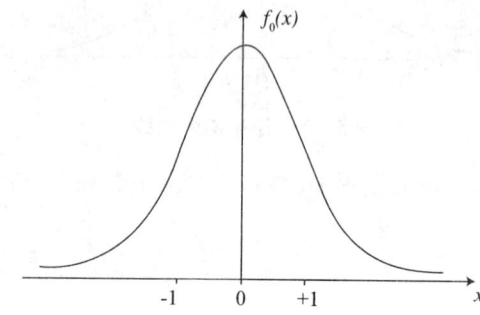

图 3-5 标准正态分布曲线

对比公式 3-7 和公式 3-8,再联系第二章中的标准分计算公式,我们很容易发现,如果将正态分布函数中的 $\frac{x-\mu}{\sigma}$ 换成标准分 Z,所有的正态分布函数均可以表示成公式 3-8 所示的标准正态分布函数形式,只是要将 x 换成 Z,如公式 3-9 所示。可见,所有的正态分布都可以通过 Z 分数转化为标准正态分布。

$$y = \frac{1}{\sqrt{2\pi} \cdot \sigma} \cdot e^{-\frac{1}{2}z^2} \quad (-\infty < Z < +\infty) \quad （公式3-9）$$

Z 分数的概念、性质和线性转换已在第二章中进行了清楚的介绍,此处不再重复。由于 Z 分数单位相同,具有等距性,所以来自不同数据样本的分数均可在转换成 Z 分数之后进行比较。

三、正态分布表及其应用

(一)正态分布表

正态分布表是依据标准正态分布的有关概率编制而成的(附表2)。该表包括三栏:第一栏为标准分数 Z 值,表示分布底线即横轴上的位置;第二栏为 y 值,表示与某一 Z 分数对应的曲线上的点的纵坐标或高度;第三栏为概率 P 值,表示在曲线之下 Z 值在 0 与某一值的区间内的面积,即 Z 值处在此区间内的概率。这一转换

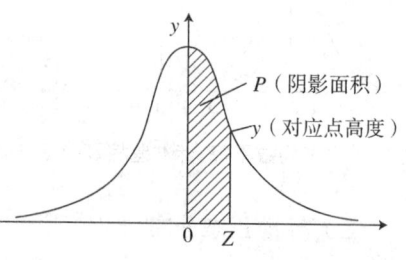

图 3-6 标准正态分布中 P、Z、y 的关系

表也因此叫作 PZY 转换表(有的教材用 O 代替 Y,所以也把这个表叫作 PZO 转换表),P、Z、Y 三者的关系可以直观地表示成图 3-6 的形式。

(二) 正态分布表的应用

使用正态分布表时,要注意两点。首先,由于正态曲线在 $Z=0$ 处左右对称,所以表中仅列出了 $Z=0$ 右侧的 Z、Y、P 值。如果 $Z<0$,在正态分布表中查 $-Z$ 所对应的 Y 值和 P 值即可。其次,对于服从正态分布的变量 X,先通过 $Z=\dfrac{x-\mu}{\sigma}$ 计算将 X 转化为 Z 值后,才能查表。

利用正态分布的 PZY 转换表,可以进行如下几种计算。

1. 已知 Z 值,计算 P 值

第一,计算 $Z=0$ 至某一 Z 值之间的概率(面积)。可以直接查 PZY 表,找出与该 Z 值对应的 P 值即可,例如,$Z=0$ 至 $Z=1$ 的面积为 0.34134,$Z=0$ 至 $Z=2$ 的面积为 0.47725。

第二,计算两个 Z 值所界定的区间内的概率(面积)。若两个 Z 值符号相同,即同为正值或同为负值,它们之间的面积等于两个 Z 值至 $Z=0$ 的面积之差;若两个 Z 值符号相反,它们之间的面积等于两个 Z 值至 $Z=0$ 的面积之和。如计算 $Z=1$ 至 $Z=2$ 的面积,首先要查出 $Z=1$ 和 $Z=2$ 时的 P 值,因为二者同为正值,所以用较大的 P 值减去较小的 P 值就可以得到 Z 值在 $[1,2]$ 的面积,即 $P_{[1,2]}=0.47725-0.34134=0.13591$。计算 $Z=1$ 至 $Z=-2$ 的面积,则因为两个 Z 值符号相反,需将两个 P 值相加,得到 $P_{[-2,1]}=0.47725+0.34134=0.81859$。

第三,计算某一 Z 值以上或以下的面积。首先查表得到与此 Z 值相应的面积。如果 $Z>0$,则 Z 值以上的面积等于 0.5 减去查表得到的面积,Z 值以下的面积等于 0.5 加上查表得到的面积;如果 $Z<0$,则 Z 值以上的面积等于 0.5 加上查表得到的面积,Z 值以下的面积等于 0.5 减去查表得到的面积。比如计算 $Z=2$ 以上的面积,首先查出与 $Z=2$ 相对应的面积 0.47725,然后计算 $Z=2$ 以上的面积,则为 $0.5-0.47725=0.02275$;再计算 $Z=2$ 以下的面积,则为 $0.5+0.47725=0.97725$。

2. 已知 P 值,计算 Z 值

在查表前,要先根据问题本身的表述找到 P 在正态分布中的对应位置,然后区分三种不同情况来查表,最终得到对应的 Z 值。

第一,已知的 P 值是从 $Z=0$ 处向右边计算的,可以直接在正态分布表中查到与该 P 值对应的 Z 值;已知 P 值是从 $Z=0$ 处向左边计算的,可以直接在正态分布表中查到与该 P 值对应的 Z 值并加上负号。如已知从 $Z=0$ 处向右边计算的面积为 0.34134,则直接查表得到 $Z=1$;如已知从 $Z=0$ 处向左边计算的面积为 0.47725,则查表得到与 $P=0.47725$ 对应的标准分为 2 后加上负号得到 $Z=-2$。

第二,已知的 P 值是从正态分布曲线的尾端计算的,就需要对该面积进行转换后查表。如果已知面积是从左边尾端开始计算的,可用 $P - 0.5$ 所得结果的绝对值作为面积去查正态表,得到 Z 值,当 $P - 0.5 > 0$ 时,Z 为正值;当 $P - 0.5 < 0$ 时,Z 为负值。如果已知面积是从右尾端开始计算的,可用 $0.5 - P$ 所得结果的绝对值作为面积去查正态表,得到 Z 值,当 $0.5 - P > 0$ 时,Z 为正值;当 $0.5 - P < 0$ 时,Z 为负值。例如,已知从正态曲线左边尾端计算的面积为 0.15,计算其对应的 Z 值。首先,计算 $0.15 - 0.5 = -0.35 < 0$,然后用 0.35 作为面积查表得到的对应 Z 分数约为 1.035。因为这里的 $P - 0.5 < 0$,所以所得结果应记为负值。于是得到从正态分布左边尾端计算面积为 0.15 所对应的标准分数为 -1.035。

第三,已知正态曲线中间部分的面积 P,计算对应的 Z 值。首先,用中央部分的面积 P 除以 2,得 $\frac{P}{2}$,然后,找出与 $\frac{P}{2}$ 相对应的 Z 值。左侧 $\frac{P}{2}$ 面积对应的 Z 值为负,右侧 $\frac{P}{2}$ 面积对应的 Z 值为正。例如,已知中间部分的面积 $P = 0.68268$,求其对应的左右侧的 Z 值。首先,$\frac{0.68628}{2} = 0.34134$,然后查正态表得到与 0.34134 对应的 Z 值为 1,所以对应的左右两侧的 Z 值分别为 -1 和 1。

3. 已知 P 值或 Z 值,计算 Y 值

第一,已知 P 值计算 Y。先根据已知 P 的计算起点,转换出从 $Z = 0$ 开始计算的面积值,再根据这一面积查正态表得到相应的 Y 值。例如,已知从正态分布曲线的左边尾端计算的面积是 0.65,则很容易地找到对应于从 $Z = 0$ 处开始计算的面积为 $0.65 - 0.50 = 0.15$,以面积 0.15 查正态表得到的 Y 值约为 0.3704。

第二,已知 Z 值计算 Y。不管已知的 Z 值是正还是负,都直接用 Z 的绝对值去查正态表,即可得到与该 Z 值对应的 Y 值。例如,$Z = 0.60$,可查正态表得到 $Y = 0.33322$;$Z = -1.50$,可查正态表得到 Y 值约为 0.12952。

四、正态分布在实践中的应用

前一章已经介绍过将原始分数转换成标准分,以便可以评估各个分数在数据总体或数据样本中的相对排位,或者方便于对来自不同测量系统的、具有不同质的数据的比较。在对样本或总体进行多项测评时,为了计算多项测评结果的总平均,也需要将各项测评分数转换成标准分,然后计算标准分的平均或加权平均。对于标准分的这两方面的应用,此处不再赘述。下面介绍其他几个方面的实际应用。

(一)估算一定分数区间的人数

如果某种测验分数的总体是服从正态分布的,那么可将分数转换为标准 Z 分数,根据正态分布表可以估算各种不同的分数区间对应的面积,而这一面积正是出现在相应分数区间内的个案比率。

【例3-7】 高二年级学生小杨在参加全市中学生数学竞赛中取得了76分,已知所有参加竞赛的学生的平均分为52分,标准差为15。此次计划按照分数高低评选出一、二、三等奖,其获奖人数占10%。请问,小杨在此次竞赛中能获得奖励吗?

【解】 这一问题实际上是要估算出参赛学生中超过小杨分数的学生人数所占的百分数。为此,先要将小杨的分数转换为标准分。参加竞赛的全体同学的成绩平均数和标准差分别为:$\mu = 52, \sigma = 15$,根据标准分的定义得到:

$$Z = \frac{X - \mu}{\sigma} = \frac{76 - 52}{15} = 1.6$$

查附表2的PZY表可得:$P = 0.4452$。因为$Z = 1.6 > 0$,所以在该Z值之下的面积为$P' = 0.50 + 0.4452 = 0.9452$。可见,超过小杨分数的人只占5.48%,也就是说,小杨的分数进入了前10%,可以获奖。

(二)估算录取分数线

在选拔性的考试或竞赛中,如果考试成绩服从正态分布,那么,我们就可以利用正态曲线下的面积P,根据录取的比例估计录取分数线。

【例3-8】 某次公务员考试参加人数是600人,成绩服从正态分布,平均成绩是65分,标准差是15。如果计划选取120人进入复试,那么进入复试的分数线应是多少?

【解】 600人参加考试,其中120人进入复试,所以进入复试的比例是$P = \frac{120}{600} = 0.20$。因为进入复试的是高分者,所以这里的$P$值应是从正态分布的右边尾部开始计算的面积,于是可知划线位置到$Z = 0$之间的面积是$P' = 0.50 - 0.20 = 0.30$。以0.30查附表2,可以得到$Z = 0.84$,即分数线应在高于平均分0.84个标准差的位置。于是得到的分数线X为:

$$X = \mu + Z \cdot \sigma = 65 + 0.84 \times 15 = 77.6$$

所以,此次公务员选拔考试中,进入复试的分数线为77.6分。

(三)确定等级评定的人数

在心理学研究中,智商一般被认为是服从正态分布的。如果按智商分数分组,每组或每个等级应该有多少人呢?此类问题也可依据正态分布理论来解决。方法是:首先,用6个标准差的宽度($Z = -3$到$Z = 3$这一宽度覆盖了正态曲线下面积的99.73%,即接近于全部覆盖)除以拟划分的组数或等级数,计算得到每一组或等级所占的宽度,就可以得到各个等级之间的划分线。这些分界线以Z分数表示时,就可以查标准正态分布表,得到各组或各等级在等距情况下的人数比率,进而可计算出各个等级的人数。

【例3-9】 要根据智商把200人划分为5个等级,各等级应有多少人?

【解】 按6个标准差的宽度均分为5个等级,每个等级的宽度为:$\frac{6\sigma}{5} = 1.2\sigma$,

则各等级的区间、人数比率、人数如表3-4所示。

表 3-4　智商分为 5 个等级时各组人数分布（$N = 200$）

等级	各等级区间	比率计算	比率(%)	应占人数
优秀	1.8σ 以上	$0.5 \sim 0.46407$	3.593	7
中上	$0.6\sigma \sim 1.8\sigma$	$0.46407 \sim 0.22575$	23.832	48
中等	$-0.6\sigma \sim 0.6\sigma$	2×0.22575	45.15	90
中下	$-1.8\sigma \sim -0.6\sigma$	$0.46407 \sim 0.22575$	23.832	48
差等	$-3\sigma \sim -1.8\sigma$	$0.5 \sim 0.46407$	3.593	7

第四节　抽样分布

第一章已经介绍了一些有效的抽样方法，并且强调抽样中要充分地贯彻随机性原则，即保证总体中的每一个体都有独立的、相等的被抽中概率。按照随机化原则抽取样本，可以排除研究者主观意志或偏好对研究结果的影响，既能使样本数据的分布类似于总体数据分布，又能使样本数据满足统计学方法的要求，进而可以利用样本特征的概率分布去推断或估计总体参数。

一、抽样分布与抽样误差估计

（一）抽样分布的定义

所谓抽样分布，就是指样本统计量的概率分布。第二章已经介绍过，描述样本的特征量叫作统计量，描述总体的特征量叫作参数。理论上，总体参数是在对总体所有个案进行观测之后得到的，所以它是一个确定的量。但由于我们常常只能对样本中的个案进行观测，所以统计计算得到的多半是样本统计量。抽样本身带有随机性，所以如果不断地重复进行样本抽取，每一次得到的样本都可能是不一样的，每一次抽取样本后进行观测得到的统计量也可能是不同的。可见，样本统计量是一个变动的值。

在心理统计学中，常用的统计量很多，如样本的平均数 $\bar{X}$、标准差 S、相关系数 r 等。如果用字母 X 指代某一统计量，抽样分布就是指 X 的概率分布，即样本统计量的概率分布。具体说，如果从容量为 N 的总体中，每次抽取容量为 n 的样本，可以计算其统计量 X。每次抽取样本时，抽中的个案不一定相同，计算出来的统计量 X 也不尽相同，如此一直进行下去，直到穷尽了所有可能的容量为 n 的样本之后，就可以得到很多甚至是无数个统计量 X。从理论上讲，若为不返回抽样可得到 C_N^n 个统计量 X，若为返回抽样则可得到更多个 X。当 N 的数目很大乃至无穷时，则 X 的数量是庞大的，甚至是几近无限的。当得到了很多个样本统计量后，就可以将这些统计量集中在一起构成一个新的数据总体，这个新的数据总体也具有自己的概率分布,这个概率分布就是我们所说的抽样分布。

抽样分布的形态因统计量的不同而不同,最常碰到的有正态分布、t 分布、F 分布、χ^2 分布等。除进一步在抽样分布中介绍正态分布的应用外,本章将结合不同统计量抽样分布的特点重点介绍样本平均数的 t 分布,而 χ^2 分布则留待第十二章再介绍。

(二) 抽样误差

当进行许多次抽样,且每次抽样的样本容量均为 n,就可以观测得到许多个样本统计量,将这些样本的统计量集中在一起构成一个数据总体时,可以看到这个总体中数据具有随机波动性。为评估这一数据的随机波动性,可以计算该数据总体的标准差。与前文介绍的标准差的性质相同,样本统计量的标准差也反映了抽样过程中随机误差的大小,即抽样误差的大小。此类标准差反映的是样本统计量之间的差异性,统计学将其叫作标准误差,简称标准误(standard error,缩写为 Std. E 或 SE),也称某种统计量抽样分布的标准差为该种统计量的标准误,如样本平均数抽样分布的标准差可直接说成平均数的标准误(std. error of mean),样本标准差的抽样分布的标准差可直接说成标准差的标准误。显然,标准误越小,表明抽样误差越小,用该样本统计量来估计或推断相应总体参数的可靠性就越高。

二、样本平均数的抽样分布

假如将某年参加全国高考考生的数学成绩作为总体,从中随机抽取 400 名考生的数学成绩就可构成一个样本,然后计算这 400 名考生数学成绩的平均分,记为 $\overline{X}_1$。然后,将这 400 名考生的数学成绩放回到总体中,再重新随机抽取另一个容量为 400 的样本,又可计算出一个样本平均分,记为 $\overline{X}_2$,如此重复地进行抽样和计算,就可以得到无数个 $n = 400$ 的样本及其平均分,将这些样本平均分统一记作 $\overline{X}_i$,它们组成了一个新的数据总体,即样本平均分的抽样分布。那么这个抽样分布的形态如何? 其数据特征又会怎样呢?

研究表明,影响抽样分布形态的主要有三方面因素:总体的分布形态(是否正态分布)、样本容量 n 的大小(大样本或小样本)、要计算的统计量类型(平均数或方差/标准差等)。这三个因素中的任何一个发生改变,抽样分布的形态就会随之改变。

统计学的中心极限定理和其他证明为我们提供了依据,使我们可以对平均数抽样分布的特征做出概括。样本平均数抽样分布的常见形态有正态分布和 t 分布两种。那么什么条件下它是正态分布,什么条件下它是 t 分布呢? t 分布有什么特点呢?

(一) 正态分布及渐近正态分布

当下列条件之一成立时,$\overline{X}$ 的抽样分布为正态或趋于正态。

(1) 原数据总体为正态分布,且总体方差 σ^2 已知时,不管样本容量 n 是大还是小,$\overline{X}$

的抽样分布都为正态,样本平均数的数学期望(平均数)$\mu_{\bar{X}} = \mu$,样本平均数的方差 $\sigma_{\bar{X}}^2 = \dfrac{\sigma^2}{n}$ 或样本平均数的标准差 $\sigma_{\bar{X}} = \dfrac{\sigma}{\sqrt{n}}$。根据标准分数的计算公式,可通过公式 3-10 将样本平均数的抽样分布转换为标准正态分布,即 Z 分布。

$$Z = \frac{\bar{X} - \mu_{\bar{X}}}{\sigma_{\bar{X}}} = \frac{\bar{X} - \mu}{\sigma/\sqrt{n}} \qquad \text{(公式 3-10)}$$

(2)原数据总体为正态分布,但总体方差 σ^2 未知时,平均数的抽样分布不完全符合正态分布。但在样本容量足够大(一般为 $n > 30$)时,该分布会趋于正态,可以近似地将其看作正态分布。因为在总体方差未知的情况下,无法使用总体方差来计算样本平均数的标准差,即标准误,所以只能使用样本方差或标准差作为估计值替代总体方差或标准差。这里需要指出的是,数理统计学证明,当使用样本标准差作为估计值替代总体标准差时,应该使用 $S_{n-1} = \sqrt{\dfrac{\sum (X - \bar{X})^2}{n-1}}$ 的公式来计算样本标准差,这样的估计才是"无偏"的(参看第四章第二节的有关内容)。然后估计样本平均数的标准误,即:

$$\sigma_{\bar{X}} = \frac{S_{n-1}}{\sqrt{n}} \qquad \text{(公式 3-11)}$$

从样本标准差的定义公式 $S_n = \sqrt{\dfrac{\sum (X - \bar{X})^2}{n}}$ 可以看出,S_n 与 S_{n-1} 具有这样的关系,即 $S_n = \dfrac{\sqrt{n-1}}{\sqrt{n}} S_{n-1}$。不难推导,样本平均数的标准误也可以用下列公式来计算:

$$\sigma_{\bar{X}} = \frac{S_n}{\sqrt{n-1}} \qquad \text{(公式 3-12)}$$

然后,可以运用公式 3-10,将样本平均数的抽样分布转化为标准的正态分布。

(3)当原数据总体为非正态分布时,只有当样本容量足够大(一般为 $n > 30$)时,平均数的抽样分布才会趋于正态。此时,σ^2 已知的情况下,

$$\mu_{\bar{X}} = \mu, \sigma_{\bar{X}} = \frac{\sigma}{\sqrt{n}}$$

σ^2 未知的情况下,用样本的标准差估计标准误,

$$\mu_{\bar{X}} = \mu, \sigma_{\bar{X}} = \frac{S_{n-1}}{\sqrt{n}} = \frac{S_n}{\sqrt{n-1}}$$

然后,可以运用公式 3-10,将样本平均数的抽样分布转化为标准的正态分布。

(二)t 分布

当原数据总体为正态分布,但 σ^2 未知,$\bar{X}$ 的抽样分布为 t 分布,t 分布的形态与样本

容量 n 的大小有关。一般来说，n 越大，t 分布越是接近于正态分布，特别是当 n 趋于无穷大时，t 分布与正态分布重合。

在实际使用中，当样本容量 $n > 30$ 时，t 分布与正态分布的差异性较小，所以可以将其近似地看作正态分布，这是在前一部分讨论到的内容。当样本容量 $n \leqslant 30$ 时，t 分布与正态分布差异较大，一般不再使用正态分布来进行相应的统计分析，而是使用 t 分布。此时，$\mu_{\overline{X}} = \mu$，$\sigma_{\overline{X}} = \dfrac{S_{n-1}}{\sqrt{n}} = \dfrac{S_n}{\sqrt{n-1}}$，描述样本平均数抽样分布的统计量 t 可采用以下公式计算：

$$t = \frac{\overline{X} - \mu}{\dfrac{S_{n-1}}{\sqrt{n}}} = \frac{\overline{X} - \mu}{\dfrac{S_n}{\sqrt{n-1}}} \qquad (公式3-13)$$

公式 3-13 计算出来的统计量符合自由度为 $n-1$ 的 t 分布。自由度是统计学中常用的概念，是指用若干变量值计算某统计量时，能够自由取值的变量值的个数，一般用符号 df(degree of freedom)表示。例如，当计算 $\overline{X}$ 时，由于 $\overline{X} = \dfrac{\sum X}{n} = \dfrac{1}{n}(X_1 + X_2 + \cdots + X_n)$，其中 $X_1, X_2, \cdots, X_n$ 是 n 个独立自由取值的变量值，所以这时自由度为 n，即 $df = n$。当计算 $S_{n-1}^2 = \dfrac{1}{n-1} \sum (X - \overline{X})^2$ 时，由于 $\overline{X}$ 既定，则 $X_1, X_2, \cdots, X_n$ 的取值受到一个约束，即必须满足 $\overline{X} = \dfrac{\sum X}{n}$，所以这时只有 $n-1$ 个变量值可以自由变动，有 1 个变量值是不自由的，此时自由度为 $n-1$，即 $df = n-1$。或者说，自由度就是基于某一变量的测量过程中，测量结果发生变化的次数或机会。

t 分布是戈赛特于 1908 年提出来的，当时他使用的是笔名"Student"公布的，故而称之为"t 分布"。t 分布是一种连续分布，密度函数比较复杂，其分布曲线与标准正态分布曲线有许多相似之处，表现在以下几个方面。

(1) t 分布和标准正态分布都在基线之上，t 值或 Z 值的取值范围都是 $-\infty \sim +\infty$。

(2) 以平均数 0 为中心，左侧取值为负数，右侧取值为正数。

(3) 曲线都是以中心为最高，两端向左右无穷延伸，逐渐下降，但与 x 轴永不相交。

随着自由度的变化，t 分布曲线呈一簇分布形态。当自由度较小时，t 分布的分散程度比标准正态分布要大得多，密度函数曲线比较平缓；随着自由度逐渐增大，t 分布曲线逐渐接近标准正态分布，其极限分布为标准正态分布，如图 3-7 所示就是一组自由度不同时的 t 分布曲线。

与正态分布 PZY 表的功能近似，附表 3 为 t 值表，它给出了三个变量之间的关系和数据：左侧最边缘一列为自由度 df，最上面一行是 t 分布上对应于不同 t 值的两个尾端部分面积之和。

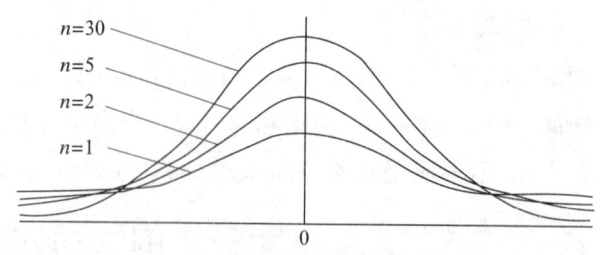

图 3-7 一组自由度不同时的 t 分布曲线

关于样本平均数的抽样分布,正态分布和 t 分布适用的条件可总结成表 3-5。

表 3-5 样本平均数抽样分布分析中正态分布和 t 分布适用条件

总体分布	总体方差	样本容量	正态或渐近正态	t 分布
数据总体为正态分布	σ^2 已知		$\mu_{\bar{X}} = \mu$, $\sigma_{\bar{X}} = \dfrac{\sigma}{\sqrt{n}}$	—
	σ^2 未知	大样本	$\mu_{\bar{X}} = \mu$, $\sigma_{\bar{X}} = \dfrac{S_{n-1}}{\sqrt{n}} = \dfrac{S_n}{\sqrt{n-1}}$	—
		小样本	—	$\mu_{\bar{X}} = \mu$, $\sigma_{\bar{X}} = \dfrac{S_{n-1}}{\sqrt{n}} = \dfrac{S_n}{\sqrt{n-1}}$
数据总体为非正态分布	σ^2 已知	大样本	$\mu_{\bar{X}} = \mu$, $\sigma_{\bar{X}} = \dfrac{\sigma}{\sqrt{n}}$	—
		小样本	—	—
	σ^2 未知	大样本	$\mu_{\bar{X}} = \mu$, $\sigma_{\bar{X}} = \dfrac{S_{n-1}}{\sqrt{n}} = \dfrac{S_n}{\sqrt{n-1}}$	—
		小样本	—	—
抽样分布的统计量计算方法			$Z = \dfrac{\bar{X} - \mu}{\dfrac{\sigma}{\sqrt{n}}}$ 或 $Z = \dfrac{\bar{X} - \mu}{\dfrac{S_{n-1}}{\sqrt{n}}} = \dfrac{\bar{X} - \mu}{\dfrac{S_n}{\sqrt{n-1}}}$	$t = \dfrac{\bar{X} - \mu}{\dfrac{S_{n-1}}{\sqrt{n}}} = \dfrac{\bar{X} - \mu}{\dfrac{S_n}{\sqrt{n-1}}}$, $df = n-1$

下面,用两个例题来说明平均数抽样分布的具体应用,并比较正态分布和 t 分布的不同。

【**例 3-10**】 已知某次全区数学统考成绩服从正态分布,总体平均分为 70 分,标准差为 10。现从全区考生中抽取一个容量为 25 的简单随机样本。试估计这一样本的平均分介于 68~72 的可能性有多大。

【**解**】 因为数学成绩的总体呈正态分布,总体方差已知,所以样本平均数的抽样分布符合正态分布。

$$\mu_{\bar{X}} = \mu = 70, \sigma_{\bar{X}} = \frac{\sigma}{\sqrt{n}} = \frac{10}{\sqrt{25}} = 2$$

根据公式 3-10 可得：

如果样本平均数 $\overline{X} = 68, Z = \dfrac{\overline{X} - \mu}{\sigma_{\overline{X}}} = \dfrac{68 - 70}{2} = -1$

如果样本平均数 $\overline{X} = 72, Z = \dfrac{\overline{X} - \mu}{\sigma_{\overline{X}}} = \dfrac{72 - 70}{2} = 1$

样本平均数介于 68~72 的正好是平均数抽样分布中的 $Z \in [-1, 1]$。查附表 2 的标准正态分布表可知，$Z \in [0, 1]$ 的面积为 0.34134，故 $Z \in [-1, 1]$ 的面积为 0.68268。

所以，$P(68 \leqslant \overline{X} \leqslant 72) = P(-1 \leqslant Z \leqslant 1) = 0.68268$，即所抽样本平均数介于 68~72 的可能性约为 68.268%。

【例 3-11】 已知某次全区数学统考的成绩服从正态分布，其总体平均数为 70 分。现从全区考生中随机抽取了 25 名考生的成绩构成样本，该样本分数的标准差 S_{n-1} 为 10。试估计容量为 25 的样本的平均分介于 68~72 的可能性有多大。

【解】 因为数学成绩总体呈正态分布，总体方差未知，$n = 25 < 30$，样本平均数的抽样分布符合 t 分布。

$$\mu_{\overline{X}} = \mu = 70, \sigma_{\overline{X}} = \dfrac{S_{n-1}}{\sqrt{n}} = \dfrac{10}{\sqrt{25}} = 2$$

根据公式 3-13 可得：

如果样本平均数 $\overline{X} = 68, t = \dfrac{\overline{X} - \mu}{\sigma_{\overline{X}}} = \dfrac{68 - 70}{2} = -1$

如果样本平均数 $\overline{X} = 72, t = \dfrac{\overline{X} - \mu}{\sigma_{\overline{X}}} = \dfrac{72 - 70}{2} = 1$

查附表 3 的 t 值表，当 $df = 25 - 1 = 24$ 时，$t = \pm 0.857$ 时，t 分布两个尾部面积为 0.4，即 t 分布上 $-0.857 \leqslant t \leqslant 0.857$ 的面积为 0.60；同样方法得到，t 分布上 $-1.059 \leqslant t \leqslant 1.059$ 的面积为 0.70。根据上述计算，样本平均数在 68~72 时，$-1 \leqslant t \leqslant 1$，如图 3-8 所示，该区间的宽度介于 $-0.857 \leqslant t \leqslant 0.857$ 和 $-1.059 \leqslant t \leqslant 1.059$ 的宽度之间，所以其面积介于

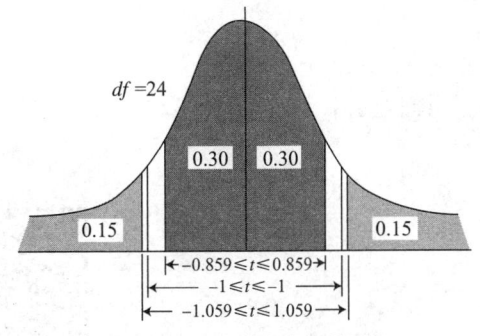

图 3-8 t 分布曲线下的面积

0.60 与 0.70 之间。于是得到样本平均数介于 68~72 的概率是：$0.60 < P(68 \leqslant \overline{X} \leqslant 72) < 0.70$，即所抽样本平均数在 68~72 的可能性为 60%~70%。

关键词

随机现象、随机事件、基本事件、复合事件、事件之和、事件之积、互不相容事件、相互独立事件、频率、概率、概率密度函数、离散变量、二项分布、正态分布、概率分布、抽样误差

练习与思考

1. 问答题。

（1）什么是概率？概率和频率的区别是什么？

（2）正态分布的特点是什么？

2. 实验中学有 500 名学生，其中初一有 160 人，初二有 150 人，初三有 190 人。若从全体学生中随机抽取 50 名学生，问每一名初一、初二、初三学生被抽中的概率是多少？

3. 求下列正态曲线下各区间的面积。

（1）$Z = 0$ 至 $Z = 2.5$ 　　　　　　　　（2）$Z = -1.5$ 至 $Z = 2$

（3）$Z = 2$ 以上的概率　　　　　　　　（4）$Z = -2$ 以下的概率

4. 有 800 人参加智力测验，欲分为 7 个等级，各评定等级的人数是多少较为合适？

5. 某学生在考试时由于时间较紧，在最后 30 秒内完全凭猜测完成了 8 道是非判断题，请问该学生这 8 道判断题中答对 2 道题、3 道题、4 道题的概率各是多少？

6. 某地区 10 岁男孩的体重平均数是 40 kg，标准差是 5，并且是满足正态分布的。那么，该地区体重在 48 kg 以上的 10 岁男孩所占的比率是多少？

7. 某次招生考试中，已知投档比例是 20%，考生的平均分是 580 分，标准差是 32，那么，投档的分数线可划在什么位置？

课程资源

随机事件及其概率（视频 3-1）

离散变量的概率分布（视频 3-2）

正态分布及其应用（视频 3-3）

抽样分布及其概率（视频 3-4）

正态分布应用案例（视频 3-5）

第四章 抽样分布与参数估计

内容概览

抽样分布就是样本统计量的概率分布。根据抽样分布原理可以进行两种参数估计，一种是点估计，即直接用样本统计量作为相应总体参数的估计值；另一种是区间估计，即在一定把握度上给出一个可能涵盖总体参数的范围，这个范围叫作置信区间。置信区间涵盖总体参数的概率叫作置信度。本章在对抽样分布的概念进行细致阐述之后，讨论如何利用标准正态分布和 t 分布进行总体参数——总体平均数的区间估计，并讨论了 t 分布与正态分布之间的关系。

心理学或其他行为科学领域中,研究者想了解的往往是某个总体的心理或行为特征,而不是少数人组成的样本的特征,但又几乎都要从观察样本开始。例如,一位儿童心理学家试图了解0~6岁幼儿的创造潜质。从理论上说,他应该对所有0~6岁幼儿进行创造力潜质测量,但0~6岁幼儿是一个庞大总体,要想对其中每一个体都进行观测,从财力、物力、人力来说都是不可能的。因此,只能从总体中选取一部分个体组成"代表性"样本,然后对样本进行观测和研究,再将观测结果推论到总体,进而估计总体的参数,推断总体的特征与规律。事实上,统计学建立了系统的随机抽样理论和统计推断方法,为这样的研究提供了强有力的科学保障。

第一节　参数估计的基本原理

心理学研究中,很多时候研究者无法知道某个总体的参数,或者无从知晓一个总体的参数与另一个或另几个总体的参数有无明显差异,这时就可以采用随机抽样的方法,从总体中抽取一定容量的样本进行资料分析,然后用样本统计量去对总体参数进行估计或推论。推论的依据就是抽样分布理论与小概率推断原理(小概率推断原理将在第五章专门介绍)。

统计推断主要有两种方式:一为参数估计,二为假设检验。本章先以总体平均数的估计为例介绍参数估计的一般过程,假设检验将在第五章介绍。

一、参数估计的概念

要了解什么是参数估计,先要了解几个概念:① 待估参数,是在参数估计中要估计的那个总体参数,它可以是平均数 μ,也可以是方差 σ^2 或其他参数,可统一用 θ 来表示;② 估计量,是指用来估计参数的样本统计量,比如样本平均数、中位数、标准差等,统一用 $\hat{\theta}$ 表示;③ 估计值,是指可以根据样本数据计算出来的统计量的值,也统一用 $\hat{\theta}$ 表示。所以,参数估计就是确定待估参数、估计量与估计值之间的关系。用数学语言来表述,就是设总体 X 有参数 θ,现把根据该总体一个随机样本 $(X_1, X_2, \cdots, X_n)$ 计算出来的统计量作为估计量 $\hat{\theta}$ 去估计总体参数 θ。

参数估计有两种不同的任务或方式,即点估计和区间估计。点估计,就是直接用样本统计量作为相应总体参数的估计值,它是测量变量连续体中的一个点,所以叫作点估计。具体做法是先根据样本的一系列个案观察值计算统计量,该统计量就是总体参数 θ 的点估计 $\hat{\theta}$。区间估计,就是根据样本中一系列个案的观察值计算出两个估计量 $\hat{\theta}_1$ 和

$\hat{\theta}_2$，将区间$[\hat{\theta}_1, \hat{\theta}_2]$作为参数$\theta$可能的取值范围，并同时指出该区间包含参数$\theta$的可能性（概率）。

二、良好的点估计量的特征

对于同一个未知的总体参数来说，它可以用不同的样本统计量作为估计量。例如，对总体平均数μ的估计，既可以用样本平均数$\bar{X}$作为估计量，也可以用样本中位数Md或样本众数Mo来作为估计量。但是，不同统计量的性质和计算方法都是不同的，在反映样本中的观测信息方面差异很大，所以不同统计量作为参数估计量的时候，具有品质上的差异。一般来说，一个良好的点估计量应具备下列几个主要特征：无偏性、有效性、一致性和充分性。

（一）无偏性

所谓无偏性，并不是要求在用统计量去估计参数时没有误差。根据抽样分布原理，作为估计量的统计量也是一个随机变量，抽取不同的样本就会得到大小不同的估计值，而这些估计值一般是与待估参数之间存在一定偏差的，有的估计量可能会对参数形成高估，有的估计量可能会对参数形成低估。当然，如果用很多个样本进行很多次的估计，然后平均，则估计误差会在一定程度相互抵消或被平均掉。当把所有可能的样本统计量都计算出来，就会得到一系列所有可能的参数估计值，将这些估计值平均就可最大限度地平衡误差。如果作为估计量的统计量，其抽样分布的平均数实际上等于待估参数时，那么这个估计量就是待估参数的无偏估计量。

数理统计学已经证明，总体平均数μ的最佳无偏估计量是样本平均数$\bar{X}$，总体方差σ^2的最佳无偏估计量是样本方差S_{n-1}^2。

（二）有效性

对于某一个待估参数来说，可能有不止一个无偏估计量。例如，对μ来说，$\bar{X}$是一个无偏估计量，Md也是一个无偏估计量，但是哪一个估计量更"好"一些呢？这就是估计量的有效性问题。统计学上认为，对于待估参数θ的两个无偏估计量$\hat{\theta}_1$和$\hat{\theta}_2$，若这两个估计量的所有可能结果的方差$\sigma_{\hat{\theta}_1}^2 < \sigma_{\hat{\theta}_2}^2$，那么就称$\hat{\theta}_1$是较$\hat{\theta}_2$有效的估计量。也就是说，如果某一参数的一个无偏估计量的方差与该参数的所有其他无偏估计量的方差相比为最小，那么该估计量就可称为最有效估计量或最佳无偏估计量。样本平均数是总体平均数的最佳无偏估计量（可以证明，样本平均数的方差$\sigma_{\bar{X}}^2 = \dfrac{\sigma^2}{n}$，样本中位数的方差为$\sigma_{Md}^2 = \dfrac{\pi}{2n}\sigma^2$，$\sigma_{\bar{X}}^2 < \sigma_{Md}^2$。所以，作为总体参数$\mu$的估计量，样本平均数比中位数更有效）。

(三) 一致性

一致性是要求当样本容量逐渐增大时，这个估计量就越接近总体参数，是渐进的，不能有停止或倒退，用数学方式来描述：设 $\hat{\theta}$ 为待估参数 θ 的无偏估计量，若 $n \to \infty$ 时，$\hat{\theta}$ 收敛于 θ，即 $\lim\limits_{n \to \infty}\hat{\theta} = \theta$，这时可称 $\hat{\theta}$ 为 θ 的一致性估计量。

(四) 充分性

如果一个估计量充分地利用了样本提供的所有与待估参数有关的信息，那么该估计量就被称为充分估计量。例如，样本平均数就是总体平均数的充分估计量，因为样本所有的观察值都要参加样本平均数的计算。相比之下，样本中位数就不是一个充分估计量，因为它的计算过程没有利用到所有观察值。

三、区间估计的原理

前面介绍的点估计方法的优点是计算简单、直接，但是由点估计得到的估计值与总体参数的真值之间总是存在一定偏差，这个偏差有多大，无法估计，所以，统计学家们采用区间估计的方法来解决这个问题。实际应用中，也常常采用区间估计。

所谓区间估计，就是以抽样分布原理为基础，根据样本资料估计出总体参数可能出现在什么范围，同时指出这个范围涵盖总体参数的概率有多大。因此区间估计给出的就不是总体参数的一个单一估计量值，而是一个数值区间 $[\hat{\theta}_1, \hat{\theta}_2]$，这个区间被称为置信区间，$\hat{\theta}_1$ 称为置信区间下限，$\hat{\theta}_2$ 称为置信区间上限。该区间涵盖总体参数 θ 的概率用 $1-\alpha$ 表示，称为置信度，α 称为显著性水平，是一个小概率，一般 α 取 0.05（即 5%）或者 0.01（即 1%），则 $1-\alpha$ 就相应地也有两个取值。当 $\alpha = 0.05$ 时，置信度 $1-\alpha = 0.95$（即 95%）；当 $\alpha = 0.01$ 时，置信度 $1-\alpha = 0.99$（即 99%）。置信度越大，虽然显著性水平（估计时犯错误的概率，即总体参数不在置信区间的概率）越小，但需要的置信区间就越大，估计的精确度就越小。当置信度升高到 100% 时，置信区间也就涵盖了参数可能的全部取值范围，区间估计也就没有了任何意义。所以，实际的区间估计过程中要权衡利弊，确定合适的置信度。下面以总体平均数的区间估计为例，简单说明区间估计的基本过程。

设有一正态分布的总体 $X \sim N(\mu, \sigma^2)$，$X_1, X_2, \cdots, X_n$ 是从该总体抽取的一个简单随机样本，其平均数为 $\bar{X}$。根据前面所讲述的抽样分布理论，无数个从该总体抽出的容量为 n 的样本，其平均数符合正态分布，且 $\mu_{\bar{X}} = \mu$，$\sigma_{\bar{X}}^2 = \dfrac{\sigma^2}{n}$，即 $\bar{X} \sim N\left(\mu, \dfrac{\sigma^2}{n}\right)$，如图 4-1 所示。

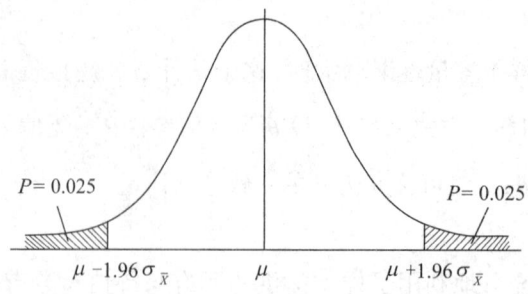

图 4-1　区间估计原理示意图

根据正态分布的特点,平均数上下 1.96 个标准差之间包含了全体数据的 95%。按照抽样分布的规律,随机地从总体中抽取一个容量为 n 的样本,其样本平均数 $\bar{X}$ 有 95% 的可能性落在总体平均数上下 1.96 个标准误之内,即 $P(\mu - 1.96\sigma_{\bar{X}} < \bar{X} < \mu + 1.96\sigma_{\bar{X}}) = 0.95$,将其转化成标准正态分布来表示就是 $P(-1.96 < Z < 1.96) = 0.95$,其中 $Z = \dfrac{\bar{X} - \mu}{\sigma/\sqrt{n}}$。所以,$P\left(-1.96 < \dfrac{\bar{X} - \mu}{\sigma/\sqrt{n}} < 1.96\right) = 0.95$

代数变换后即可得到:

$$P\left(\bar{X} - 1.96\dfrac{\sigma}{\sqrt{n}} < \mu < \bar{X} + 1.96\dfrac{\sigma}{\sqrt{n}}\right) = 0.95 \quad (公式 4-1)$$

公式 4-1 说明,总体参数 μ 有 95% 的可能是处在 $\left[\bar{X} - 1.96\dfrac{\sigma}{\sqrt{n}}, \bar{X} + 1.96\dfrac{\sigma}{\sqrt{n}}\right]$ 内的,或者说,区间 $\left[\bar{X} - 1.96\dfrac{\sigma}{\sqrt{n}}, \bar{X} + 1.96\dfrac{\sigma}{\sqrt{n}}\right]$ 有 95% 的可能性涵盖了总体参数 μ 的位置,该区间为总体平均数 μ 的置信度为 95% 的置信区间,其置信下限为 $\bar{X} - 1.96\dfrac{\sigma}{\sqrt{n}}$,置信上限为 $\bar{X} + 1.96\dfrac{\sigma}{\sqrt{n}}$。同理可以得到:

$$P\left(\bar{X} - 2.58\dfrac{\sigma}{\sqrt{n}} < \mu < \bar{X} + 2.58\dfrac{\sigma}{\sqrt{n}}\right) = 0.99 \quad (公式 4-2)$$

$\left[\bar{X} - 2.58\dfrac{\sigma}{\sqrt{n}}, \bar{X} + 2.58\dfrac{\sigma}{\sqrt{n}}\right]$ 为总体平均数 μ 的置信度为 99% 的置信区间,其置信下限为 $\bar{X} - 2.58\dfrac{\sigma}{\sqrt{n}}$,置信上限为 $\bar{X} + 2.58\dfrac{\sigma}{\sqrt{n}}$。

以上所说的是 $\bar{X}$ 抽样分布为正态分布时的情况。如果 $\bar{X}$ 抽样分布不符合正态分布,而符合 t 分布,其置信区间又该如何进行估计呢?

第二节　总体平均数的区间估计

只要知道了样本平均数的抽样分布形态(是正态分布,还是 t 分布),就可以根据抽样分布理论和概率分布的性质,选择一定的置信度对总体平均数 μ 做出区间估计。下面讨论各种情况下的总体平均数的区间估计。

一、总体为正态分布且方差已知时的区间估计

数据总体为正态分布,且总体方差 σ^2 已知的条件下,总体平均数的区间估计是最简单的情况。当要求置信度为 95% 时,有 $P\left(\overline{X} - 1.96\frac{\sigma}{\sqrt{n}} < \mu < \overline{X} + 1.96\frac{\sigma}{\sqrt{n}}\right) = 0.95$;要求置信度为 99% 时,有 $P\left(\overline{X} - 2.58\frac{\sigma}{\sqrt{n}} < \mu < \overline{X} + 2.58\frac{\sigma}{\sqrt{n}}\right) = 0.99$。将这一过程推广到任意的置信度 $1-\alpha$ 时,则

$$P\left(\overline{X} - Z_{\frac{\alpha}{2}} \times \frac{\sigma}{\sqrt{n}} < \mu < \overline{X} + Z_{\frac{\alpha}{2}} \times \frac{\sigma}{\sqrt{n}}\right) = 1 - \alpha \quad \text{(公式 4-3)}$$

【例 4-1】 某校高中男生身高符合正态分布。已知总体标准差 15。从全校男生中随机抽取 100 人,测量得到他们的平均身高为 166 cm。试估计在置信度为 95% 时,全校男生身高的置信区间。

【解】 已知 $X \sim N(\mu, \sigma^2): \sigma = 15, n = 100, \overline{X} = 166, 1-\alpha = 95\%$,
所以 $\alpha = 0.05, Z_{\frac{\alpha}{2}} = Z_{0.025} = 1.96$

根据公式 4-1 得到:$P\left(166 - 1.96 \times \frac{15}{\sqrt{100}} < \mu < 166 + 1.96 \times \frac{15}{\sqrt{100}}\right) = 0.95$

即 $P(163.06 < \mu < 168.94) = 0.95$
故总体平均数 μ 在置信度为 95% 下的置信区间为 [163.06, 168.94]。

二、总体为正态分布但方差未知时的区间估计

数据总体为正态分布,总体方差 σ^2 未知的条件下,$\overline{X}$ 的抽样分布为 t 分布。区间估计的基本过程与正态分布条件下类似。除采用 t 分布外,还要使用样本标准差 S_{n-1}

作为总体参数 σ 的估计值,来计算标准误 $SE = \dfrac{S_{n-1}}{\sqrt{n}}$。于是,总体平均数区间估计的公式为:

$$P\left(\overline{X} - t_{\frac{\alpha}{2}} \times \frac{S_{n-1}}{\sqrt{n}} < \mu < \overline{X} + t_{\frac{\alpha}{2}} \times \frac{S_{n-1}}{\sqrt{n}}\right) = 1 - \alpha \qquad (公式4-4)$$

因为 t 分布受到自由度大小的影响,所以计算 t 值需要计算自由度:

$$df = n - 1 \qquad (公式4-5)$$

但是,当样本容量足够大时($n > 30$),样本平均数的分布近似于正态分布,此时也可以按照正态分布的性质计算总体平均数的置信区间:

$$P\left(\overline{X} - Z_{\frac{\alpha}{2}} \times \frac{S_{n-1}}{\sqrt{n}} < \mu < \overline{X} + Z_{\frac{\alpha}{2}} \times \frac{S_{n-1}}{\sqrt{n}}\right) = 1 - \alpha \qquad (公式4-6)$$

【例 4-2】 已知智力测验的分数符合正态分布,某一 25 名学生样本的平均智商为 105,标准差 S_{n-1} 为 15,试估计该样本所在学生总体平均智商的大概范围,要求估计的把握度达到 99%。

【解】 总体符合正态分布,样本容量 $n = 25$,为小样本,样本平均数 $\overline{X} = 105$,标准差 $S_{n-1} = 15$。

要求区间估计达到的置信度为 $1 - \alpha = 99\%$,所以 $\alpha = 0.01$。

因为 $df = n - 1 = 25 - 1 = 24$ 时,$t_{\frac{\alpha}{2}} = t_{\frac{0.01}{2}} = 2.797$。

根据公式 4-4,则

$$P\left(105 - 2.797 \times \frac{15}{\sqrt{25}} < \mu < 105 + 2.797 \times \frac{15}{\sqrt{25}}\right) = 99\%$$

即 $P(96.61 < \mu < 113.39) = 99\%$

该样本所在学生总体智商的平均值有 99% 的可能性在 [96.61, 113.39] 的区间内。

【例 4-3】 若例 4-2 中样本人数为 64,其他条件不变,计算总体平均智商的 99% 置信区间。

【解】 当 $n = 64$ 时,样本为大样本,此时 $\overline{X}$ 的抽样分布近似于正态分布,既可以用 t 分布来进行区间估计,也可以用正态分布来进行区间估计。

① 若用 t 分布,则当 $df = n - 1 = 64 - 1 = 63$ 时,$t_{\frac{\alpha}{2}} = t_{\frac{0.01}{2}} = 2.658$。

根据公式 4-4,有:

$$P\left(105 - 2.658 \times \frac{15}{\sqrt{64}} < \mu < 105 + 2.658 \times \frac{15}{\sqrt{64}}\right) = 99\%$$

即 $P(100.02 < \mu < 109.98) = 99\%$

故该样本所在的学生总体平均智商的 99% 置信区间为 [100.02, 109.98]。

② 若用正态分布,则当 $\alpha = 0.01$ 时,$Z_{\frac{\alpha}{2}} = Z_{\frac{0.01}{2}} = 2.58$

根据公式 4-6,有:

$$P\left(105 - 2.58 \times \frac{15}{\sqrt{64}} < \mu < 105 + 2.58 \times \frac{15}{\sqrt{64}}\right) = 99\%$$

即 $P(100.16 < \mu < 109.84) = 99\%$

故该样本所在学生总体平均智商的 99% 置信区间为 [100.16, 109.84]。

比较上述在大样本情况下,根据 t 分布和正态分布所作出的总体平均数的区间估计结果,可以看到二者的差别不大,其中根据 t 分布所做的估计区间稍微宽一些。

三、总体为非正态分布且方差已知时的区间估计

在总体为非正态分布,但 σ^2 已知的情况下,若抽取的样本容量较小,则样本平均数的抽样分布也是非正态的,没有什么分布函数可以对此加以描述,因此,无法进行区间估计。但是,随着样本容量的增大,样本平均数的抽样分布趋近正态分布。因此,大样本情况下,可以用正态分布理论来进行近似区间估计,即使用公式 4-1 或 4-2 进行区间估计。

【例 4-4】 已知某种心理测验的分数不符合正态分布,其总体标准差为 4。现从参加该项测验的大学生中随机抽取 64 人,其测验的平均得分为 102 分。试求参加测验的全部大学生的测验总平均分的 95% 置信区间。

【解】 本题中,虽然总体分布为非正态,但样本容量 $n = 64$,属于大样本,因此 $\overline{X}$ 的抽样分布趋于正态,可以近似地用正态分布理论来进行区间估计,即根据公式 4-1 计算置信区间。

已知 $\overline{X} = 102, \sigma = 4, n = 64, \alpha = 0.05, Z_{\frac{\alpha}{2}} = Z_{\frac{0.05}{2}} = 1.96$,代入公式 4-1 得:

$$P\left(102 - 1.96 \times \frac{4}{\sqrt{64}} < \mu < 102 + 1.96 \times \frac{4}{\sqrt{64}}\right) = 0.95$$

即 $P(101.02 < \mu < 102.98) = 0.95$

故全部大学生测验的总平均分的 95% 置信区间为 [101.02, 102.98]。

四、总体为非正态分布且方差未知时的区间估计

如果总体为非正态分布,且 σ^2 未知,已得测量资料又是小样本,则样本平均数的区间估计无法进行。若抽取的是大样本,则 $\overline{X}$ 的抽样分布接近正态分布,因此也可以用正态分布来解决问题。可以利用公式 4-6 近似地进行总体平均数的区间估计。

【例 4-5】 已知某种心理测验的分数不符合正态分布。现从参加该项测验的大学生总体中随机抽取 81 名学生,其测验的平均分为 102 分,标准差 S_{n-1} 为 4。试计算参加测验的全体大学生测验总平均分的 95% 置信区间。

【解】 总体为非正态分布,且总体方差未知,但样本容量 $n = 81$,属于大样本,故可以认为平均数的抽样分布接近正态分布。

根据公式 4-6 可得:

$$P\left(102 - 1.96 \times \frac{4}{\sqrt{81}} < \mu < 102 + 1.96 \times \frac{4}{\sqrt{81}}\right) = 95\%$$

即 $P(101.13 < \mu < 102.87) = 95\%$

故全体大学生测验总平均分的 95% 的置信区间为 [101.13, 102.87]。

关键词

抽样估计、抽样分布、参数估计、点估计、区间估计、t 分布

练习与思考

1. 良好统计量需要具备哪些特征?

2. 从某区高中三年级学生中随机抽取了 400 名学生参加英语测试,得到的平均分为 76 分,标准差 S_{n-1} 为 15。请你分别用 t 分布和正态分布计算该区高中三年级学生英语成绩的 95% 和 99% 的置信区间。从这两种分布计算结果的比较中,你得到了什么认识?

3. 从参加某市高一数学统考的学生中随机抽取一个班共 48 人,计算得到他们的平均成绩为 72 分,标准差 S_{n-1} 为 6。试根据该班学生的成绩估计全市高一学生的数学平均分。

4. 从一总体随机抽取一个 25 人的样本,对其心理健康水平测量得到平均分为 40 分,标准差 S_{n-1} 为 10。试计算其总体平均数的 95% 和 99% 的置信区间,并说明这里的置信区间和置信度的意义。

5. 从某年参加高考的考生中随机抽取了 120 名考生的英语成绩,其分布情况如表 4-1 所示。试根据这 120 名考生的英语成绩,估计全体考生英语成绩的 95% 置信区间。

表 4-1 考生样本的英语成绩分布表

分组区间	次数	向上累计次数	向下累计次数
90 ~	1	120	1
80 ~	9	119	10
70 ~	35	110	45
60 ~	62	75	107
50 ~	10	13	117
40 ~	3	3	120
∑	120		

6. 有人根据部分考生的某一门高考课程的成绩来估计全体考生该课程的平均成绩。已知全体考生成绩的标准差为 50,在 95% 的置信度下,要使估计区间长度不超过 10 分,至少需要多大的样本?

7. 某心理学家对某市小学三年级学生进行了一次团体智力测验。从中抽取 38 名学生的智商如下所示,请用 SPSS 软件计算总体平均智力测验智商的 99% 置信区间。

103 115 101 110 125 112 111 114 110 107 105 104 112 116
114 120 101 109 110 112 107 106 110 102 111 119 117 115
113 111 109 105 103 113 110 118 115 111

课程资源

参数估计(视频 4-1)

平均数的参数估计(视频 4-2)

标准误的意义与计算(视频 4-3)

第五章
平均数的差异性 t 检验

内容概览

　　心理学研究中，常常假设某种因子的变化会带来被试某种心理或行为的改变。为验证假设，往往需要在样本间进行比较。但是样本的差异是否意味着它们对应的总体间的差异呢？为此，建立虚无假设，先把样本差异设定为随机误差，再根据其统计量分布函数，估算其发生概率。在小概率条件下，则拒绝虚无假设，达到验证假设的目的。差异性单样本平均数的显著性检验主要检验单个样本的平均数与特定总体平均数间是否具有显著差异；两个样本平均数差异的显著性检验主要是由样本平均数之间的差异来推断两个样本所代表的总体是否存在显著性差异，具体又分为独立样本和相关样本两种。在上述所有的假设检验过程中，都需要根据不同的具体条件，选择不同的检验统计量，有时是"Z检验"，有时是"t检验"。假设检验中应该完成效应量的计算，以考察排除样本容量的影响之后，观察实验的处理效应实际大小。常用的效应量有 Cohen d 系数和变异的解释 r^2。

第四章讨论的是用样本统计量估计总体参数。在心理学等行为科学研究中，研究者还常常需要对两个或更多个总体参数之间的差异性进行分析，或者需要对总体分布形态及其他特征进行考察，这就要用到统计推断的另外一个方面——假设检验。假设检验的基本任务就是利用样本数据及其相互关系，检验关于总体参数或总体分布形态的某些假设是否合理，确定假设的可接受程度。

第一节　假设检验的基本原理

一、假设与假设检验

（一）假设

科学研究经常会用到假设。所谓假设，就是根据已知理论或事实对研究对象作出的假定性说明。那么，对于心理学研究来说，需要做出什么样的假设呢？

例如在心理学实验室中，我们可以将来自同一个班级的 20 名大学生随机分成两个组，一组被试在接收到声音刺激时作出快速反应，测量到他们对声音刺激的平均简单反应时间；另一个组在接收到灯光刺激时作出快速反应，测量到他们对灯光刺激的平均简单反应时间。结果灯光刺激的平均简单反应时间比声音刺激的平均简单反应时间多出来 30 ms。于是，研究者就面临一个问题：这 30 ms 的差异是什么因素带来的呢？是分组不平衡造成了两组被试本身存在差异造成的？还是测量中的许多偶然因素造成数据的随机波动，碰巧使得灯光刺激组的数据向上波动、声音刺激组的数据向下波动？抑或是声音刺激与灯光刺激引起的神经系统运动机制与速度不同造成的？显然，神经机制与运动速度的不同是具有普遍意义的因素，它如果是存在的，就意味着声音刺激条件下的实验被试组与灯光刺激条件下的实验被试组各自代表的总体也会存在差异。

由此类研究问题看出，研究者在不同条件下观测得到不同的数据样本后，如果样本数据出现了差异，那么他需要做出判断：这种差异是否意味着他们各自所在的总体存在差异。用统计学的术语来说，就是由样本统计量存在的差异，能否推断出总体参数也存在差异。统计推断要做的第二方面的事情就是此类假设的检验。

假设检验，就要先有假设。统计学中的假设一般是指用统计学术语对总体参数或总体分布形态及其他特征所作的假定性说明。这种假设性说明往往是从相互对立的两个方面给出，即所谓"虚无假设"（H_0）和"研究假设"（H_1），然后根据样本资料的统计分析结果，对两个假设作出选择：拒绝虚无假设而接受研究假设，意味着研究假设被证实；接受虚无假设而拒绝研究假设，意味着研究假设未被证实。

1. 虚无假设（H_0）

虚无假设又称无差假设、零假设。既然是无差假设，顾名思义，它就总是作出类似于"总体参数之间没有显著差异"或"总体分布形态符合正态分布"等这样的假设。而假设检验的过程往往先以"虚无假设成立"为前提而展开，它的基本逻辑：虚无假设成立的情况下，样本数据出现我们所看到的情形的概率有多大。这一概率也因此叫作伴随概率。伴随概率越小，说明虚无假设成立的合理性越小，越有理由拒绝虚无假设；伴随概率越大，说明虚无假设成立的合理性越大，拒绝虚无假设的理由也就越不充分。H_0 是统计推论的出发点，因为它所作出的假定性说明可以为人们提供进一步检验推导所必需的理论前提。可以引用著名统计学家费舍的一句名言来说明虚无假设的作用："每一实验的存在，仅仅是为了给事实一个反驳虚无假设的机会。"

2. 研究假设（H_1）

研究假设，又称对立假设或备择假设，它与虚无假设相对立，一般总是做出"总体参数之间有显著差异"或"总体分布形态不符合正态分布"等假设。在假设检验中，如果有充分的理由证明虚无假设是不可接受的，那么就可接受研究假设。反之，如果没有充分理由证明虚无假设错误，那么就不能否定虚无假设，只能否定研究假设。

在统计学中，虚无假设和研究假设相互排斥，所以最后只能接受一个。

（二）假设检验

如果用一句话来解释假设检验的基本原理，那就说："假设检验是一种带有概率性质的反证法。"其具体过程是：首先建立虚无假设，并假定其为真，接着在虚无假设的前提之下进行统计推导。如果会导致违反逻辑或违背人们常识和经验的不合理现象出现，那就表明"虚无假设为真"的假定前提是不合理的，也就不能接受虚无假设，从而接受其对立面——研究假设。如果没有导致不合理现象出现，那么，就可以认为"虚无假设为真"的假定前提是合理的，是可以接受的。

日常生活中，人们经常会运用"假设检验"的方法来做出对事物的判断与推理。例如，某产品质量检查小组欲对某工厂的产品质量进行检查，按照行业规定，该厂产品的合格率应达到99%，也就是说，在100件产品中，应该有99件是合格产品，只有1件是次品。但是工作人员随机抽取了10件产品检查后发现，这10件产品中有5件是不合格的。于是，检查小组得出该厂产品质量不符合行业规定要求的结论。在上述例子中，检查小组工作人员要检验的假设是"该厂产品达到了行业规定的要求"，换一种说法是"每100件产品中次品不超过1件"。在这个前提下，任意抽取的10件产品中大约只有0.1件次品，也就是说，基本上应该没有次品。然而，现在事实是，在一次实际的抽样调查中，竟然发生了5件产品不合格的情况，这种现象如果在上述前提假设成立的情况下应该是不合理的，因此我们有理由怀疑这个前提假设的正确性。因而做出"该厂产品质量不符合行业规定要求"的结论。

显然，我们在上述推论过程中用到了反证法思想，先假定虚无假设是成立的，在此前提下,某一现象发生的可能性应该很小,但是如果这个不太可能发生的现象实际上却发生了的话,就是出现了不合理的结果,表明原先的假定是难以成立的。

(三) 小概率原理

上述推理中,我们实际上还用到了另外一种思想,即"小概率事件在一次试验中不会发生"。这就是小概率原理,也称"实际推断原理"。所谓小概率事件,是指发生概率很小的事件,例如,买一张彩票就中大奖,这样的事件就是小概率事件,我们认为不会发生,或至少可以说不大可能发生。同理,在上例假设成立的前提下,抽取10件产品有5件次品的情况应该是一个小概率事件,我们同样也认为它实际上不会发生,但它发生了,与假设产生了"显著性"的矛盾,从而否定了前提假设。然而,这种对前提假设的否定存在犯错误的可能性,因为小概率事件虽然发生的概率很小,但毕竟不是零。因此,这也是假设检验方法的一个显著特点,即它不是"百分百的反证法",而是"带有概率性质的反证法",是有可能犯错误的,但这种错误被规定在一个小概率范围之内。统计学上的"小概率"一般有这么几种取值:0.05,0.01,0.001。研究者可根据需要选用合适的小概率界限。若取0.05,则表示凡发生概率小于0.05的即为小概率事件;若取0.01,则表示凡发生概率小于0.01的即为小概率事件,以此类推。再举一个示例,来更具体地说明假设检验的过程。

【例 5-1】 某市进行数学统考,成绩符合正态分布。全市平均分 $\mu_0 = 55$,标准差 $\sigma_0 = 10$,随机抽取该市某校的一个班 ($n=49$),其平均成绩 $\overline{X} = 58$,问该班成绩与全市平均成绩差异是否显著?

【解】 单从表面看,该班平均成绩58分,高于全市平均分,但这并不能说明该班的真实水平比全市平均水平高。假如再进行等值试卷的考试,也许该班的平均成绩又比全市的平均分低了,从理论上讲,一个班数学成绩的真实水平应该是进行无数次等值试卷的考试后,无数次平均成绩的总平均分,用 $\mu_{\overline{X}}$ 表示。在这里 $\mu_{\overline{X}}$ 与 μ_0 相比,究竟谁高谁低,抑或相等,需要运用假设检验方法来确定。

建立虚无假设 $H_0: \mu_{\overline{X}} = \mu_0$

建立研究假设 $H_1: \mu_{\overline{X}} \neq \mu_0$

根据虚无假设,该班真实水平与全市平均成绩没有差异,58分与55分之差是由于抽样误差或测量的随机误差造成的。在此前提下,由抽样分布理论可知,总体为正态分布,且总体方差已知,$\overline{X}$ 的抽样分布为正态分布,且 $\mu_{\overline{X}} = \mu_0 = 55, \sigma_{\overline{X}} = \dfrac{\sigma_0}{\sqrt{n}} = \dfrac{10}{\sqrt{49}} = \dfrac{10}{7}$,则

该班成绩的标准分数:$Z_{\overline{X}} = \dfrac{\overline{X} - \mu_{\overline{X}}}{\sigma_{\overline{X}}} = \dfrac{\overline{X} - \mu_0}{\sigma_0/\sqrt{n}} = \dfrac{58-55}{10/\sqrt{49}} = 2.10$。这一 Z 分数在标准正态分布中的位置如图5-1所示。

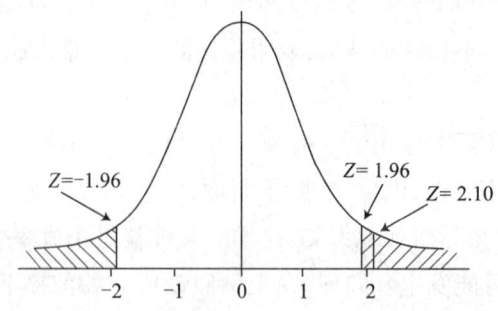

图 5-1　所计算的 Z 值在正态分布中的位置

一般来说,若从方差已知的正态分布总体中随机抽取一个样本,其样本平均数 $\bar{X}$ 的抽样分布符合正态分布,样本平均数 $\bar{X}$ 对应的标准分数介于 -1.96 与 1.96 之间的概率是 95%,这就意味着 $\bar{X}$ 对应的标准分数处在小于 -1.96 和大于 1.96 的两个尾部的概率总和只有 5%,即图 5-1 中两个阴影部分的面积和只占正态分布曲线下总面积的 5%。然而,现在 $Z_{\bar{X}} = 2.10$,大于 1.96,显然,其发生的概率肯定是小于 5% 的,是个小概率事件,"是不大可能发生的事件"。可它还是发生了,我们就有了充分的理由认为虚无假设是不大可能成立的,因此否定 H_0 而接受 H_1,认为 58 分与 55 分的差别不只是抽样误差造成的,而是该班的真实水平 $\mu_{\bar{X}}$ 与全市平均成绩之间确实存在显著差异。

在上例分析中,我们实际上还使用了两个概念:显著性水平、否定域。所谓显著性水平,就是指研究者所确定的小概率的最大限。比如上例中,认为小于或者等于 0.05 的概率是小概率,其上限为 0.05,则称 0.05 为显著性水平。显著性水平通常用 α 表示,根据研究需要不同,显著性水平即小概率界限也可以变化,经常使用的有 0.05、0.01、0.001 这三种,可写作:$\alpha = 0.05$,$\alpha = 0.01$,$\alpha = 0.001$。一般我们把小于 0.05 的显著性水平称为"显著",小于 0.01 的显著性水平称为"非常显著",小于 0.001 的显著性水平称为"极其显著"。所谓否定域,是指在假设检验中,根据 H_0 建立的概率分布模型,由显著性水平 α 结合这些概率分布模型确定数轴上的某个(些)区间,检验统计量在其中出现的概率小于或等于 α,则称这个(些)区间为否定域。比如上例中,否定域为 $Z > 1.96$ 或 $Z < -1.96$。我们把否定域的界限称为临界值。显然,这里的临界值为 ±1.96,临界值的大小随显著性水平的大小而变,若上例中取 $\alpha = 0.01$,则临界值变为 ±2.58。

二、单侧检验与双侧检验

在例 5-1 中,否定域设置在抽样分布曲线数轴的两个尾部,这种假设检验称为双侧检验。此时,虚无假设为 $H_0: \mu_{\bar{X}} = \mu_0$;研究假设为 $H_1: \mu_{\bar{X}} \neq \mu_0$,究竟哪种假设成立? 如果

$\mu_{\bar{X}} \neq \mu_0$,那么一定是 $\mu_{\bar{X}} > \mu_0$ 或 $\mu_{\bar{X}} < \mu_0$。可是,为什么研究假设不直接用 $\mu_{\bar{X}} > \mu_0$ 或 $\mu_{\bar{X}} < \mu_0$ 中的一个呢?这是由于我们在做检验之前没有任何信息提供 $\mu_{\bar{X}}$ 与 μ_0 之间的可能的关系。所以,在设置否定域时,在抽样分布曲线数轴左、右两端都有否定域的一半,检验统计量不论落入哪一半否定域,都可否定 H_0,因此,这样的检验称为双侧检验。但是,在本例中,如果这个有 49 名学生的班级是重点实验班,我们有充分的理由相信,这个班真实水平有可能高于全市平均水平,那么我们就需要检验 $\bar{X} = 58$ 分与 $\mu_0 = 55$ 分的差别是抽样造成的偶然误差,还是因为其真实水平确实高于全市平均水平。这样一来,虚无假设 $H_0: \mu_{\bar{X}} = \mu_0$,而研究假设 H_1 则改为: $\mu_{\bar{X}} > \mu_0$。这时,我们考察样本平均数出现的小概率区域仅在抽样分布曲线数轴的右侧尾部端,如图 5-2(a) 所示。

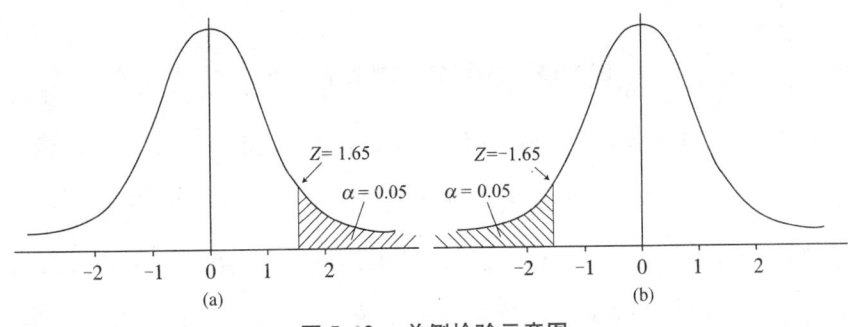

图 5-2 单侧检验示意图

令 $\alpha = 0.05$,则对应的 Z 的临界值为 1.65,即 $Z_{0.05} = 1.65$。例 5-1 中由于 $Z_{\bar{X}} = 2.10 > Z_{0.05}$,落在了否定域,可以在 0.05 显著性水平上否定 H_0 而接受 H_1,这种检验方法称为右边单侧检验。左边单侧检验与此类似,如图 5-2(b) 所示,不过 H_1 应为 $\mu_{\bar{X}} < \mu_0$。

三、统计决策的两类错误

前文已经指出,所有的假设检验都是带有概率性质的反证法,都存在犯错误的风险。在统计决策中,有两种类型的错误,如表 5-1 所示。

表 5-1 统计决策的两类错误

真实情况	决策结果	
	拒绝虚无假设 H_0	接受虚无假设 H_0
H_0 为真	弃真概率 α(第一类错误)	正确概率 $1-\alpha$
H_0 为假	正确概率 $1-\beta$	取伪概率 β(第二类错误)

第一类错误:否定了虚无假设 H_0,但它实际上是真实的。此类错误又称 α 错误,概率为 α。

第二类错误:接受了虚无假设 H_0,但它实际上是不真实的。此类错误又称 β 错误,概率为 β。

我们将两类错误反映在图 5-3 上(这里采用的是单侧检验),就容易看得出来它们是如何发生的以及它们的关系。

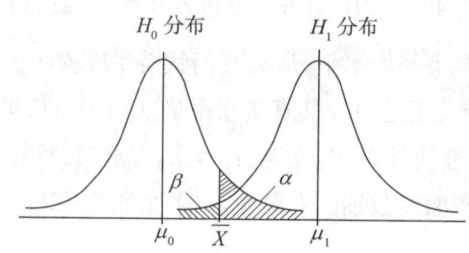

图 5-3　两类错误及其关系示意图

如图 5-3 所示,当拒绝虚无假设的时候,就是拒绝承认 $\bar{X}$ 是来自于 H_0 假设的总体中的一个样本,而实际上这一分布中的样本平均数还有 α 的概率处在 $\bar{X}$ 及其右边区域,拒绝了 $\bar{X}$,也就同时拒绝了其以外的样本,所以其弃真概率就是图 5-3 中的面积 α。相反,当接受虚无假设的时候,就是承认了平均数为 $\bar{X}$ 的样本及其左侧的部分样本属于 H_0 假设中的总体,同时就拒绝承认它们属于 H_1 假设的总体,而实际上在这一范围内仍然有部分样本可能是来自于 H_1 分布的,其概率就是图 5-3 中的面积 β,可是因为接受了虚无假设,这一部分可能是属于 H_1 的样本被否决了,所以这种错误叫作取伪错误,其概率为 β。

在统计决策中,如果依据概率性质的反证法否定了 H_0,就可能会犯第一类错误,不过这一类错误的概率可以控制。只要把规定的显著性水平 α 值减小,就可以达到降低犯 α 类错误的概率。但要注意的是,降低 α 类错误的同时,使得否定 H_0 更加困难,而且会增加 β 类错误的概率。

需要指出,α 错误与 β 错误分别是在两种不同前提下发生的,也是在两个不同分布中进行分析的,所以 $\alpha + \beta \neq 1$。α 错误是可以控制的,可以通过改变显著性水平来改变 α 错误的概率,而 β 错误则是难以控制和考察的。在任何 α 水平上,即使我们不能拒绝虚无假设,也不能草率地承认虚无假设,否则犯 β 错误的概率就很大。我们可以作出诸如"根据目前资料,在 α 水平上未发现显著差异"一类的结论。在一定可能情况下,增大样本容量可以减少 α 错误与 β 错误的概率。

四、参数检验与非参数检验

假设检验包括参数检验和非参数检验。如果进行假设检验时总体的分布形态已知,需要对总体的未知参数进行假设检验时,则称其为参数假设检验;如果对总体分布形态所知甚少,需要对未知分布出现的形态及其他特征进行假设检验时,则称其为非参数假设检验。

本书中介绍的 t 检验、方差分析、积差相关系数的检验、比率的检验等都属于参数检验的范畴,而 χ^2 检验、秩和检验、符号秩次检验、等级方差分析则属于非参数检验的范畴。

五、假设检验的步骤

综上所述,可以归纳出假设检验的一般步骤。

步骤1:提出假设。根据研究的问题,提出相应的虚无假设 H_0 和研究假设 H_1,选择使用双侧检验还是单侧检验。

步骤2:根据虚无假设 H_0 所提供的前提条件,选择合适的检验统计量,如 Z 检验、t 检验等。

步骤3:规定显著性水平 α,α 确定后,否定域也随之被确定了。

步骤4:计算检验统计量的值。

步骤5:作出决策,根据显著性水平 α 和检验统计量的分布,查相应的统计表,确定接受域和否定域的临界值,用计算出的统计量值与临界值作比较,从而作出接受或拒绝虚无假设的决策。

第二节 单样本平均数的差异检验

单样本平均数的显著性检验是指对单个样本的平均数与特定总体平均数间的差异进行显著性检验。如果检验结果差异显著,则表示样本平均数的总平均($\mu_{\bar{X}}$)与总体平均数(μ_0)有差异,或者说样本平均数 $\bar{X}$ 与总体平均数 μ_0 之间的差异已不能用抽样误差来解释了,$\bar{X}$ 可以被认为是来自另一个总体。此时,称这个样本平均数 $\bar{X}$ 显著。根据总体分布的形态及总体方差是否已知,其具体的检验过程有所不同。

一、总体为正态分布且方差已知

当总体为正态分布且方差已知时,样本平均数的抽样分布为正态分布,因此选择 Z 分数作为检验统计量;再根据所要求的显著性水平 α,从正态分布表中查出临界点的 Z

值加以比较,这样的检验由于选用了 Z 分数作为检验统计量,因此又称为 Z 检验。本章第一节中的例 5-1 就是一个单样本平均数显著性检验的例子,使用的是 Z 检验,而且为双侧检验。接下来的例 5-2 是一个单侧检验的实例。

【例 5-2】 某心理学家从受过某项专门训练的儿童中随机抽取 64 人进行韦克斯勒儿童智力测验($\mu_0 = 100, \sigma_0 = 15$)。结果发现,这 64 名儿童的平均智商为 105。请问,能否认为这些接受了该项训练的儿童智力高于其所在年龄组儿童的一般水平?

【解】 根据题意,该问题属于单样本平均数的显著性检验。因为总体为正态分布且方差已知,所以可以使用 Z 检验。又因为本问题是要检验样本平均数是否高于所在总体,所以可用单侧检验。

(1)建立虚无假设和研究假设。

$$H_0: \mu_{\bar{X}} = \mu_0 \qquad H_1: \mu_{\bar{X}} > \mu_0$$

(2)计算检验统计量。

根据题意,$\bar{X}$ 的抽样分布为正态分布:

$$\sigma_{\bar{X}} = \frac{\sigma_0}{\sqrt{n}} = \frac{15}{\sqrt{64}} = 1.875$$

$$Z = \frac{\bar{X} - \mu_0}{\sigma_{\bar{X}}} = \frac{105 - 100}{1.875} \approx 2.67$$

(3)令 $\alpha = 0.01$,查正态分布表,单侧检验的 $\alpha = 0.01$,临界点 $Z_{0.01} = 2.33$,所以本题中计算的检验统计量 $Z \approx 2.67 > Z_{0.01}$,于是可以在 $\alpha = 0.01$ 显著性水平上拒绝虚无假设而接受研究假设,即 $\mu_{\bar{X}} > \mu_0$。因此,可以认为受训儿童的智力水平更高一些。

二、总体为正态分布但方差未知

当总体为正态分布,但总体方差未知时,样本平均数的抽样分布为 t 分布,因此选择 t 分数作为检验统计量,再根据所要求的显著性水平 α 和自由度 $df = n - 1$ 从 t 分布表中查出临界值加以比较。这样的检验由于选用了 t 分数作为检验统计量,因此又称为 t 检验。需要指出的是,尽管当样本容量较大时,$\bar{X}$ 的抽样分布接近正态,此时也可选用 Z 分数作为检验统计量而进行近似的 Z 检验,但严格说来,还是使用 t 检验更精确,使用 Z 检验主要是为了计算的简便。实际应用中,检验过程一般都使用 SPSS 等统计软件完成,所以都使用 t 检验。

【例 5-3】 一般来说,人的视觉反应时符合正态分布。某心理学家研究发现,普通飞行员的平均视觉反应时为 170 毫秒,某人随机抽取 25 名飞行员进行测定,结果发现其平均视反应时为 175 毫秒,标准差 S_{n-1} 为 15。请问,能否根据测试结果而否定该心理学家的结论?

【解】 根据题意已知:$\mu_0 = 170, \bar{X} = 175, S_{n-1} = 15, n = 25$。但是总体方差未知,所以样本平均数符合 t 分布,使用 t 检验。

建立虚无假设 $H_0: \mu_{\bar{X}} = \mu_0$

建立研究假设 $H_1: \mu_{\bar{X}} \neq \mu_0$

计算检验统计量:$t = \dfrac{\bar{X} - \mu_0}{\dfrac{S_{n-1}}{\sqrt{n}}} = \dfrac{175 - 170}{\dfrac{15}{\sqrt{25}}} \approx 1.67$

检验统计量的自由度:$df = n - 1 = 24$

查附表3的 t 值表(双侧),$t_{\frac{0.05}{2}} = 2.064$,而 $t \approx 1.67 < 2.064$,在 0.05 显著性水平上不能拒绝虚无假设,所以拒绝研究假设:样本平均数与总体平均数的差异不显著。因此,根据样本测试资料尚不能否定该心理学家的研究结论。

三、总体为非正态分布

如果有证据表明某一变量测量值的总体不是正态分布,那么其平均数的抽样分布既不符合正态分布,也不符合 t 分布,原则上不能进行 Z 检验或 t 检验,应该使用非参数检验。但当样本容量较大时,根据中心极限定理,$\bar{X}$ 的抽样分布趋近正态,且 $\mu_{\bar{X}} = \mu_0$,$\sigma_{\bar{X}} = \dfrac{\sigma_0}{\sqrt{n}}$。所以,当 $n \geq 30$(也有人认为 $n \geq 50$)时,尽管总体分布为非正态,但对平均数的显著性检验仍可用 Z 检验。用于此时的 Z 检验是近似的,故称 Z' 检验。检验统计量的计算公式为 $Z' = \dfrac{\bar{X} - \mu_0}{\sigma_0 / \sqrt{n}}$,若 σ_0 未知,由于样本容量较大,可直接用样本标准差 S_{n-1} 代替公式中的 σ_0,即:

$$Z' = \dfrac{\bar{X} - \mu_0}{\dfrac{S_{n-1}}{\sqrt{n}}} \qquad \text{(公式 5-1)}$$

【例 5-4】 已知某市某次数学统考的成绩呈偏态分布,总平均分为 68.5 分。其中某校参加考试的学生共 121 人,平均分为 71.5 分,标准差 S_{n-1} 为 18,请问,该校平均分与全市总平均分有无显著差异?

【解】 此题总体为非正态分布,但 $n = 121$ 为大样本,可以采用 Z' 检验。

根据题意已知:$\mu_0 = 68.5, \bar{X} = 71.5, S_{n-1}, n = 121$

建立虚无假设 $H_0: \mu_{\bar{X}} = \mu_0$

建立研究假设 $H_1: \mu_{\bar{X}} \neq \mu_0$

计算检验统计量：$Z' = \dfrac{\overline{X} - \mu_0}{\dfrac{S_{n-1}}{\sqrt{n}}} = \dfrac{71.5 - 68.5}{\dfrac{18}{\sqrt{121}}} \approx 1.83$

使用双侧检验，当 $\alpha = 0.05$ 时，$Z = 1.96$。因为 $Z' \approx 1.83 < 1.96$，所以在 0.05 显著性水平上，不能拒绝虚无假设，可以认为：该校学生的平均分与全市学生的总平均分没有显著差异。

第三节　独立样本平均数的差异检验

所谓平均数差异的显著性检验，就是指由样本平均数之间的差异（$\overline{X}_1 - \overline{X}_2$）来推断两个样本各自所代表的总体之间是否存在显著差异（$\mu_1 - \mu_2$）。这时需要考虑的条件更为复杂，不仅要考虑总体分布与总体方差是否已知，还要注意各总体方差是否一致、样本之间是相互独立的还是具有相关性等。不同条件下，使用的公式也不同。本节专门讨论独立样本平均数差异的显著性检验。

所谓独立样本，是指两个样本的数据之间不存在关联性，就是说，观测或抽取得到两个样本中的任何一个数据时，都不会受到两个样本中其他数据的任何影响，他们之间不存在连带关系。两个样本的容量可以相等，也可以不相等。

与单样本平均数的显著性检验一样，不同条件下的检验计算有所不同。

一、两个总体均为正态分布且方差已知

可以设想：从第一个正态总体（μ_1, σ_1^2）中随机抽取容量为 n_1 的样本，计算出其平均数，记为 $\overline{X}_1$；再从第二个正态总体（μ_2, σ_2^2）中随机抽取容量为 n_2 的样本，计算出其平均数，记为 $\overline{X}_2$，两个样本平均数之间的差异记为 $D_{\overline{X}} = \overline{X}_1 - \overline{X}_2$。此时，$D_{\overline{X}}$ 的抽样分布为正态分布，统计学已经证明其对应的平均数和标准差分别为：

$$\mu_{D_{\overline{X}}} = \mu_1 - \mu_2$$

$$\sigma_{D_{\overline{X}}} = \sqrt{\dfrac{\sigma_1^2}{n_1} + \dfrac{\sigma_2^2}{n_2}} \qquad (公式5-2)$$

将 $D_{\overline{X}}$ 与上一节中的 $\overline{X}$ 相比较，则 $\overline{X}_1 - \overline{X}_2$ 之间的差异显著性检验可以转化为对一个统计量 $D_{\overline{X}}$ 的显著性检验，两者在本质上没有区别，即 $Z = \dfrac{D_{\overline{X}} - \mu_{D_{\overline{X}}}}{\sigma_{D_{\overline{X}}}}$。

我们知道,在检验两个样本平均数是否存在差异显著性的过程中,要使用的虚无假设是:两个样本所在总体的平均数相等,即 $H_0: \mu_1 = \mu_2$ 或 $\mu_1 - \mu_2 = 0$。于是上述公式就转换为:

$$Z = \frac{\overline{X}_1 - \overline{X}_2}{\sqrt{\frac{\sigma_1^2}{n_1} + \frac{\sigma_2^2}{n_2}}} \qquad (公式5-3)$$

【例5-5】 某心理学家从南方地区的7岁儿童中随机抽取了36名男童和34名女童,其平均身高分别为:男童125 cm,女童127 cm。以往资料显示,该地区7岁男童身高的标准差为5,女童身高的标准差为6,能否根据这次抽样测量的结果作出"该地区7岁男女儿童身高有显著差异"的结论?

【解】 根据题意已知:$n_1 = 36, \overline{X}_1 = 125, \sigma_1 = 5; n_2 = 34, \overline{X}_2 = 127, \sigma_2 = 6$

建立虚无假设 $H_0: \mu_1 = \mu_2$

要检验的假设 $H_1: \mu_1 \neq \mu_2$

将上述数据代入公式5-3,可得:

$$Z = \frac{\overline{X}_1 - \overline{X}_2}{\sqrt{\frac{\sigma_1^2}{n_1} + \frac{\sigma_2^2}{n_2}}} = \frac{125 - 127}{\sqrt{\frac{5^2}{36} + \frac{6^2}{34}}} \approx -1.51$$

当选择显著性水平 $\alpha = 0.05$ 时,$Z_{\frac{0.05}{2}} = 1.96$,$|Z| \approx 1.51 < Z_{\frac{0.05}{2}} = 1.96$,两者的差异性未达到0.05的显著性水平,不能拒绝虚无假设,可认为:该地区7岁男女儿童身高没有显著差异。其检验的结论可记为:$Z \approx -1.51, p > 0.05$。

二、两总体为正态分布且方差未知

在这种情况下,样本平均数差异量的抽样分布一般符合 t 分布,所以选用 t 值作为检验统计量。当然,与单样本平均数的显著性检验一样的道理,如果样本容量都足够大(两个样本的容量均大于30),抽样分布趋近于正态分布,可以用 Z 检验。而且在这种情况下,还要注意两个样本所在总体的方差相等性,即方差齐性是否成立。

1. 若两总体方差相等,即 $\sigma_1^2 = \sigma_2^2$

此时,$D_{\overline{X}} = \overline{X}_1 - \overline{X}_2$ 的抽样分布为 t 分布,$\mu_{D_{\overline{X}}} = \mu_1 - \mu_2$,$\sigma_{D_{\overline{X}}} = \sqrt{\frac{\sigma_1^2}{n_1} + \frac{\sigma_2^2}{n_2}}$。

由于 σ_1^2 或 σ_2^2 未知,需要用 $S_{n_1-1}^2$ 和 $S_{n_2-1}^2$ 分别作为 σ_1^2 和 σ_2^2 的估计量。然而,当 $\sigma_1^2 = \sigma_2^2$,究竟用哪一个无偏估计量更好呢?统计学上一般将两个合并起来共同估计,即计算两者的联合方差:

$$S_p^2 = \frac{(n_1 - 1)S_{n_1-1}^2 + (n_2 - 1)S_{n_2-1}^2}{n_1 + n_2 - 2} = \frac{n_1 S_1^2 + n_2 S_2^2}{n_1 + n_2 - 2} \quad \text{(公式 5-4)}$$

用联合方差 S_p^2 替换 $\sigma_{D_{\bar{X}}} = \sqrt{\frac{\sigma_1^2}{n_1} + \frac{\sigma_2^2}{n_2}}$ 中的 σ_1^2 和 σ_2^2，即可得到抽样分布的标准误：

$$\sigma_{D_{\bar{X}}} = \sqrt{S_p^2 \left(\frac{1}{n_1} + \frac{1}{n_2}\right)}$$

$$= \sqrt{\frac{(n_1 - 1)S_{n_1-1}^2 + (n_2 - 1)S_{n_2-1}^2}{n_1 + n_2 - 2} \times \left(\frac{n_1 + n_2}{n_1 n_2}\right)}$$

$$= \sqrt{\frac{n_1 S_1^2 + n_2 S_2^2}{n_1 + n_2 - 2} \times \left(\frac{n_1 + n_2}{n_1 n_2}\right)} \quad \text{(公式 5-5)}$$

在此基础上计算检验统计量 t 值及其自由度：

$$t = \frac{\bar{X}_1 - \bar{X}_2}{\sigma_{D_{\bar{X}}}} = (\bar{X}_1 - \bar{X}_2) \Big/ \sqrt{\frac{n_1 S_1^2 + n_2 S_2^2}{n_1 + n_2 - 2} \times \left(\frac{n_1 + n_2}{n_1 n_2}\right)} \quad \text{(公式 5-6)}$$

$$df = n_1 + n_2 - 2 \quad \text{(公式 5-7)}$$

很明显，在已知两个样本所在总体的方差相等的情况下，如果能够计算出两个样本数据的平均数和标准差，而且已知两个样本的容量，就可以使用公式 5-6 和公式 5-7，分别计算两个样本平均数差异显著性检验的统计量 t 值及其自由度。

【例 5-6】 从参加某区数学统考的高一学生中随机抽取男生 60 人，其平均成绩为 78 分，标准差为 6；随机抽取女生 56 人，其平均成绩为 75 分，标准差为 5。假设男女生两总体的方差一致，问男女生的数学成绩有无显著差异？

【解】 一般学生的课程考试成绩都具有正态性。再根据题意知道两个样本的方差具有一致性，但方差的具体值未知，所以采用 t 检验。

已知两个样本的信息：$n_1 = 60, \bar{X}_1 = 78, S_1 = 6; n_2 = 56, \bar{X}_2 = 75, S_2 = 5$

建立虚无假设 $H_0: \mu_1 = \mu_2$

建立研究假设 $H_1: \mu_1 \neq \mu_2$

将已知数据代入公式 5-6 和公式 5-7，得到：

$$t = (\bar{X}_1 - \bar{X}_2) \Big/ \sqrt{\frac{n_1 S_1^2 + n_2 S_2^2}{n_1 + n_2 - 2}\left(\frac{n_1 + n_2}{n_1 n_2}\right)}$$

$$= (78 - 75) \Big/ \sqrt{\frac{60 \times 6^2 + 56 \times 5^2}{60 + 56 - 2} \times \left(\frac{60 + 56}{60 \times 56}\right)} \approx 2.89$$

$df = n_1 + n_2 - 2 = 114$

当选择显著性水平 $\alpha = 0.05$ 时，$df = 114$ 时的 $t_{\frac{0.05}{2}} = 1.984$，$t \approx 2.89 > t_{\frac{0.05}{2}} = 1.984$，可以拒绝虚无假设，我们可以认为：男女生的数学成绩在 0.05 水平差异显著。其检验的

结论可记为:$t \approx 2.89, df = 114, p < 0.05$。

2. 若两总体方差不相等,即 $\sigma_1^2 \neq \sigma_2^2$

若两总体方差不相等,$D_{\bar{X}} = \bar{X}_1 - \bar{X}_2$ 的抽样分布不再是 t 分布,也不是正态分布。统计学上一般用1957年由柯克兰(Cochran)和柯克斯(Cox)提出的检验法来处理。

$$t' = \frac{\bar{X}_1 - \bar{X}_2}{\sqrt{\frac{S_1^2}{n_1 - 1} + \frac{S_2^2}{n_2 - 1}}} \qquad (公式5-8)$$

t' 的分布只是近似 t 分布,因而不能查 t 分布表得到临界值。t' 的临界值可用下式计算:

$$t'_\alpha = \frac{\sigma_{\bar{X}_1}^2 \cdot t_{1(\alpha)} + \sigma_{\bar{X}_2}^2 \cdot t_{2(\alpha)}}{\sigma_{\bar{X}_1}^2 + \sigma_{\bar{X}_2}^2} \qquad (公式5-9)$$

公式中,$\sigma_{\bar{X}_1}$ 和 $\sigma_{\bar{X}_2}$ 分别为两个样本平均数抽样分布的标准误;$t_{1(\alpha)}$ 为 t 值表中与 α 水平及样本1自由度 $df_1 = n_1 - 1$ 对应的临界值;$t_{2(\alpha)}$ 为 t 值表中与 α 水平及样本2自由度 $df_2 = n_2 - 1$ 对应的临界值。

完成上述 t' 和 t'_α 的计算后,将两者进行比较,若 $t' > t'_\alpha$,则可以认为两个样本平均数在 α 水平上差异显著;否则,差异不显著。

【例5-7】 某心理学家研究发现,小学三年级、四年级的学生的创造力水平有显著差异。有人随机抽取 30 名小学三年级学生,其创造力测验平均得分为 80 分,标准差为 10;随机抽取了 32 名小学四年级学生,其创造力测验平均得分为 72 分,标准差为 6。假设两总体方差不等,能否根据这一次抽样测量结果证实该心理学家的结论?

【解】 因为两总体方差不相等,本题中的平均数差异性检验需要使用柯克兰和柯克斯提出的方法。

已知:$n_1 = 30, \bar{X}_1 = 80, S_1 = 10; n_2 = 32, \bar{X}_2 = 72, S_2 = 6$

建立虚无假设 $H_0: \mu_1 = \mu_2$

建立研究假设 $H_1: \mu_1 \neq \mu_2$

应用公式5-8和公式5-9,计算可得:

$$t' = \frac{\bar{X}_1 - \bar{X}_2}{\sqrt{\frac{S_1^2}{n_1 - 1} + \frac{S_2^2}{n_2 - 1}}} = \frac{80 - 72}{\sqrt{\frac{10^2}{30 - 1} + \frac{6^2}{32 - 1}}} \approx 3.73$$

$$t'_{\frac{0.05}{2}} = \frac{\sigma_{\bar{X}_1}^2 \cdot t_{1\left(\frac{0.05}{2}\right)} + \sigma_{\bar{X}_2}^2 \cdot t_{2\left(\frac{0.05}{2}\right)}}{\sigma_{\bar{X}_1}^2 + \sigma_{\bar{X}_2}^2}$$

其中,$\sigma_{\bar{X}_1}^2 = \frac{S_1^2}{n_1 - 1} = \frac{10^2}{29} \approx 3.4483, \sigma_{\bar{X}_2}^2 = \frac{S_2^2}{n_2 - 1} = \frac{6^2}{31} \approx 1.1613$

查表得，$t_{1\left(\frac{0.05}{2}\right)} = 2.045 \quad df_1 = 29$

$\qquad t_{2\left(\frac{0.05}{2}\right)} = 2.042 \quad df_2 = 31$

$\qquad t'_{\left(\frac{0.05}{2}\right)} = \dfrac{3.4483 \times 2.045 + 1.1613 \times 2.042}{3.4483 + 1.1613} \approx 2.044$

因为 $t' \approx 3.73 > t'_{\left(\frac{0.05}{2}\right)}$，所以 $p < 0.05$

可见，两个年级学生的创造力水平有显著性差异，这一次测量结果验证了该心理学家的结论。

三、两总体为非正态分布

当两个总体为非正态分布时，样本平均数差异量的抽样分布不符合正态分布和 t 分布，但是在两个样本的容量都大于 30 时，分布趋近于正态分布，可以使用 Z 检验，记为 Z' 检验。

两总体方差已知时的检验公式是：

$$Z' = \dfrac{\overline{X}_1 - \overline{X}_2}{\sqrt{\sigma_1^2/n_1 + \sigma_2^2/n_2}} \qquad \text{（公式 5-10）}$$

两总体方差未知时，以样本方差代替总体方差，检验公式是：

$$Z' = \dfrac{\overline{X}_1 - \overline{X}_2}{\sqrt{S_1^2/n_1 + S_2^2/n_2}} \qquad \text{（公式 5-11）}$$

四、方差齐性检验

在上述讨论中，有一些关于两个总体方差相等或不相等的说明。但是，在有些情况下，只有两个样本的数据资料，并没有关于两个总体方差的任何资料，那么如何判定总体方差是否具有相等性呢？统计学所提供的方法叫作方差齐性检验，其中"齐"就是"相等""一致"之意。

方差齐性检验也是一种假设检验，它是指通过样本方差 S_1^2 和 S_2^2 的差异对其各自的总体方差 σ_1^2 和 σ_2^2 是否有差异进行推断。

设从一个方差为 σ_1^2 的正态总体中随机抽取一个容量为 n_1 的样本，计算其 S_1^2；再从一个方差为 σ_2^2 的正态总体中随机抽取一个容量为 n_2 的样本，计算其 S_2^2，令 $F = \dfrac{S_1^2}{S_2^2}$ 得到一个 F 值。不断地重复这一过程，可以得到无数个 F 值。统计学已经证明，$F = \dfrac{S_1^2}{S_2^2}$ 的抽样分布服从分子自由度为 $df_1 = n_1 - 1$、分母自由度为 $df_2 = n_2 - 1$ 的 F 分布。F 分布是一种偏态分布,随分子、分母自由度不同而呈一族分布,当 df_1 与 df_2 趋向于无穷大时,F 分布趋近于正态。

方差齐性检验中,建立虚无假设 $H_0 : \sigma_1^2 = \sigma_2^2$。如果 $F = \dfrac{S_1^2}{S_2^2}$ 值在 1 附近波动,则虚无假设成立,即方差齐性;如果这个比值过大或过小,则虚无假设被拒绝,即两个总体方差不齐性。

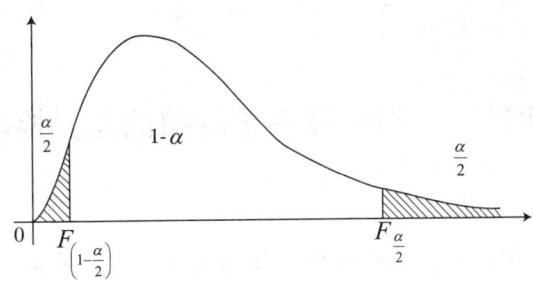

图 5-4 F 检验示意图

如图 5-4 所示,当 $\alpha = 0.05$ 时,如果 $F_{(1-\frac{\alpha}{2})} < F < F_{\frac{\alpha}{2}}$,则两总体方差的差异未达到 0.05 显著性水平,方差齐性;如果 $F < F_{(1-\frac{\alpha}{2})}$ 或 $F > F_{\frac{\alpha}{2}}$,两总体方差的差异达到了 0.05 显著性水平,方差不齐性。由于 F 分布为偏态分布,所以 $F_{\frac{\alpha}{2}}$ 与 $F_{(1-\frac{\alpha}{2})}$ 的值不是相反数,但是 $F_{\frac{\alpha}{2}}$ 与 $F_{(1-\frac{\alpha}{2})}$ 互为倒数,所以 F 分布表中只列出了不同自由度下的 $F_{\frac{\alpha}{2}}$ 值。在双侧检验需要 $F_{(1-\frac{\alpha}{2})}$ 值时,可由 $F_{\frac{\alpha}{2}}$ 求倒数得到。为了查表方便而不必去计算 $F_{\frac{\alpha}{2}}$ 的倒数,通常在 F 检验过程中计算 F 值时,将 S^2 值中较大的一个作为分子,较小的一个作为分母,即:

$$F = \dfrac{S_{\max}^2}{S_{\min}^2} \tag{公式 5-12}$$

【例 5-8】 请对例 5-6 和例 5-7 中的方差进行齐性检验。

【解】 (1) 对例 5-6 中的方差进行齐性检验。

根据题意已知:$n_1 = 60, S_1^2 = 6^2 = 36; n_2 = 56, S_2^2 = 5^2 = 25$

将数据代入公式 5-12 得到:$F = \dfrac{S_{\max}^2}{S_{\min}^2} = \dfrac{S_1^2}{S_2^2} = \dfrac{36}{25} = 1.44$

分子自由度 $df_1 = 60 - 1 = 59$,分母自由度 $df_2 = 56 - 1 = 55$

查附表 4 的 F 值表(双侧检验)得到:$F_{\frac{0.05}{2}} \approx 1.67$

因为 $F = 1.44 < 1.67$,所以 $p > 0.05$

可见,两个方差的差异未达到 0.05 显著性水平,接受方差齐性假设。

(2) 对例 5-7 中的方差进行齐性检验。

根据题意已知：$n_1 = 30, S_1^2 = 10^2; n_2 = 32, S_2^2 = 6^2$

将数据代入公式 5 - 12 得到：$F = \dfrac{S_{max}^2}{S_{min}^2} = \dfrac{S_1^2}{S_2^2} = \dfrac{100}{36} \approx 2.78$

分子自由度 $df_1 = 30 - 1 = 29$，分母自由度 $df_2 = 32 - 1 = 31$

查附表 4 的 F 值表（双侧检验）得到：$F_{\frac{0.05}{2}} \approx 2.07$

因为 $F \approx 2.78 > 2.07$，所以 $p < 0.05$

两个方差的差异达到了 0.05 显著性水平，方差不齐性。

第四节　相关样本平均数的差异检验

所谓相关样本，是指两个样本的数据之间存在一一对应关系。相关样本一般在两种情形下产生：一是采用配对组的实验设计；二是采用同一样本前后测设计。由于相关样本的一个样本中每一个数据都有另一样本中的一个数据与它唯一对应，所以两个样本容量相等。这种相关性必然带来两个样本间数据关系的一些变化，所以平均数的差异性检验也与独立组样本间的检验有所不同。

一、两个总体均为正态分布且方差均已知

两个总体均为正态分布且方差已知时，两个样本平均数之差 $D_{\bar{X}}$ 的抽样分布符合正态分布，可以采用 Z 检验来完成样本平均数的差异显著性检验。

若变量 X 与 Y 的相关系数 r 已知，则 $\sigma_{X-Y}^2 = \sigma_X^2 - 2r\sigma_X\sigma_Y + \sigma_Y^2$。同样可以得到：$\sigma_{D_{\bar{X}}}^2 = \sigma_{\bar{X}_1}^2 - 2r\sigma_{\bar{X}_1}\sigma_{\bar{X}_2} + \sigma_{\bar{X}_2}^2$，即：

$$\sigma_{D_{\bar{X}}} = \sqrt{\dfrac{\sigma_1^2}{n} - 2r\dfrac{\sigma_1}{\sqrt{n}}\dfrac{\sigma_2}{\sqrt{n}} + \dfrac{\sigma_2^2}{n}} \qquad \text{（公式 5 - 13）}$$

不难看出，当 $r = 0$ 时上式就是公式 5 - 2，所以独立样本实际上就是相关样本的特例。相关样本的 Z 检验公式仍然是 $Z = \dfrac{\bar{X}_1 - \bar{X}_2}{\sigma_{D_{\bar{X}}}}$。

【例 5 - 9】　某心理学家随机抽取了一小学 36 名刚入学的儿童进行韦氏智力测验（$\sigma = 15$），结果平均智商为 110。一年后又对同组被试进行了重测，结果平均智商为 115。已知两次智力测验结果的相关系数为 $r = 0.70$。能否认为经过一年的教育及年龄增长，儿童的智商有了显著的提高？

【解】 该研究为前后测研究,使用的是同一批被试,所以两组数据是相关样本。

已知:$n = 36, \sigma = 15, \overline{X}_1 = 110, \overline{X}_2 = 115$

建立虚无假设 $H_0: \mu_1 = \mu_2$

建立研究假设 $H_1: \mu_1 < \mu_2$

将已知条件代入公式 5 - 13 得到:

$$\sigma_{D_{\overline{X}}} = \sqrt{\frac{\sigma_1^2}{n} - 2r \cdot \frac{\sigma_1}{\sqrt{n}} \cdot \frac{\sigma_2}{\sqrt{n}} + \frac{\sigma_2^2}{n}} = \frac{\sigma}{\sqrt{n}} \cdot \sqrt{2 - 2r} = \frac{15}{\sqrt{36}} \times \sqrt{2 - 2 \times 0.7} \approx 1.936$$

所以 Z 检验的统计量:$Z = \dfrac{\overline{X}_1 - \overline{X}_2}{\sigma_{D_{\overline{X}}}} = \dfrac{110 - 115}{1.936} \approx -2.583$

令 $\alpha = 0.01$,查附表 2 标准正态分布表,在单侧检验时:$Z_{0.01} \approx 2.33$

因为 $|Z| \approx 2.583 > 2.33$,所以 $p < 0.01$

可见,前后两次测量结果有显著性差异,可以认为经过一年的小学教育及随着年龄的增长,这些儿童的智商有了显著提高。

二、两总体均为正态分布且方差未知

两总体均为正态分布且方差未知时,$D_{\overline{X}}$ 的抽样分布为 t 分布,可以用 t 检验。因为相关样本的数据是成对的,可以先计算对应数据的差异量 d_i,这样就把对 $(\overline{X}_1 - \overline{X}_2)$ 的显著性检验转化为对 $\overline{d}$ 的显著性检验。因此,这种情况下的检验不需要事先做方差齐性检验。

用 d_i 表示每一对对应数据之差,即 $d_i = X_{1i} - X_{2i}$,其中 X_{1i} 和 X_{2i} 分别表示取自样本 1 和样本 2 的第 i 对数据,显然 d 值的平均值为:

$$\overline{d} = \frac{\sum d_i}{n} = \frac{\sum (X_{1i} - X_{2i})}{n} = \overline{X}_1 - \overline{X}_2 \qquad (公式 5 - 14)$$

作为 d 值总体方差无偏估计的 d 值,样本方差为:

$$S_d^2 = \frac{\sum (d - \overline{d})^2}{n - 1} = \frac{\sum d^2 - \dfrac{(\sum d)^2}{n}}{n - 1}$$

因此,$\overline{d}$ 抽样分布的标准误为:

$$\sigma_{\overline{d}} = \sigma_{D_{\overline{X}}} = \sqrt{\frac{S_d^2}{n}} = \sqrt{\frac{\sum d^2 - \dfrac{(\sum d)^2}{n}}{n(n - 1)}}$$

于是，t 检验的统计量为：

$$t = \frac{\overline{X}_1 - \overline{X}_2}{\sigma_{D_{\overline{X}}}} = \frac{\overline{X}_1 - \overline{X}_2}{\sqrt{\dfrac{\sum d^2 - \dfrac{(\sum d)^2}{n}}{n(n-1)}}} = \frac{\overline{X}_1 - \overline{X}_2}{\dfrac{1}{n} \cdot \sqrt{\dfrac{n \cdot \sum d^2 - (\sum d)^2}{n-1}}}$$

（公式 5-15）

自由度为：

$$df = n - 1$$

（公式 5-16）

【例 5-10】 表 5-2 所列为 10 名初二学生期中和期末的数学考试成绩。请问，期中和期末的成绩有无显著差异？

表 5-2　10 名学生的数学考试成绩

被试	1	2	3	4	5	6	7	8	9	10
期中	70	90	70	75	65	98	80	70	75	84
期末	51	75	65	55	70	90	66	58	50	72
d_i	19	15	5	20	-5	8	14	12	25	12

【解】 根据题意，设 $\overline{X}_1$ 为期中平均成绩，$\overline{X}_2$ 为期末平均成绩。则：

$\overline{X}_1 = 77.7, \overline{X}_2 = 65.2, \sum d = 125, \sum d^2 = 2209, (\sum d)^2 = 15625$

将已知数据代入公式 5-15 可得：

$$t = \frac{\overline{X}_1 - \overline{X}_2}{\dfrac{1}{n} \cdot \sqrt{\dfrac{n \cdot \sum d^2 - (\sum d)^2}{n-1}}} = \frac{77.7 - 65.2}{\dfrac{1}{10} \times \sqrt{\dfrac{10 \times 2209 - 15625}{10 - 1}}} \approx 4.664$$

查 t 值表 $df = n - 1 = 9$ 时，$t_{\frac{0.05}{2}} = 2.262$

因为 $t \approx 4.664 > 2.262$，所以 $p < 0.05$

可见，学生的前后两次考试成绩在 0.05 显著性水平存在显著差异。

三、两总体为非正态分布

当两总体均为非正态分布时，样本平均数差异量的分布不符合正态分布和 t 分布，但在两个样本容量均大于 30 时，该抽样分布趋近于正态，所以可采用近似的 Z 检验，即 Z' 检验。

$$Z' = \frac{\overline{X}_1 - \overline{X}_2}{\sqrt{\dfrac{\sigma_1^2 + \sigma_2^2 - 2r\sigma_1\sigma_2}{n}}} \quad (\text{总体方差已知时}) \quad （公式 5-17）$$

$$Z' = \frac{\overline{X}_1 - \overline{X}_2}{\sqrt{\dfrac{S_1^2 + S_2^2 - 2rS_1S_2}{n}}} \quad （总体方差未知时） \quad （公式 5-18）$$

第五节 假设检验中的效应量

一、效应量的提出

在假设检验中,p 值是在统计意义上反映差异是否显著的一个重要标志。但是,它却是一个随机变量,会随样本容量的变化而发生变化。下面来看一个例子。

【例 5-11】 某心理学家从受过某项专门训练的儿童中随机抽取 25 人进行韦克斯勒儿童智力测验($\mu_0 = 100, \sigma_0 = 15$)。结果发现,这 25 名儿童的平均智商为 102。请问,能否认为这些接受了该项训练的儿童的智力高于其所在年龄组儿童的一般水平?

【解】 根据题意,该问题属于单样本平均数的显著性检验。因为总体为正态分布且方差已知,所以可以使用 Z 检验。又因为本问题是要检验样本平均数是否高于所在总体,所以可使用单侧检验。

(1) 建立虚无假设和研究假设。

$H_0: \mu_{\overline{X}} = \mu_0 \qquad H_1: \mu_{\overline{X}} > \mu_0$

(2) 计算检验统计量。

根据题意,$\overline{X}$ 的抽样分布为正态分布,其标准误:$\sigma_{\overline{X}} = \dfrac{\sigma_0}{\sqrt{n}} = \dfrac{15}{\sqrt{25}} = 3$

$$Z = \frac{\overline{X} - \mu_0}{\sigma_{\overline{X}}} = \frac{102 - 100}{3} \approx 0.67$$

令 $\alpha = 0.05$,查正态分布表,单侧检验的 $\alpha = 0.05$,临界点 $Z_{0.05} = 1.65$,所以本题中计算的检验统计量 $Z \approx 0.67 < Z_{0.05}$,于是 $p > 0.05$,不能拒绝虚无假设,因此不能认为受训儿童的智力水平更高一些。

思考本例中,样本容量 $n = 25$ 比较小,假设检验的结果 p 值大于 0.05,不能拒绝 H_0,也就是说,受过某项特殊训练的儿童智商与同龄一般儿童相比没有统计学意义上的显著差异。现在,将样本容量扩大到 196,其他条件不变,结果又会如何呢? 显然可以得到:

$$\sigma_{\overline{X}} = \frac{\sigma_0}{\sqrt{n}} = \frac{15}{\sqrt{196}} \approx 1.07$$

$$Z = \frac{\bar{X} - \mu_0}{\sigma_{\bar{X}}} = \frac{102 - 100}{1.07} \approx 1.87$$

令 $\alpha = 0.05$，查正态分布表，单侧检验的 $\alpha = 0.05$，临界点 $Z_{0.05} = 1.65$，所以计算的检验统计量 $Z \approx 1.87 > Z_{0.05}$，于是，$p < 0.05$，拒绝虚无假设，因此认为受训儿童的智力水平更高一些。

这样，统计结论就由原来的"不显著"变成了"显著"。可以想见，如果继续扩大样本容量而其他条件保持不变，我们得到的 p 值会越来越小，将会得出越来越大的显著差异效应。

为什么会出现这样的结果呢？因为假设检验实际上是在做一个相对的比较——用相对于偶然因素产生的差异（标准误）来比较处理效应的大小。在样本容量很大程度地增大时，标准误的值很大程度地降低，此时，即使处理效应很小，也可能大于标准误，其与标准误比较得到的值仍然有可能大于临界值，从而得出拒绝虚无假设的结论。因此，我们得到的统计意义上的"显著"效应并不一定是真正很大的效应。

统计学家提出"效应量"的概念来解决这个问题。所谓效应量，是独立于样本容量、表明变量间实际关联强度的测度值，它可以帮助定量研究者判断统计学意义上的显著性结果是否有实际效用或实际效用的强度。效应量太小，意味着处理即使达到了显著水平，也可能缺乏实用价值。效应量的一种常用测度方法是 Cohen d 系数。计算公式如下：

$$Cohen\ d\ \text{系数} = \frac{\text{均值差异}}{\text{标准差}} \qquad (公式 5-19)$$

这是单样本 Z 检验的效应量计算，如果是单样本 t 检验效应量的计算，则分母使用总体标准差的估计值 S_{n-1}。

这个公式将均值差异以标准差为单位进行了标准化，它排除了样本容量的影响，Cohen d 值越大，效应越大；反之，效应越小。例如，例 5-11 中，考虑两种样本容量下的假设检验，原始总体均值为 100，标准差为 15，对于每个检验，处理样本的均值为 $\bar{X} = 102$，尽管一个样本容量为 25，另一个样本容量为 196，由于 Cohen d 系数不受样本容量大小的影响，因此，两种情况下得到相同的 Cohen d 值。

$$Cohen\ d\ \text{系数} = \frac{\text{均值差异}}{\text{标准差}} = \frac{102 - 100}{15} \approx 0.13$$

它表示早期受过特殊训练后，儿童的智商比同龄的一般儿童只增加了 2 分，它等同于 0.13 个标准差的变化，表示处理效应较小。一般地，$0 < d < 0.2$ 表示小的效应量（均值差异小于 0.2 个标准差）；$0.2 < d < 0.8$ 表示中等程度的效应量（均值差异在 0.5 个标准差左右）；$d > 0.8$ 表示大的效应量（均值差异大于 0.8 个标准差）。

对于 Cohen d 系数有两种解释：一是实验组均值位于控制组的相对位置（百分等

级),二是两组分布不重叠的程度。根据 Cohen d 系数的评价标准,$d = 0.2$、$d = 0.5$ 和 $d = 0.8$ 分别对应于小、中、大的效应量,这三个效应量对应的实验组均值在控制组的百分等级分别为 57.93%、69.15% 和 78.81%。两组分布不重叠的比例分别为 14.7%、33.0% 和 47.4%。但是,Cohen 本人也曾指出,不可盲目使用这一标准,如果把它严格当成像显著性的 0.05 临界值那样,我们又愚蠢地使用了另一套测量标准——因为在某些专业领域,有时即使是非常小的效应量也是很重要的,所以建议对效应量大小的解释最好还是参照以往的研究成果或实际情况进行。

二、其他效应量

除了 Cohen d 系数,还有多种计算效应量的方法。这里介绍其中一种,即变异的解释 r^2。r^2 的意思是,在数据的总变异之中,有多少变异是由处理效应能够解释的。如果能够测量处理效应解释了多少变异,就能得到测量效应的大小。r 这个符号表示样本相关系数,当我们在第七章和第九章介绍相关分析和回归分析时,还会再次讨论 r^2 这个概念及其计算方法。

除了第七章和第九章用平方和之比来计算 r^2 外,在 t 检验中,可以利用所计算到的 t 值和相应的自由度来计算 r^2。

$$r^2 = \frac{t^2}{t^2 + df} \quad \text{(公式 5-20)}$$

一般地,$0.01 < r^2 < 0.09$ 表示小效应;$0.09 < r^2 < 0.25$ 表示中等效应;$r^2 > 0.25$ 表示大效应。

三、样本平均数差异显著性检验的效应量

(一) 独立样本 t 检验的效应量

1. Cohen d 系数

前述可知,Cohen d 系数可以被定义为:

$$d = \frac{均值差异}{标准差}$$

在一个独立样本 t 检验中,均值差异简单来说就是样本均值的差异($\bar{X}_1 - \bar{X}_2$),标准差(或者联合标准差)是通过将联合方差开方得到的。因此,

$$d = \frac{\bar{X}_1 - \bar{X}_2}{\sqrt{S_p^2}} \quad \text{(公式 5-21)}$$

对于例 5-6 中的数据,两个样本均值为 78 和 75,联合方差为 $\dfrac{60 \times 6^2 + 56 \times 5^2}{60 + 56 - 2}$,这些数据的 Cohen d 系数为:

$$d = \frac{\overline{X}_1 - \overline{X}_2}{\sqrt{S_p^2}} = \frac{78 - 75}{\sqrt{\dfrac{60 \times 6^2 + 56 \times 5^2}{60 + 56 - 2}}} \approx 0.54$$

根据 Cohen d 系数的评价标准,$d \approx 0.54$ 表示一个中等大小的处理效应。

2. r^2

我们也可以使用 r^2 来计算效应量,例 5-6 中的 $t \approx 2.89$,$df = 114$,计算公式就用公式 5-20:

$$r^2 = \frac{t^2}{t^2 + df} = \frac{2.89^2}{2.89^2 + 114} \approx 0.07$$

根据评价的标准,$r^2 \approx 0.07$ 表示一个较小的处理效应,但接近中等值 0.09。

综合以上两种效应量,本例中的处理效应为小到中等。

(二) 相关样本 t 检验的效应量

1. Cohen d 系数

在相关样本 t 检验中,均值差异就是样本均值差异($\overline{X}_1 - \overline{X}_2$),标准差就是样本均值差异的标准差 S_d。因此,Cohen d 系数的计算公式为:

$$d = \frac{\overline{X}_1 - \overline{X}_2}{S_d} \quad\quad (公式 5-22)$$

例 5-10 的计算结果:

$$d = \frac{\overline{X}_1 - \overline{X}_2}{S_d} = \frac{77.7 - 65.2}{\sqrt{\dfrac{2209}{9} - \left(\dfrac{125}{9}\right)^2}} \approx 1.72$$

$d > 0.8$,属于大效应。

2. r^2

使用 r^2 来计算效应量:

$$r^2 = \frac{t^2}{t^2 + df} = \frac{4.664^2}{4.664^2 + 9} \approx 0.71$$

$r^2 > 0.25$,属于大效应。

目前,效应量在心理学研究中日益受到重视,很多心理学期刊要求投稿人在论文中报告效应量,特别是当样本容量较大且得到统计学意义上差异显著的结果时。后面将要学习的方差分析等方法也有各自适合的效应量。

关键词

虚无假设、研究假设、方差齐性、小概率检验、方差齐性检验、效应量、单侧检验、双侧检验、一类错误、二类错误、参数检验、非参数检验

练习与思考

1. 在某空军招飞测试中,对报名者进行了红光刺激条件下的简单反应时间的测试,平均反应时间为 175 ms,标准差为 15。随后从中抽取了 25 人进行绿光刺激的简单反应时间的测试,结果得到平均值为 182 ms。那么能否认为总体上这些报名者在绿光刺激下会反应慢一些?

2. 心理学家对某大学少年班的 36 名学生进行了韦克斯勒智力测验($\mu = 100, \sigma = 15$),结果这些少年班大学生的平均智商为 122,标准差为 9。那么是否可以认为这些少年班大学生的智商高于一般人的平均水平?

3. 已知某项假设检验得到的伴随概率是 $p = 0.08$。这个数字代表的意思是什么?如果这时否定虚无假设,犯错误的概率或风险有多大?如果接受虚无假设,犯错误的概率或风险有多大?

4. 某 49 人班级的全体同学参加了全区数学竞赛,结果平均分为 76 分,标准差 S_{n-1} 为 15,请问,该班成绩与全区平均成绩 80 分相比有明显差距吗?

5. 为了研究摄入酒精对驾驶汽车动作的影响,研究者抽取 20 名成年司机,随机分成相等的两组。一组摄入一定量的酒精,一组未摄入酒精,然后要求他们在驾校的教练场驾驶汽车半个小时。结果每一位司机遇到障碍物时平均的刹车距离(m)如下。

摄入酒精组刹车距离:3.5 3.0 4.5 2.8 5.0 4.0 2.6 5.0 4.5 6.0

未摄入酒精组刹车距离:3.2 2.5 2.5 1.0 3.5 2.0 2.0 2.5 1.5 1.0

试问,酒精对司机的驾驶操作有明显影响吗?

6. 为研究启发式教学的效果,现从某校初二年级随机抽取两个平行班的学生,其中一个班 50 名学生作为实验组,另一个班 48 名学生作为对照组。由同一位教师进行物理同步教学,实验组采用启发式教学法,对照组采用传统讲授法。一个学期后进行统一测试,结果实验组平均分为 63 分,标准差 S_{n-1} 为 6;对照组平均分为 54 分,标准差 S_{n-1} 为 7。能否根据这一结果做出"启发式教学的效果显著优于传统讲授法"的结论?

7. 表 5-3 中的数据是 12 名技工学校学生进行某项劳动技能实地训练前后的技能测试成绩,请问,实地训练是否有效地提高了该项劳动技能的水平?试计算其效应量。

表 5-3　技工技能培训效果检验测量数据

学生编号	1	2	3	4	5	6	7	8	9	10	11	12
训练前	45	49	54	57	61	43	59	70	59	48	39	44
训练后	58	56	67	65	77	56	72	89	63	55	55	80

8. 请借助于 SPSS 系统,完成第 5 题和第 7 题中的统计检验。

课程资源

单样本平均数的差异检验(视频 5-1)

独立样本平均数的差异检验(视频 5-2)

相关样本平均数的差异检验(视频 5-3)

平均数差异检验中的效应量(视频 5-4)

第六章

方差分析

内容概览

在对两个数据样本的平均数进行差异显著性检验时，一般使用 t 检验。但在心理学及其他行为科学领域，研究变量的水平数常常超过两个，或在一项研究中包含两个甚至更多研究变量，这时就需要使用方差分析。方差分析就是将各有关因素的变化对观测变量的变异贡献分离出来并进行比较，从而研究其对观测变量的影响。方差分析的逻辑基础和条件主要包括：多变量影响下观测数据变异量的可加性、各数据样本的方差齐性等。方差分析的一般程序主要包括：各可能影响因素带来的观测数据变异量的计算与分解、各可能影响因素变化的自由度计算与分解、方差计算、拟检验效应的方差与残差项方差的比率 F 值计算、效应量的大小与显著性水平的估计、事后多重比较与简单效应检验、方差分析表的制作与结果说明。

心理学中，常常需要用到方差分析的研究设计，主要包括：单因素完全随机设计、单因素重复测量设计、多因素完全随机设计、多因素重复测量设计、混合设计、随机区组设计等。

离差平方和简称平方和(sum of square,常记为 SS),是数据样本变异量的良好测量指标。而平均的离差平方和叫均方(常记为 MS),也就是方差(variance,记为 S^2)。顾名思义,方差分析(analysis of variance)就是对观测数据样本变异量的分析,即将各有关因素的变化对观测变量的变异贡献分离出来并进行比较,从而研究观测变量所受到的影响。

第一节　方差分析的基本原理

心理学研究常常涉及多变量变化组合的观测条件,得到的数据样本之间或数据样本内部各数据存在差异性,而导致其出现差异的原因除了研究者有意改变的测量条件和被试特征差异外,还有各种难以控制的随机因素。通常,研究者想知道的是,有意控制的变量或被试特征差异是否导致了测量数据的明显改变,进而查明该变量与被试的心理或行为是否存在密切关系甚至是因果关系。方差分析的逻辑基础或假设前提就是数据变异量的可加性或可分离性。

一、变异量的可加性

【例6-1】　某研究者将来自同一班级的18名男大学生随机分成3组,每组6人。要求3组被试分别在 A_1、A_2、A_3 这3种不同激励气氛下,将一重物举至肩部以上高度并尽量坚持较长时间。记录每一被试举重坚持的时间,结果如表6-1所示。

表6-1　不同激励气氛下各组被试举重坚持的时间

单位:s

被试	A_1	A_2	A_3	(k = 3)
1	8	16	21	
2	12	11	16	
3	11	15	18	
4	7	10	19	
5	13	12	22	
6	9	14	18	
$\overline{X}_j$	10	13	19	$\overline{X}_t$ = 14

表6-1中共有18个测量结果,首先将其看作一个大的数据样本。按照观测的条

件,这里的数据又分为3组,即$k=3$,对应组别$j=1,2,\cdots,k$,代表数据来自不同的测量条件;每组有6个数据,即$n=6$,对应个案号$i=1,2,\cdots,n$,代表每组有6个被观测对象。直观分析,表6-1中所有数据的变异量可以分解为两部分:一部分反映各组数据之间的变异程度;另一部分反映各组内部数据间的变异程度。那么,数据样本的总变异量是否就等于这两部分变异量相加呢?我们用离差平方和的计算公式对数据样本的变异量进行计算和比较。为表达便利,本章所有实例中,个案总数用N表示,小组个案数用n表示,符号对应的下标用i表示,即$i=1,2,3,\cdots,n$;包含的第一个研究变量的水平数用k表示,它将观测数据区分为k组,符号对应的下标用j表示,即$j=1,2,3,\cdots,k$;包含的第二个研究变量的水平数用q表示,它将观测数据区分为q组,符号对应的下标用r表示,即$r=1,2,3,\cdots,q$。有更多研究变量时再临时规定。现在对示例6-1的数据进行分析。

数据总变异量等于全部数据组成样本的离差平方和,用SS_t表示,即:

$$SS_t = \sum_{j=1}^{k} \sum_{i=1}^{n} (X_{ij} - \overline{X}_t)^2 \qquad (公式6-1)$$

公式6-1说明,先计算每一个数据X_{ij}与总平均数$\overline{X}_t$的离差平方$(X_{ij}-\overline{X}_t)^2$,然后将某一组内数据与总平均数的离差平方求和$\sum_{i=1}^{n}(X_{ij}-\overline{X}_t)^2$,再将$j=1,2,3,\cdots,k$各组计算得到的离差平方和相加得到$\sum_{j=1}^{k}\sum_{i=1}^{n}(X_{ij}-\overline{X}_t)^2$。

现在,先对一组数据的离差平方和计算公式作进一步地变换,即:

$$\sum_{i=1}^{n}(X_{ij}-\overline{X}_t)^2 = \sum_{i=1}^{n}(X_{ij}-\overline{X}_t-\overline{X}_j+\overline{X}_j)^2 = \sum_{i=1}^{n}\left[(X_{ij}-\overline{X}_j)+(\overline{X}_j-\overline{X}_t)\right]^2$$

$$= \sum_{i=1}^{n}\left[(X_{ij}-\overline{X}_j)^2 + 2\times(X_{ij}-\overline{X}_j)(\overline{X}_j-\overline{X}_t) + (\overline{X}_j-\overline{X}_t)^2\right]$$

$$= \sum_{i=1}^{n}(X_{ij}-\overline{X}_j)^2 + 2\times(\overline{X}_j-\overline{X}_t)\sum_{i=1}^{n}(X_{ij}-\overline{X}_j) + \sum_{i=1}^{n}(\overline{X}_j-\overline{X}_t)^2$$

该公式中,$\sum_{i=1}^{n}(X_{ij}-\overline{X}_j)=0$(一组数据内部的离差之和等于0);对某一确定的数据样本来说,$(\overline{X}_j-\overline{X}_t)^2$是一个常数,所以$\sum_{i=1}^{n}(\overline{X}_j-\overline{X}_t)^2 = n(\overline{X}_j-\overline{X}_t)^2$,于是得到:

$$\sum_{i=1}^{n}(X_{ij}-\overline{X}_t)^2 = \sum_{i=1}^{n}(X_{ij}-\overline{X}_j)^2 + n(\overline{X}_j-\overline{X}_t)^2 \qquad (公式6-2)$$

公式6-2说明,某一组数据与总平均数的离差平方和等于组内数据的离差平方和$\sum_{i=1}^{n}(X_{ij}-\overline{X}_j)^2$与该组平均数和总平均数离差平方的$n$倍之和,$n(\overline{X}_j-\overline{X}_t)^2$反映了该组内$n$个数据平均来看都与总体平均数有一个离差$(\overline{X}_j-\overline{X}_t)$。

将各组计算得到的离差平方和相加即等于总的离差平方和,即:

$$SS_t = \sum_{j=1}^{k} \left[\sum_{i=1}^{n} (X_{ij} - \overline{X}_j)^2 + n(\overline{X}_j - \overline{X}_t)^2 \right]$$

$$= \sum_{j=1}^{k} \sum_{i=1}^{n} (X_{ij} - \overline{X}_j)^2 + n \sum_{j=1}^{k} (\overline{X}_j - \overline{X}_t)^2 \quad \text{（公式6-3）}$$

公式6-3说明，该公式计算的是全部数据的总离差平方和，反映全部数据的总变异量，它由两部分组成：一部分是 $\sum_{j=1}^{k} \sum_{i=1}^{n} (X_{ij} - \overline{X}_j)^2$，它是先计算每组内部数据的离差平方和，再由各组计算的结果相加得到，所以是总的组内变异量，可用 SS_w 表示；另一部分是 $n \sum_{j=1}^{k} (\overline{X}_j - \overline{X}_t)^2$，它是从平均来看某一组内每个数据与总体平均数的离差平方和，相当于用每组数据的平均值取代组内所有数据后再计算各组数据与总平均数的离差平方并相加，最后将各组计算的结果相加得到的变异量排除了组内变异，反映的是组间变异，可用 SS_b 表示，所以：

$$SS_t = SS_w + SS_b \quad \text{（公式6-4）}$$

公式6-4中，SS 代表离差平方和（简称平方和），下标 t 代表全部（total），下标 w 代表组内（within group），下标 b 代表组间（between groups），数据样本的总变异量 SS_t 等于组内变异量 SS_w 与组间变异量 SS_b 之和。此公式的推导过程直观反映了变异量的可加性，是方差分析的逻辑基础。

很显然，变异量是与数据个数或组数有关的，即与自由度的多少有关。要想比较组间变化因素和组内变化因素对测试结果的影响力大小，应该使用平均的变异量，即均方，也就是方差，它等于变异的平方和除以相应的自由度，因此要首先计算上述变异量对应的自由度。

总变异量对应的自由度：因数据样本中有 nk 个数据，所以总变异自由度 $df_t = nk - 1 = N - 1$

组内变异量对应的自由度：因每组内有 n 个数据，所以各组内变异自由度累积得 $df_w = k(n-1)$

组间变异量对应的自由度：因有 k 个组之间比较，所以组间变异自由度 $df_b = k - 1$

三个自由度之间也具有相加性：$df_t = df_w + df_b$

用变异量除以对应的自由度，可分别得到组间和组内变异的均方（或叫方差）：

$$MS_b = \frac{SS_b}{df_b}$$

$$MS_w = \frac{SS_w}{df_w}$$

使用 F 分布检验两个方差的差异显著性，这里：$F = \dfrac{MS_b}{MS_w}$ （公式6-5）

公式6-5中的 F 作为方差比率，反映了相对于组内变异来说，组间变异的大小。如

果 $F ≤ 1$,说明组间变异小于或接近随机误差项方差;如果 $F > 1$ 且 F 值落入了 $p < 0.05$ 的临界区,说明组间方差显著大于组内方差,不同观测条件下测量结果的差异显著,即研究者操控的研究变量的变化会导致观测变量的明显改变,二者存在显著的关联性或因果关系。

进一步分析会发现,本例中,观测变量的总变异等于组间变异加组内变异。如果组间变异越大,组内变异越小,F 值则越大,说明分组变量对观测变量的实际影响比较大。这种关系可以表达为:

$$\eta^2 = \frac{SS_b}{SS_b + SS_w} \qquad (公式 6-6)$$

公式 6-6 中,η^2 反映了研究变量发生影响的实际大小。在方差分析中,它是估计研究变量效应量的常用指标之一。前文已经论述过,效应量是衡量实验效应强度或者变量关联强度的指标(Snyder & Lawson, 1993)。效应量越大,表示该实验因素的实际影响越明显。与显著性检验相比,效应量并不像显著性水平那样有唯一的判断标准,而需要兼顾研究的理论背景、研究设计类型、操作过程的有效性等,以此综合权衡结果的实际意义。公式 6-6 中,效应量的计算是以均方值为基础的,所以它在一定程度上排除了样本容量大小的影响。效应量的分析与比较受到越来越多的研究者重视。

二、方差分析的适用条件

一般来说,观测的数据符合以下基本假设时,才能使用方差分析。

(一) 总体正态分布

与其他参数检验方法一样,方差分析也要求数据样本来自正态分布的总体。心理学研究中,大多数变量可被假定为其总体服从正态分布,所以一般不需要对总体的正态性进行检验。当有证据表明总体不服从正态分布时,可以使用相应的非参数检验,或者将数据进行某种变换,当变换后的数据接近正态性,即可使用方差分析。

(二) 变异的可加性

方差分析的逻辑基础是变异的可加性或可分解性,即可根据不同变异源将总变异分解为若干部分,这几个不同部分的变异来源意义必须明确,而且相互独立。在心理学研究中,这一条件基本都能满足。如例 6-1 中,总变异分解为组间变异和组内变异两部分,组间变异是不同的观测条件引起的,而组内变异是实验误差及被试个别差异引起的。由于被试分组是随机的,与实验条件的变化无系统关联性,实验误差与被试差异都具有随机性,组内变异与组间变异相互独立。

(三) 不同数据样本的方差齐性

在方差分析中用 MS_w 作为总体组内方差的估计值,而 MS_w 的计算相当于将各个实验条件下的数据样本方差合并在了一起,这样做的假设前提是各个处理组数据样本的方差不存在显著性差异,即在统计学意义上是相等的,也叫方差齐性。为什么要求方差齐性呢？我们已经指出,方差分析最重要的逻辑基础是变异可加性,而变异可加性要求组内变异与组间变异是相互独立的。如果各组数据的方差差异性较大,在将各组数据合并计算总的组内变异时,合并后的数据变异包含着与实验条件的关联性,即不同实验处理下所测数据之间的变异程度不同,由此造成组内变异与组间变异的关联性,就会破坏方差分析的逻辑基础。

因此,在心理学的实验设计中,要保证不同实验条件下数据样本的可比性,这样才能将实验得到的组间差异归因于研究者操纵的实验条件。当各组数据样本方差不齐性时,就等于说各数据样本的分布特点不同质,就不具有可比性。所以,进行方差分析时,要进行方差齐性检验(test of equality of variance),也叫作方差的同质性检验(test of homogeneity of variance)。如果各数据样本的方差不齐性,原则上就不能进行方差分析。

三、方差分析的基本程序

方差分析的一般程序是:变异量的计算、自由度的计算、方差齐性检验、F 比率及其显著性水平的确定、效应量的计算、给出方差分析表。我们以例 6-1 对应的表 6-1 中的数据来演示方差分析过程。

(一) 变异量计算

变异量即离差平方和,其通用公式是:$SS = \sum_{i=1}^{n}(X_i - \bar{X})^2$,经推导后可变换为:

$$SS = \sum_{i=1}^{n} X_i^2 - \frac{\left(\sum_{i=1}^{n} X_i\right)^2}{n} \qquad (公式6-7)$$

即一组数据的离差平方和等于该组数据的平方和减去数据总和平方除以数据个数。该公式既可用于表 6-1 中所有 18 个数据的总变异量的计算,也可用于每一组 6 个数据的组内变异量的计算。我们先利用 $\sum_{i=1}^{n} X_i^2$ 计算出各组数据的平方和及全部数据的平方和,使用 $\left(\sum_{i=1}^{n} X_i\right)^2$ 计算出各组 6 个数据和的平方及全部 18 个数据和的平方。

根据公式 6-7 即可分别计算出 3 个数据组的变异量 28、28、24,以及所有数据的总变异量 332,再将 3 个数据组内变异量相加得到总的组内变异量 80,如表 6-2 所示。根据变异量的可加性得到组间变异量为:$SS_b = SS_t - SS_w = 332 - 80 = 252$。

表 6-2　不同激励气氛下被试举重坚持的时间

单位：s

被试	A_1	A_2	A_3	($k=3$)
1	8	16	21	
2	12	11	16	
3	11	15	18	
4	7	10	19	
5	13	12	22	
6	9	14	18	
$\bar{X}_j$	10	13	19	$\bar{X}_t = 14$
$\sum_{i=1}^{n} X_i^2$	628	1042	2190	3860
$(\sum_{i=1}^{n} X_i)^2$	3600	6084	12996	63504
SS	28	28	24	$SS_t = 332$
		$SS_w = 80$		

（二）自由度计算

总变异自由度：$df_t = nk - 1 = 6 \times 3 - 1 = 17$

每组内变异自由度：$n - 1 = 6 - 1 = 5$

总的组内变异自由度：$df_w = k(n - 1) = 3 \times 5 = 15$

组间变异自由度：$df_b = k - 1 = 3 - 1 = 2$

（三）方差齐性检验

方差分析中的方差齐性检验常用哈特莱（Hartley）方法：首先计算各组数据的组内方差，然后用其中最大的方差 S_{max}^2 除以最小的方差 S_{min}^2，得到各组间最大的方差比率：

$$F_{max} = \frac{MS_{max}}{MS_{min}} = \frac{S_{max}^2}{S_{min}^2} \quad \text{（公式 6-8）}$$

需要注意的是，利用 F 检验来比较两个样本方差的差异时，需要用双侧检验（张厚粲，1998）。

如表 6-2 显示，实验条件 A_1、A_2、A_3 分别对应的数据组的变异量为 28、28、24，组内自由度均为 5，于是 3 组数据的均方即方差分别为：5.6、5.6、4.8，其中最大方差为 5.6、最小方差为 4.8，代入公式 6-8 得到 $F_{max} \approx 1.167$。该 F 比率对应的分子、分母自由度均为 5，数据组 $k = 3$。

根据组数和各组内自由度，查附表 6 的 "F_{max} 的临界值（哈特莱方差齐性检验）"，得到临界值 $F_{max(0.05)} = 10.8$。当 $F_{max} < F_{max(0.05)}$ 时，可认为各实验处理的数据方差没有显著差异，方差齐性成立。本例中 $F_{max} \approx 1.167 < F_{max(0.05)}$，所以方差齐性成立。

(四) F 比率及其显著性水平的确定

在方差分析过程中,研究者关心的是组间方差是否足够大。由于组内方差被看作是误差项方差,如果此时组间方差小于或等于组内方差,说明实验处理未能导致观测变量的显著变化,方差检验就无须再进行下去;如果组间方差大于误差项方差,则需要进一步看方差比率 F 是否落入 $p<0.05$ 或 $p<0.01$ 的临界区,所以在计算 F 比率时总是将组间方差放在分子位置上,进行 F 值的单侧检验。

根据已经计算出的组间变异量和组内变异量、组间变异自由度和组内变异自由度,得到组间方差和组内方差,进而得到组间方差与组内方差的比率 F 值。

$$F = \frac{MS_b}{MS_w} = \frac{SS_b/df_b}{SS_w/df_w} = \frac{252/2}{80/15} = 23.625$$

本例中,F 比率的分子自由度为组间自由度 2,分母自由度为组内自由度 15,查附表 5 的"F 值表(单侧检验)"得到:$F_{0.05(2,15)} = 3.68$ 和 $F_{0.01(2,15)} = 6.36$。计算得到的 F 值大于临界值 $F_{0.01(2,15)}$,所以组间差异非常显著,显著性水平达到 $p<0.01$,说明 3 种实验条件下测量得到的数据存在很显著的差异。

(五) 效应量计算

使用公式 6-6 计算自变量的效应量:$\eta^2 = \dfrac{SS_b}{SS_b + SS_w} = \dfrac{252}{332} \approx 0.759$

得到 $\eta^2 \approx 0.759$,说明由不同激励气氛造成的变异能够解释包括组内变异在内的总变异的 75.9%,不同激励气氛对选手举重坚持时间的影响比较明显。

(六) 给出方差分析表

一般在实验报告的结果部分,并不需要写出统计检验的计算过程,而是只需要列出一个简明的方差分析表并使用简明文字配合说明。本例的方差分析结果如表 6-3 所示。

表 6-3　不同激励气氛下被试举重坚持时间比较的方差分析表

变异源	平方和	自由度	均方	F	p	η^2
组间	252.00	2	126.00	23.625	<0.01	0.759
组内	80.00	15	5.33			
合计	332.00	17				

第二节　单因素完全随机设计的方差分析

方差分析的关键是变异量和自由度的计算与分解。需要注意,研究设计不同,得到的数据结构就会不同,变异量与自由度的分解方式也不同。例 6-1 是研究一个变量的影响，研究变量的三个水平构成了三种实验条件，所选被试随机分成三组，每组被试只在一种条件下接受测试，这种研究设计就叫作完全随机设计（complete randomized design）。因为研究单一变量影响，所以叫单因素完全随机设计（single-factor complete randomized design）。这种设计是将被试随机分组形成可比的相等组，控制其他变量，让每组被试都只在研究变量的一个水平上接受测试，于是获得不同条件下的数据组，数据组之间不存在相互关联性，所以该研究设计也叫单因素独立组实验设计。如果数据存在显著的组间差异，说明研究变量的不同水平会带来测试结果的显著变化，由此验证研究变量与被测试变量之间存在因果关系或相关关系。这里需要强调以下两点。

一是完全随机研究设计要求各被试组具有相等性，这不是绝对意义上的"相等性"，而是相对意义上、统计学意义上的，即要求方差齐性。

二是完全随机设计也可用于研究不同人群总体是否存在差异性的问题，如研究男女生是否存在智力差异、初一至高三的六个年级间的学生是否存在认知策略水平的差异等。在这类研究中，可建立虚无假设：智力不存在性别差异、认知策略不存在年级差异等。然后对于智力测验来说，男生样本与女生样本就可被看成来自同一总体的两个样本；对于认知策略发展水平来说，初一到高三的六个样本也可被看成是来自同一总体的六个样本。在虚无假设下进行方差分析，如果组间差异达到显著性水平，就可拒绝虚无假设，接受研究假设，验证其中存在的性别差异、年级差异等。

一、单因素完全随机设计方差分析的过程

前一节就例 6-1 进行的方差分析已经完整地展示了单因素完全随机设计的方差分析程序，但该例只是单因素完全随机设计方差分析适用条件中的一种，其给出了各组测试的原始数据且各组数据个数相等。研究中还会遇到两种情况：一种情况是给出了各组原始数据但各组数据个数不等；另一种情况是只给出了各组数据的统计量（平均数、个案数、标准差或方差等）而未给出原始数据。本节在总结单因素随机设计方差分析的一般过程之后，将给出另两种情况的方差分析示例。

单因素完全随机设计的一般数据模式是：研究变量取 k 个水平，抽取 k 组被试样本，每组样本在研究变量的一个水平上接受测试，即可得到 k 个独立的数据样本，每个数据样本中的数据个数分别记为 $n_1, n_2, \cdots, n_k$，则数据总个数 $N = n_1 + n_2 + \cdots + n_k$。这时，方差分析的过程如下所示。

步骤 1：提出虚无假设 H_0 和研究假设 H_1。

虚无假设 H_0：研究变量对观测变量未产生影响，其不同水平下观测的数据无差异，故可看作来自同一数据总体的随机样本。

研究假设 H_1：研究变量对观测变量有显著影响，其不同水平下观测的数据存在组间差异。

方差分析的后续程序就是在虚无假设成立的前提下进行的,即当数据出现一定的组间差异时,推算该差异由抽样误差或其他随机误差造成的概率是多少,即伴随概率。

步骤2:计算和分解变异量。

总变异量:$SS_t = \sum_{j=1}^{k} \sum_{i=1}^{n_j} X_{ij}^2 - (\sum_{j=1}^{k} \sum_{i=1}^{n_j} X_{ij})^2 / N$ （公式6-9）

式中,$\sum_{j=1}^{k} \sum_{i=1}^{n_j} X_{ij}^2$ 是全部数据的平方和,$(\sum_{j=1}^{k} \sum_{i=1}^{n_j} X_{ij})^2$ 是全部数据和的平方,$N = n_1 + n_2 + \cdots + n_k$ 为全部数据个数或全部被试数。

组间变异量:$SS_b = \sum_{j=1}^{k} (\sum_{i=1}^{n_j} X_{ij})^2 / n_j - (\sum_{j=1}^{k} \sum_{i=1}^{n_j} X_{ij})^2 / N$ （公式6-10）

式中,$(\sum_{i=1}^{n_j} X_{ij})^2$ 为第 j 组数据和的平方,n_j 为第 j 组数据的个数或被试数。

组内变异量:$SS_w = SS_t - SS_b$ （公式6-11）

组内变异量 SS_w 也即残差项变异量。

步骤3:计算和分解自由度。

总变异的自由度:$df_t = N - 1 = (n_1 + n_2 + \cdots + n_k) - 1$,即所有数据个数减1

（公式6-12）

组间变异自由度:$df_b = k - 1$,即数据组数或被试组数减1 （公式6-13）

组内变异自由度:$df_w = df_t - df_b = N - k$,即所有数据个数减组数 （公式6-14）

步骤4:计算均方或方差。

组间均方或方差:$MS_b = S_b^2 = SS_b / df_b$ （公式6-15）

组内均方或方差:$MS_w = S_w^2 = SS_w / df_w$ （公式6-16）

步骤5:计算 F 比率和确定其显著性水平。

$$F = MS_b / MS_w = S_b^2 / S_w^2$$ （公式6-17）

查 F 值表（单侧检验）得到 $F_{0.05(df_b, df_w)}$、$F_{0.01(df_b, df_w)}$ 值,分别为 $p < 0.05$ 和 $p < 0.01$ 显著性水平的 F 临界值。如果 $F < F_{0.05(df_b, df_w)}$,则 $p > 0.05$,组间差异未达到0.05的显著性水平;如果 $F_{0.05(df_b, df_w)} < F < F_{0.01(df_b, df_w)}$,则 $0.01 < p < 0.05$,组间差异达到了0.05显著性水平但未达到0.01显著性水平;如果 $F > F_{0.01(df_b, df_w)}$,则 $p < 0.01$,组间差异达到了0.01显著性水平。心理学研究中一般在0.05显著性水平上决定拒绝或接受虚无假设。

步骤6:计算效应量。

步骤7:给出方差分析表。

将以上计算过程总结为方差分析表的形式,如表6-4所示。在撰写研究报告时,无须将计算过程一一写出,只将方差分析过程中的主要计算结果总结成方差分析表的形式放入研究报告即可。

表 6-4　单因素完全随机设计的方差分析表

变异源	平方和	自由度	均方	F	p	η^2
组间	SS_b	$k-1$	MS_b	MS_b/MS_w		
组内	SS_w	$N-k$	MS_w			
合计	SS_t	$N-1$				

二、各组数据个数不等时的方差分析过程

【例 6-2】　某教师为了研究中学生认知策略的发展变化,分别从本校初一、初三、高二年级随机抽取了 10 名学生参加认知策略水平测试,因特殊原因,少数学生未参加测试。结果如表 6-5 所示。

表 6-5　各组数据个数不等时方差分析示例数据表

被试编号	初一	初三	高二	$\sum_{j=1}^{k}$
1	35	45	80	
2	50	60	65	
3	30	65	70	
4	52	50	69	
5	45	40	75	
6	40	52	81	
7	39	48	72	
8	48		70	
9	45		62	
10	40			
$\sum_{i=1}^{n_j} X_{ij}$	424	360	644	$\sum_{j=1}^{k}\sum_{i=1}^{n_j} X_{ij} = 1428$
$\sum_{i=1}^{n_j} X_{ij}^2$	18404	18958	46400	$\sum_{j=1}^{k}\sum_{i=1}^{n_j} X_{ij}^2 = 83762$

【解】　为方便,先计算各组数据之和 $\sum_{i=1}^{n_j} X_{ij}$,所有数据之和 $\sum_{j=1}^{k}\sum_{i=1}^{n_j} X_{ij}$；各组数据平方和 $\sum_{i=1}^{n_j} X_{ij}^2$,所有数据平方和 $\sum_{j=1}^{k}\sum_{i=1}^{n_j} X_{ij}^2$,并将这些结果列入表 6-5。该例方差分析过程如下。

步骤 1：计算和分解变异量。

$$SS_t = \sum_{j=1}^{k}\sum_{i=1}^{n_j} X_{ij}^2 - \frac{\left(\sum_{j=1}^{k}\sum_{i=1}^{n_j} X_{ij}\right)^2}{N} = 83762 - \frac{1428^2}{26} \approx 5331.846$$

$$SS_b = \sum_{j=1}^{k}\frac{\left(\sum_{i=1}^{n_j} X_{ij}\right)^2}{n_j} - \frac{\left(\sum_{j=1}^{k}\sum_{i=1}^{n_j} X_{ij}\right)^2}{N} = \left(\frac{424^2}{10} + \frac{360^2}{7} + \frac{644^2}{9}\right) - \frac{1428^2}{26}$$
$$\approx 4143.510$$

$SS_w = SS_t - SS_b \approx 5331.846 - 4143.510 = 1188.336$

步骤 2：计算和分解自由度。

组间变异的自由度：$df_b = k - 1 = 2$

组内变异的自由度：$df_w = df_t - df_b = N - k = 23$

步骤 3：计算均方或方差。

组间均方或方差：$MS_b = S_b^2 = \frac{SS_b}{df_b} \approx \frac{4143.510}{2} = 2071.755$

组内均方或方差：$MS_w = S_w^2 = \frac{SS_w}{df_w} \approx \frac{1188.336}{23} \approx 51.667$

步骤 4：计算 F 比率和确定其显著性水平。

F 比率：$F = \frac{MS_b}{MS_w} = \frac{S_b^2}{S_w^2} \approx \frac{2071.755}{51.667} \approx 40.098$

查 F 表（单侧检验）确定临界值：$F_{0.05(df_b,df_w)} = F_{0.05(2,23)} = 3.42$，$F_{0.01(df_b,df_w)} = F_{0.01(2,23)} = 5.66$

$F_{(2,23)} \approx 40.098 > F_{0.01(2,23)}$，则 $p < 0.01$，组间差异达到了 0.01 显著性水平。

步骤 5：计算效应量。

效应量：$\eta^2 = \frac{SS_b}{SS_b + SS_w} \approx \frac{4143.510}{5331.846} \approx 0.777$

结果显示，由认知策略造成的变异解释了包括组内变异在内的变异量的 77.7%。

步骤 6：给出方差分析表。

将以上计算过程总结为方差分析表，如表 6-6 所示。

表 6-6 示例 6-2 数据的方差分析表

变异源	平方和	自由度	均方	F	p	η^2
组间	4143.510	2	2071.755	40.098	< 0.01	0.777
组内	1188.336	23	51.667			
合计	5331.846	25				

由表 6-6 所示的方差分析结果显示,本例的中学生在认知策略发展水平测试分数上存在显著的年级差异。

【例 6-3】 将 14 名智力水平相近的被试随机分配在 3 种不同的倒计时提醒情境(主考提醒、挂钟提醒、自我提醒)下参加某一智力竞赛。表 6-7 为 3 种倒计时提醒情境下,被试回答正确的竞赛题目数,经检验方差齐性。试分析倒计时提醒情境是否会影响考试成绩。

表 6-7 3 种倒计时提醒情境下被试智力竞赛的结果

被试编号	主考	挂钟	自考	$\sum_{j=1}^{k}$
1	7	10	6	
2	7	9	8	
3	5	8	7	
4	10	8	8	
5		10	9	
$\sum_{i=1}^{n_j} X_{ij}$	29	45	38	$\sum_{j=1}^{k}\sum_{i=1}^{n_j} X_{ij} = 112$
$\sum_{i=1}^{n_j} X_{ij}^2$	223	409	294	$\sum_{j=1}^{k}\sum_{i=1}^{n_j} X_{ij}^2 = 926$

【解】

步骤 1:计算和分解变异量。

$$SS_t = 926 - \frac{112^2}{14} = 30$$

$$SS_b = \left(\frac{29^2}{4} + \frac{45^2}{5} + \frac{38^2}{5}\right) - \frac{112^2}{14} = 8.05$$

$$SS_w = SS_t - SS_b = 30 - 8.05 = 21.95$$

步骤 2:计算和分解自由度。

组间变异的自由度:$df_b = k - 1 = 2$。

组内变异的自由度:$df_w = df_t - df_b = N - k = 11$。

步骤 3:计算均方或方差。

组间均方或方差:$MS_b = \frac{SS_b}{df_b} = \frac{8.05}{2} = 4.025$;

组内均方或方差:$MS_w = \frac{SS_w}{df_w} = \frac{21.95}{11} \approx 1.995$。

步骤 4:计算 F 比率和确定其显著性水平。

计算方差比率：$F = \dfrac{MS_b}{MS_w} = \dfrac{4.025}{1.995} \approx 2.017$。

查 F 表（单侧检验）确定临界值：$F_{0.05(2,11)} = 3.98 > 2.017$，则 $p > 0.05$，组间差异未达到显著性水平。说明该实验的自变量没有对因变量产生显著影响。不管是用哪种方式提醒考生时间，对考生的成绩无影响。

步骤 5：计算效应量。

$$\eta^2 = \dfrac{SS_b}{SS_b + SS_w} = \dfrac{8.05}{30} \approx 0.268$$

结果显示，提示情境带来的数据变异解释了包括组内变异在内的变异量的 26.8%。

步骤 6：给出方差分析表。

将以上计算过程总结为方差分析表，如表 6-8 所示。

表 6-8 示例 6-3 数据的方差分析表

变异源	平方和	自由度	均方	F	p	η^2
组间	8.05	2	4.025	2.017	>0.05	0.268
组内	21.95	11	1.995			
合计	30	13				

表 6-8 的方差分析结果显示，倒计时提醒情境对智力测试结果的影响未达到显著性水平。

三、只给出各组统计量时的方差分析过程

【例 6-4】 有三组学生分别参加了红光、绿光、黄光刺激信号下简单反应时间的测试，三组学生人数分别为 10、15、13。测试结果如表 6-9 所示。试分析灯光刺激颜色是否影响反应速度。

表 6-9 各组人数不等时测试的反应时间

单位：ms

统计量	红光	绿光	黄光
平均数	182	216	205
标准差	15	22	19
人数	10	15	13

【解】 这种无原始数据的情况下，方差分析中的计算量实际上大为减少。关键是要准确地理解变异量与标准差或方差的关系：变异量除以自由度等于方差，方差的平方根即为标准差。下边是此类资料的方差分析过程。

步骤 1:计算和分解自由度。

总变异自由度:$df_t = N - 1 = (n_1 + n_2 + \cdots + n_k) - 1 = 10 + 15 + 13 - 1 = 37$

组间变异自由度:$df_b = k - 1 = 2$

组内变异自由度:$df_w = df_t - df_b = N - k = 35$

步骤 2:计算和分解变异量。

先根据各组数据个数和平均数计算全部数据的平均数和总和。

数据总和:$\sum \sum X = \sum_{j=1}^{k} (n_j \cdot \overline{X}_j)$

本例中,$\sum \sum X = 10 \times 182 + 15 \times 216 + 13 \times 205 = 7725$

总体平均数:$\overline{X}_t = \dfrac{\sum \sum X}{N} = \dfrac{\sum \sum X}{\sum_{j=1}^{k} n_j}$。本例中,$\overline{X}_t = \dfrac{7725}{10 + 15 + 13} \approx 203.3$

现在可以计算组间变异量和组内变异量:$SS_b = \sum_{j=1}^{k} (n_j \cdot \overline{X}_j^2) - \dfrac{(\sum \sum X)^2}{N}$。本例中:

组间变异量:$SS_b = (10 \times 182^2 + 15 \times 216^2 + 13 \times 205^2) - \dfrac{7725^2}{38} \approx 6993.816$

组内变异量:$SS_w = \sum_{j=1}^{k} (df_j \times S_j^2) = \sum_{j=1}^{k} [(n_j - 1) S_j^2] = 9 \times 15^2 + 14 \times 22^2 + 12 \times 19^2 = 13133$

总的变异量:$SS_t = SS_b + SS_w \approx 6993.816 + 13133 = 20126.816$

步骤 3:计算均方或方差。

组间均方或方差:$MS_b = S_b^2 = \dfrac{SS_b}{df_b} \approx \dfrac{6993.816}{2} = 3496.908$

组内均方或方差:$MS_w = S_w^2 = \dfrac{SS_w}{df_w} = \dfrac{13133}{35} \approx 375.229$

步骤 4:计算 F 比率和确定其显著性水平。

F 比率:$F = \dfrac{MS_b}{MS_w} = \dfrac{S_b^2}{S_w^2} \approx \dfrac{3496.908}{375.229} \approx 9.319$

查 F 表(单侧检验)确定临界值:$F_{0.05(2,35)} = 3.27, F_{0.01(2,35)} = 5.27$

$F_{(2,35)} \approx 9.319 > F_{0.01(2,35)}$,则 $p < 0.01$,组间差异达到了 0.01 显著性水平。

步骤 5:计算效应量。

$$\eta^2 = \dfrac{SS_b}{SS_b + SS_w} \approx \dfrac{6993.816}{20126.816} \approx 0.347$$

结果显示,灯光颜色变化带来的数据变异能够解释包括组内变异在内的变异量的 34.7%。

步骤6:给出方差分析表。

将以上计算过程总结为方差分析表,如表6-10所示。

表6-10 示例6-4数据的方差分析表

变异源	平方和	自由度	均方	F	p	η^2
组间	6993.816	2	3496.908	9.319	<0.01	0.347
组内	13133.000	35	375.229			
合计	20126.816	37				

表6-10的结果显示,本例中不同颜色灯光刺激下,学生的反应时间存在显著性差异。

第三节 单因素随机区组设计的方差分析

单因素完全随机实验设计的目的在于以组间差异的显著性水平反映研究变量对观测变量的影响,其方差分析的基本方法就是计算观测数据的组间方差与组内方差比率F,F越大说明研究变量的影响越明显。显然,当组间变异确定的情况下,F值的大小就取决于组内变异量的大小,组内变异量越大,F就越小,越有可能达不到显著性水平,这样就有可能掩盖研究变量的影响效应。

分析组内变异量,可以发现还可对其分解:一部分是组内被试差异带来的数据变异量;另一部分是测量过程中的随机误差带来的变异量,而方差分析中F值的显著性水平是相对于随机误差来确定的,如果将被试之间的差异性带来的数据变异混淆在组内变异中,方差分析的敏感性就会降低。那么如何才能将被试间变异从组内变异中分离出来,仅以随机误差变异方差作为F比率计算的分母项呢?心理学研究中经常采用的随机区组实验设计、重复测量实验设计均可在一定程度上达到这一目的。本节首先介绍随机区组设计的数据模式和方差分析过程。

一、单因素随机区组设计的基本模式

随机区组实验设计的基本方法是:首先分析实验被试个体间的主要差异,以及哪些方面的差异可能会造成他们在实验中测量数据的不同;然后据此制定一定的标准将实验被试划分为不同的区组,使每个区组内被试的差异性尽可能降到最小,具有更高的同质性;最后将每个区组内的被试随机、均等地分配到各种实验处理中接受测量。

随机区组设计的基本模式是：有 k 个实验处理，实验被试被划分为 a 个区组，其中每个区组内的实验被试数必须是实验处理的整数倍（至少为 1 倍，即至少保证一个区组能向每一实验处理分配一个实验被试），以便将每个区组中的实验被试随机、均等地分配到各个实验处理中去。可以将其实验设计模式表示成表 6-11 的形式（以 $k=4$、$a=5$ 且每个区组有 8 个研究被试的情况为例）。在这种实验设计中，同一区组的被试次数均等地出现在各种实验处理中，换句话说，就是在同一个区组内被试差异得到了一定程度的控制。同时，不同区组的数据被区分开来，形成了以不同区组划分的数据组，按照前一节计算组间变异和自由度的同样方法可以计算区组间变异和自由度，从而将此部分变异从组内变异中分离出去，使 F 比率计算时的分母项降低，这时的分母项主要是反映从总变异中分离了组间变异、区组变异后残余的误差变异及方差大小，所以此部分变异量叫作残差（residual error），一般用 SS_e 表示，对应的均方或方差用 MS_e 和 S_e^2 表示。

表 6-11 单因素随机区组实验设计的一般模式

区组	实验处理			
	处理 1	处理 2	处理 3	处理 4
区组 1	S_{11} S_{11}	S_{12} S_{12}	S_{13} S_{13}	S_{14} S_{14}
区组 2	S_{21} S_{21}	S_{22} S_{22}	S_{23} S_{23}	S_{24} S_{24}
区组 3	S_{31} S_{31}	S_{32} S_{32}	S_{33} S_{33}	S_{34} S_{34}
区组 4	S_{41} S_{41}	S_{42} S_{42}	S_{43} S_{43}	S_{44} S_{44}
区组 5	S_{51} S_{51}	S_{52} S_{52}	S_{53} S_{53}	S_{54} S_{54}

"随机区组设计的原则是同一区组内的被试应尽量'同质'，……对于每一区组而言，它应该接受全部实验处理；对于每种实验处理而言，它在不同的区组中重复的次数应该相同。"（张厚粲，1988）这种设计是否能够达到控制个别差异给研究带来的影响，关键是区组划分标准的制定。区组划分变量的选择和测量往往存在难度，如果划分标准不好，不仅不能有效控制误差，反而会带入新误差。

二、单因素随机区组设计的方差分析过程

与单因素完全随机设计的方差分析过程相比，单因素随机区组实验设计方差分析只增加了区组变量带来的变异量和自由度的计算，以便将其从总变异量和自由度中减

去。在此只列出区组间变异量与自由度的计算方法。区组变异量、区组自由度和均方等用 a 作为下标表示,即分别为 SS_a、df_a、MS_a 或 S_a^2。

设区组数为 a,每一区组内有 q 个研究被试,某一区组内数据的平均值为 $\bar{X}_r$。参照前一节组间变异量计算方法可完成区组变异量和自由度的计算:

$$SS_a = \sum_{r=1}^{a} \frac{\left(\sum_{1}^{q} X\right)^2}{q} - \frac{\left(\sum \sum X\right)^2}{N} \quad \text{(公式6-18)}$$

式中,$\left(\sum_{1}^{q} X\right)^2$ 代表某一区组内数据和的平方,$\left(\sum \sum X\right)^2$ 代表全部数据和的平方,N 代表全部实验被试数或全部数据个数。

自由度 $df_a = a - 1$,即区组数减1。

于是残差项的变异量和自由度计算公式分别为:

$$SS_e = SS_t - SS_b - SS_a \quad \text{(公式6-19)}$$

$$df_e = df_t - df_b - df_a = N - k - a + 1 \quad \text{(公式6-20)}$$

$$\eta_{\text{partial}}^2 = \frac{SS_{\text{effect}}}{SS_{\text{effect}} + SS_{\text{error}}} \quad \text{(公式6-21)}$$

式中,η_{partial}^2 表示效应量,SS_{effect} 表示由自变量带来的变异量,SS_{error} 表示由误差带来的变异量。其中,η_{partial}^2 又称为偏 η^2,用以评估要研究的实验因子的方差在排除了其他实验因素后所占的比例,此时方差总和为要研究的因素的方差与误差方差的和(Cohen,1973)。

【例6-5】 某教师为研究4种不同写作训练方法中哪种方法更有效,选择36名高一学生,按照上一学期历次作文成绩的平均分数将学生划分为优良、中等、一般3个写作水平,每个水平均有12名学生,而12名学生被随机均分到各实验处理。经一学期的写作训练后进行写作能力测试,计算出每一学生得分比上一学期历次作文平均分提高的分数。结果如表6-12所示。

表6-12 使用不同教学方法的学生的成绩提高幅度

区 组	实 验 处 理				$\sum_{1}^{q} X$
	教学方法1	教学方法2	教学方法3	教学方法4	
区组1:优良	15	10	20	12	170
	9	6	18	15	
	12	11	25	17	
区组2:中等	10	15	25	20	212
	18	19	30	15	
	12	12	18	18	

续表

区组	实验处理				$\sum_1^q X$
	教学方法1	教学方法2	教学方法3	教学方法4	
区组3：一般	2 6 5	6 3 7	10 7 13	6 8 11	84
$\sum_{i=1}^n X$	89	89	166	122	$\sum\sum X = 466$
$\sum_{i=1}^n X^2$	1083	1081	3516	1828	$\sum\sum X^2 = 7508$

【解】 下边以例6-5的数据为例说明随机区组设计的方差分析过程。先计算各实验处理下测试分数和、各实验处理下测试分数的平方和、各区组被试测试分数和，以及全部测试分数总和、全部测试分数的平方和，列入表6-12。

步骤1：计算和分解变异量。

$$SS_t = 7508 - \frac{466^2}{36} \approx 1475.89$$

$$SS_b = \left(\frac{89^2}{9} + \frac{89^2}{9} + \frac{166^2}{9} + \frac{122^2}{9}\right) - \frac{466^2}{36} \approx 443.67$$

$$SS_a = \sum_{r=1}^a \frac{\left(\sum_1^q X\right)^2}{q} - \frac{\left(\sum\sum X\right)^2}{N} = \left(\frac{170^2}{12} + \frac{212^2}{12} + \frac{84^2}{12}\right) - \frac{466^2}{36} \approx 709.56$$

$$SS_e = SS_t - SS_b - SS_a = 1475.89 - 443.67 - 709.56 \approx 322.67$$

步骤2：计算和分解自由度。

总变异的自由度：$df_t = N - 1 = 36 - 1 = 35$

组间变异的自由度：$df_b = k - 1 = 4 - 1 = 3$

区组变异的自由度：$df_a = a - 1 = 3 - 1 = 2$

残差项的自由度：$df_e = df_t - df_b - df_a = 35 - 3 - 2 = 30$

步骤3：计算均方或方差。

组间均方或方差：$MS_b = S_b^2 = \frac{SS_b}{df_b} = \frac{443.67}{3} = 147.89$

区组均方或方差：$MS_a = S_a^2 = \frac{SS_a}{df_a} = \frac{709.56}{2} = 354.78$

残差项均方或方差：$MS_e = S_e^2 = \frac{SS_e}{df_e} = \frac{322.67}{30} \approx 10.76$

步骤4：计算 F 比率和确定其显著性水平。

F 比率：

$$F_b = \frac{MS_b}{MS_e} = \frac{S_b^2}{S_e^2} = \frac{147.89}{10.76} \approx 13.74$$

$$F_a = \frac{MS_a}{MS_e} = \frac{S_a^2}{S_e^2} = \frac{354.78}{10.76} \approx 32.97$$

查 F 表（单侧检验）确定临界值：$F_{0.05(3,30)} = 2.92$，$F_{0.01(3,30)} = 4.51$；$F_{0.05(2,30)} = 3.32$，$F_{0.01(2,30)} = 5.39$。$F_b = 13.74 > F_{0.01(3,30)}$，$F_a = 32.97 > F_{0.01(2,30)}$，均达到 $p < 0.01$，即 0.01 显著性水平。

步骤 5：计算效应量。

$$\eta^2_{\text{partial}} = \frac{SS_{\text{effect}}}{SS_{\text{effect}} + SS_{\text{error}}} = \frac{443.67}{443.67 + 322.67} \approx 0.579$$

结果显示，由不同写作方式造成的变异量超出随机误差项带来的变异。

步骤 6：给出方差分析表。

将以上计算过程总结为方差分析表，如表 6-13 所示。

表 6-13 示例 6-5 数据的方差分析表

变异源	平方和	自由度	均方	F	p	η^2
组间	443.67	3	147.89	13.74	< 0.01	0.579
区组	709.56	2	354.78	32.97	< 0.01	
残差	322.67	30	10.76			
合计	1475.89	35				

表 6-13 的方差分析结果显示，不同的写作训练方法引起了写作成绩提高幅度的差异性，结合表 6-12 中的数据可知，第三种训练方法的效果最好。区组变量对测量结果具有显著影响。

【例 6-6】 将 18 名原发性血小板减少症患者按年龄相近的原则配为 6 个单位组，每个单位组中的 3 名患者随机分配到 A、B、C 三个治疗组中，治疗后的血小板升高值见表 6-14，请问，这 3 种治疗方法的疗效有无差别？

表 6-14 患者使用不同疗法后血小板的升高值

单位：$10^4/mm^3$

区 组	治 疗 处 理			$\sum_1^q X$
	治疗方法 1	治疗方法 2	教学方法 3	
年龄组 1	3.8	6.3	8.0	18.1
年龄组 2	4.6	6.3	11.9	22.8
年龄组 3	7.6	10.2	14.1	31.9

续表

区 组	治 疗 处 理			$\sum_{1}^{q} X$
	治疗方法1	治疗方法2	教学方法3	
年龄组4	8.6	9.2	14.7	32.5
年龄组5	6.4	8.1	13.0	27.5
年龄组6	6.2	6.9	13.4	26.5
$\sum_{i=1}^{n} X$	37.2	47	75.1	$\sum\sum X = 159.3$
$\sum_{i=1}^{n} X^2$	246.72	381.28	969.07	$\sum\sum X^2 = 1597.07$

【解】

步骤1:计算和分解变异量。

$$SS_t = 1597.07 - \frac{159.3^2}{18} = 187.265$$

$$SS_b = \left(\frac{37.2^2}{6} + \frac{47.0^2}{6} + \frac{75.1^2}{6}\right) - \frac{159.3^2}{18} = 129.003$$

$$SS_a = \left(\frac{18.1^2}{3} + \frac{22.8^2}{3} + \frac{31.9^2}{3} + \frac{32.5^2}{3} + \frac{27.5^2}{3} + \frac{26.5^2}{3}\right) - \frac{159.3^2}{18} = 50.132$$

$$SS_e = SS_t - SS_b - SS_a = 187.265 - 129.003 - 50.132 = 8.13$$

步骤2:计算和分解自由度。

总变异的自由度:$df_t = N - 1 = 18 - 1 = 17$;

组间变异的自由度:$df_b = k - 1 = 2$;

区组变异的自由度:$df_a = a - 1 = 6 - 1 = 5$;

残差项的自由度:$df_e = df_t - df_b - df_a = 17 - 2 - 5 = 10$。

步骤3:计算均方或方差。

组间均方或方差:$MS_b = \frac{SS_b}{df_b} = \frac{129.003}{2} = 64.502$;

区组均方或方差:$MS_b = \frac{SS_a}{df_a} = \frac{50.132}{5} = 10.026$;

残差项均方或方差:$MS_e = \frac{SS_e}{df_e} = \frac{8.13}{10} = 0.813$。

步骤4:计算 F 比率和确定其显著性水平。

F 比率:$F_b = \frac{MS_b}{MS_e} = \frac{64.502}{0.813} = 79.338$;

$$F_a = \frac{MS_a}{MS_e} = \frac{10.026}{0.813} = 12.332。$$

查 F 表(单侧检验)确定临界值: $F_{0.05(2,10)} = 4.10$, $F_{0.01(2,10)} = 7.56$; $F_{0.05(5,10)} = 3.33$, $F_{0.01(5,10)} = 5.64$。

$F_b = 79.338 > F_{0.01(2,10)}$, $F_a = 12.332 > F_{0.01(5,10)}$,均达到 $p < 0.01$,即 0.01 显著性水平。

步骤 5:计算效应量。

$$\eta^2_{partial} = \frac{SS_{effect}}{SS_{effect} + SS_{error}} = \frac{129.003}{129.003 + 8.13} = 0.941$$

结果显示,由不同的治疗方法带来的测试数据变异远远超出误差项带来的变异。

步骤 6:给出方差分析表。

将以上计算过程总结为方差分析表,如表 6-15 所示。

表 6-15 示例 6-6 数据的方差分析表

变异源	平方和	自由度	均方	F	p	η^2
组间	129.003	2	64.502	79.338	< 0.01	0.941
区组	50.132	5	10.026	12.332	< 0.01	
残差	8.13	10	0.813			
合计	187.265	17				

表 6-15 所示的结果显示,不同治疗组血小板升高值存在显著差异,不同年龄组患者血小板升高值也存在显著差异。

不过,就研究目的来说,区组变量的影响是否显著都没有直接意义,但在方差分析表中最好还是给出其检验的结果,它可以考察区组设计是否必要。当区组变量的效应显著时,说明区组差异确实会带来测量结果的变异,如果不对研究被试进行区组划分而直接采取随机分组,这些变异就和随机误差引起的变异混淆在一起,方差分析的敏感性就会下降,所以采取区组设计是非常必要和有实际意义的。如果区组效应不显著,说明区组间差异并不明显,这可能是因为区组划分不成功或研究被试就具有较高的同质性,区组设计可能是不必要的。

三、 单因素重复测量实验设计的方差分析

张厚粲曾将单因素重复测量实验设计看作单因素随机区组实验设计中的一个特例,即一个研究被试就是一个区组,或者说每个区组中只有一个研究被试,而这一个研究被试要在所有实验处理下接受测量得到若干组数据,朱滢(2000)也赞同这种看法。但是,舒华(1994)将单因素重复测量实验设计看作是独立于区组设计的一类设计,笔者赞同舒华的处理方式(邓铸,2006),因为重复测量实验设计有其自身特点,与随机区组设计有本质不同。不过,这种实验设计的数据模式和方差分析过程与单因素随机区组实验设计是一致的,所以在本节中只对其加以简单解释,并以示例 6-7 来说明。

重复测量实验设计(repeated measure design)也叫作组内设计(within-group design)或被试内设计(within-subjects design)，是把抽取来的所有被试作为一组，接受所有实验处理。这种实验设计在控制被试个体差异对研究影响方面，比随机区组设计更有效，而且节省实验被试，是当前心理学研究中常用的设计类型。当然，这种实验设计也存在问题，主要是一种实验条件下的操作会影响后续操作，即容易出现系列效应(series effect)。为了解决系列效应问题，实验顺序的安排上要采用抵消平衡方法。我们以示例 6-7 来说明单因素重复测量实验设计的基本模式和方差分析过程。

【例 6-7】 某研究者想通过实验证实缪勒错觉并同时研究箭头张开角度对错觉量的影响，于是抽取了 10 名大学生，每个学生都先后用长度估计测量器测量长度来估计误差量，用缪勒错觉仪测量箭头角度分别为 15°、45°、75° 时的长度估计误差量。结果如表 6-16 所示。在实验操作上，要特别注意采用平衡法消除系列效应的影响。该实验设计中，被试人数 $n=10$，实验处理数 $k=4$。

表 6-16　长度估计误差量的比较

单位：mm

被试	长度估计误	错觉仪 15°	错觉仪 45°	错觉仪 75°	合计
1	6	16	11	9	42
2	1	10	14	5	30
3	2	8	8	7	25
4	3	11	7	9	30
5	4	15	12	10	41
6	2	10	9	11	32
7	3	12	11	9	35
8	2	11	6	7	26
9	1	9	9	5	24
10	2	8	12	8	30
$\sum_{i=1}^{n} X$	26	110	99	80	$\sum\sum X_{ij}=315$
$\sum_{i=1}^{n} X^2$	88	1276	1037	676	$\sum\sum X_{ij}^2=3077$

【解】 下面以表 6-16 的数据为例说明单因素重复实验设计的方差分析过程。该过程与单因素随机区组设计的方差分析几乎一致，只是要将上述的区组变异改为被试间变异，因为被试常用 subject 表示，所以我们用 s 作为被试间变异量、自由度、均方等概念表示符号的下标以与区组设计相区别。另外，因为这一实验设计叫作被试内设计，数据组之间的差异是属于被试内的差异，其对应的变异量、自由度、均方等概念表示符号

的下标用 w 表示,即被试差异对应的统计量用下标 s 表示,数据组间的差异统计量用 w 表示,残差项的统计量用 e 表示。

先计算各实验处理下测试分数和、各实验处理下测试分数的平方和、各被试在所有实验条件下测试分数的总和,以及全部测试分数总和、全部测试分数的平方和,计算结果列入表 6-16。具体步骤如下。

步骤 1:计算和分解变异量。

$$SS_t = 3077 - \frac{315^2}{40} = 3077 - 2480.625 = 596.375$$

$$SS_w = \left(\frac{26^2}{10} + \frac{110^2}{10} + \frac{99^2}{10} + \frac{80^2}{10}\right) - \frac{315^2}{40} = 417.075$$

$$SS_s = \left(\frac{42^2}{4} + \frac{30^2}{4} + \cdots + \frac{30^2}{4}\right) - \frac{315^2}{40} = 87.125$$

$$SS_e = SS_t - SS_w - SS_s = 596.375 - 417.075 - 87.125 = 92.175$$

步骤 2:计算和分解自由度。

总变异的自由度:$df_t = N - 1 = 40 - 1 = 39$,即所有数据个数减 1

被试内变异的自由度:$df_w = k - 1 = 3$,即数据组数或被试组数减 1

被试间变异的自由度:$df_s = n - 1 = 10 - 1 = 9$,即被试个数减 1

残差项的自由度:$df_e = df_t - df_w - df_s = 39 - 3 - 9 = 27$,即总的自由度分别减去组内、组间自由度

步骤 3:计算均方或方差。

被试内均方或方差:$MS_w = S_w^2 = \frac{SS_w}{df_w} = \frac{417.075}{3} = 139.025$

残差项均方或方差:$MS_e = S_e^2 = \frac{SS_e}{df_e} = \frac{92.175}{27} = 3.414$

步骤 4:计算 F 比率和确定其显著性水平。

F 比率:$F_w = \frac{MS_w}{MS_e} = \frac{S_w^2}{S_e^2} = \frac{139.025}{3.414} = 40.722$

查 F 表(单侧检验)确定临界值:$F_{0.05(3,27)} = 2.96, F_{0.01(3,27)} = 4.60$

$F_w = 40.722 > F_{0.01(3,27)}$,达到 $p < 0.01$ 显著性水平。

步骤 5:计算效应量。

$$\eta_{\text{partial}}^2 = \frac{SS_{\text{effect}}}{SS_{\text{effect}} + SS_{\text{error}}} = \frac{417.075}{417.075 + 92.175} = 0.819$$

结果显示,箭头张开角度带来的错觉量的变异远远超出误差项带来的变异。

步骤 6:给出方差分析表。

将以上计算过程总结为方差分析表,如表 6-17 所示。

表 6-17 示例 6-7 数据的方差分析表

变异源	平方和	自由度	均方	F	p	η^2
被试内	417.075	3	139.025	40.722	<0.01	0.819
被试间	87.125	9	9.68			
残差	92.175	27	3.414			
合计	596.375	39				

方差分析结果显示，被试在不同条件下长度估计误差具有非常显著性的差异，结合表 6-16 中的数据可知，直接估计线段长度的误差平均为 2.6 mm，而在使用缪勒错觉仪且箭头角度为 15°、45°、75° 的条件下，长度估计误差分别为 11.0 mm、9.9 mm、8.0 mm，验证了缪勒错觉的存在。

第四节 多因素完全随机设计的方差分析

多因素实验设计中包含多个变量变化组合的实验处理，其实验处理数等于所有自变量的水平数之积。例如，二因素二水平实验，就是有 2 个因素的多水平结合，每个变量有 2 个水平，结合形成的实验处理数就是 $2 \times 2 = 4$，这种实验设计被称为 2×2 实验设计；如果有 3 个研究变量，其中两个变量各有 2 个水平，第三个有 3 个水平，则有 $2 \times 2 \times 3 = 12$ 个实验处理，实验设计叫作 $2 \times 2 \times 3$ 实验设计。多因素实验中，如果将抽取来的被试随机分为若干组，而每组被试只独立地接受一个实验处理下的测量，这种设计就叫作多因素完全随机实验设计（multi-factor randomized experimental design）。也就是说，在多因素完全随机实验设计中，有多少个实验处理，就要将被试随机分为多少组。现在，我们以一个假想的实验研究为例来说明这种实验设计的模式。

【例 6-8】 假设某研究者想考察缪勒-莱伊尔错觉（Müller-Lyer illusion）受箭头方向和角度的影响。研究中观测被试对长度估计的误差量时考虑了两个研究变量，一个是箭头方向（标记为 A），分为向外（A_1）和向内（A_2）2 个水平；另一个是箭头角度（标记为 B），设置为 15°（B_1）、45°（B_2）、75°（B_3）3 个水平，这是一个 2×3 实验设计，构成了 6 种实验处理。研究者从某大学文学院本科二年级学生中随机抽取了 30 名男生，再将这 30 名男生随机分成人数相等的 6 组，每组 5 人，每一被试组接受一种实验处理。所以，这是一个二因素完全随机实验设计。假设其实验得到了表 6-18 的数据，那么方差分析该如何进行呢？

表 6-18　示例 6-8 的实验数据表

被试	A_1			A_2			$\sum$
	B_1	B_2	B_3	B_1	B_2	B_3	
1	11	9	6	13	13	5	
2	10	8	7	10	11	4	
3	12	10	8	14	12	6	
4	11	9	4	13	11	3	
5	12	10	7	14	13	7	
$\sum$	56	46	32	64	60	25	283
$\sum X^2$	630	426	214	830	724	135	2959

先计算各组数据和、各组数据的平方和，以及全部数据的总和、全部数据的平方和，列入表 6-18。

在进行方差分析运算之前，先分析表 6-18 中的数据结构。参加实验的被试人数是 30 人，所以表中数据总个数是 30。这些数据的变异都是由哪些因素引起的呢？很明显，实验中，错觉仪的箭头方向 A 有两种情况，即箭头朝内和箭头朝外，只有这一变量变化时，则数据可分为两大组，如果其对测试结果有影响，会导致这两大组数据间出现一定的差异量，根据前述的组间变异量计算方法，可以算出箭头方向 A 改变带来的数据变异量；错觉仪的角度 B 有 15°、45° 和 75° 3 个水平，只有这一变量变化时，则数据可分为 3 大组，如果其对测试结果有影响，会导致这三大组数据间出现一定的差异量，亦可按组间变异量计算方法算出；当箭头方向和角度同时发生改变时，数据被分为 6 组，而 6 组数据间的变异量同样可以按照组间变异量计算方法算出。

很明显，上述两组数据间的变异量是变量 A 单独变化所引起，3 组数据间的变异量是变量 B 单独变化所引起，6 组数据间的变异量是两个变量同时变化所引起。其中，6 组数据间变异量包含了 A 单独变化和 B 单独变化所引起的变异量，以及 A、B 两个变化相互作用引起的变异量，变量单独变化引起的数据变化叫作变量的主效应（main effect），二者相互作用引起的数据变化叫作交互效应（interaction effect），可以用 $A \times B$ 表示。

简而言之，表中数据的变异量可以分解为 A 的主效应、B 的主效应、$A \times B$ 交互效应、残差四个部分。在下述统计量的计算中，与 4 个变异源对应的统计量表示符号分别用 A、B、AB 和 E 表示，以方便区分。现就示例 6-8 的数据说明多因素完全随机实验设计的方差分析过程。

步骤 1：计算和分解变异量。

总变异量：$SS_t = 2959 - \dfrac{283^2}{30} = 2959 - 2669.633 = 289.367$

A 的主效应变异量:$SS_A = \dfrac{(56+46+32)^2}{15} + \dfrac{(64+60+25)^2}{15} - \dfrac{283^2}{30} = 7.500$

B 的主效应变异量:$SS_B = \dfrac{(56+64)^2}{10} + \dfrac{(46+60)^2}{10} + \dfrac{(32+25)^2}{10} - \dfrac{283^2}{30}$
$= 218.867$

A 和 B 同时变化带来的变异量:$SS_{A+B} = \dfrac{56^2}{5} + \dfrac{46^2}{5} + \dfrac{32^2}{5} + \dfrac{64^2}{5} + \dfrac{60^2}{5} + \dfrac{25^2}{5} - \dfrac{283^2}{30}$
$= 249.767$

A 与 B 交互作用引起的变异量:$SS_{AB} = SS_{A+B} - SS_A - SS_B$
$= 249.767 - 7.500 - 218.867 = 23.400$

误差变异量:$SS_E = SS_t - SS_{A+B} = 289.367 - 249.767 = 39.600$

步骤2:计算和分解自由度。

总变异的自由度,即所有数据个数减1:$df_t = N - 1 = 30 - 1 = 29$

变量A主效应的自由度,即自变量A的水平数减1:$df_A = a - 1 = 2 - 1 = 1$

变量B主效应的自由度,即自变量B的水平数减1:$df_B = b - 1 = 3 - 1 = 2$

A 和 B 交互效应的自由度,即 A、B 的自由度相乘:$df_{AB} = (a-1)(b-1) = 1 \times 2 = 2$

残差项的自由度:即总自由度分别减去A、B以及A与B之间交互作用这三项的自由度:$df_E = df_t - df_A - df_B - df_{AB} = 29 - 1 - 2 - 2 = 24$

步骤3:计算均方或方差。

变量A主效应的方差:$MS_A = S_A^2 = \dfrac{SS_A}{df_A} = \dfrac{7.5}{1} = 7.5$

变量B主效应的方差:$MS_B = S_B^2 = \dfrac{SS_B}{df_B} = \dfrac{218.867}{2} = 109.434$

变量A和B交互效应方差:$MS_{AB} = S_{AB}^2 = \dfrac{SS_{AB}}{df_{AB}} = \dfrac{23.4}{2} = 11.7$

残差项的方差:$MS_E = S_E^2 = \dfrac{SS_E}{df_E} = \dfrac{39.6}{24} = 1.65$

步骤4:计算F比率和确定其显著性水平。

变量A主效应方差与残差项方差比率:$F_A = \dfrac{MS_A}{MS_E} = \dfrac{S_A^2}{S_E^2} = \dfrac{7.5}{1.65} = 4.545$

变量B主效应方差与残差项方差比率:$F_B = \dfrac{MS_B}{MS_E} = \dfrac{S_B^2}{S_E^2} = \dfrac{109.434}{1.65} = 66.324$

变量A和变量B交互效应方差与残差项方差比率:$F_{AB} = \dfrac{MS_{AB}}{MS_E} = \dfrac{S_{AB}^2}{S_E^2} = \dfrac{11.7}{1.65} = 7.091$

查F表(单侧检验):$F_{0.05(1,24)} = 4.26, F_{0.01(1,24)} = 7.82; F_{0.05(2,24)} = 3.40, F_{0.01(2,24)} = 5.61$

根据自由度选用对应临界值作比较：$F_{0.05(1,24)} < F_A < F_{0.01(1,24)}$，$F_B > F_{0.01(2,24)}$，$F_{AB} > F_{0.01(2,24)}$

A 的主效应达到 0.05 显著性水平；B 的主效应、A 与 B 的交互效应均达到 0.01 显著性水平。

步骤 5：计算效应量。

$$\eta_A^2 = \frac{SS_A}{SS_A + SS_E} = \frac{7.500}{7.500 + 39.600} = 0.159$$

$$\eta_B^2 = \frac{SS_B}{SS_B + SS_E} = \frac{218.867}{218.867 + 39.600} = 0.847$$

$$\eta_{AB}^2 = \frac{SS_{AB}}{SS_{AB} + SS_E} = \frac{23.400}{23.400 + 39.600} = 0.371$$

结果显示，由箭头方向、箭头角度、箭头方向和角度交互作用带来的数据变异均达到相当的比例，实际的影响均比较大。

值得注意的是，在多因素实验设计中，各因素效应的偏 η^2 相加大于 1（郑昊敏等，2011）。

步骤 6：给出方差分析表。

将以上计算过程总结为方差分析表 6-19。

表 6-19 示例 6-8 数据的方差分析表

变异源	平方和	自由度	均方	F	p	η^2
A 的主效应	7.500	1	7.500	4.545	< 0.05	0.159
B 的主效应	218.867	2	109.434	66.324	< 0.01	0.847
A 与 B 的交互效应	23.400	2	11.700	7.091	< 0.01	0.371
残差	39.600	24	1.650			
合计	289.367	29				

结果显示，被试的缪勒-莱伊尔错觉量受箭头方向的影响显著，受箭头角度的影响也非常显著，而且两个变量的影响具有很显著的交互性。

虽然例 6-8 是一简单的多因素完全随机设计，但它能够说明完全随机设计的所有特征，包括如何评估研究变量的主效应和交互效应。如果遇到自变量或自变量的水平数更多的实验设计，其实验的原理和数据分析的程序都与这里所展示的过程相似。比如，对于 2×3×2×4 完全随机实验设计来说，其自变量是 4 个，实验处理数是 48 个，那么实验就需要 48 组被试。在数据分析中，需要分析自变量的主效应（4 个）、两两变量间的交互效应（6 个）、3 个变量间的交互效应（4 个）、4 个变量间的交互效应（1 个）等，这里需要考察的交互效应就达 11 个。显然，随着研究变量数及变量水平数的增加，所需要的被试组数也随之增加，并带来方差分析计算量的大幅度增加。

第五节 方差分析中效应的进一步分析

一、各平均数间的多重比较

一般来说,方差分析的主要目的是通过 F 检验考察组间变异在数据总变异中所起作用的大小,借以对两组以上数据的平均数进行差异检验,得到一个整体性的检验结果。如果 F 检验的结果没有达到显著性水平,说明实验中的研究变量对观测变量没有显著影响,检验就此结束。如果 F 检验的结果达到了显著性水平,就还要对多个平均数作进一步的两两比较,以确定究竟是哪些数据组之间的平均数差异显著、哪些数据组之间的平均数差异不显著,这在方差分析中被称为事后多重比较(post multi-comparison)。F 检验达到显著性水平,只表明几个实验处理的两两比较中至少有一对平均数间的差异达到了显著性水平,不代表所有平均数的两两比较差异都显著,所以需要进一步分析。

如何比较呢?按照 t 检验的方法,平均数的两两比较可以直接使用 t 检验,但这只适合于两个样本之间的比较。当出现 3 个及以上的样本时,就不适合于直接使用 t 检验了。什么原因呢?比如,两个独立样本人数各为 10 人,其平均数差异性 t 检验时的自由度为 18,对应于 0.05 显著性水平的临界值 $t_{0.05/2} = 2.101$。那就是说,如果这两个样本是来自于同一总体的两个随机样本,两者平均数差异性检验时,t 值绝对值大于 2.101 的概率是小于 0.05 的,属于小概率事件。可是如果出现了 3 个 10 人的样本两两比较,则需要 3 次平均数差异性的 t 检验,那就相当于同样的过程连续进行 3 次:每一次从同一总体中随机抽取两个样本,其平均数差异性 t 检验时,t 值的绝对值大于 2.101 的概率小于 0.05,所以连续进行 3 次的话,t 值大于 2.101 的概率就小于 $3 \times 0.05 = 0.15$。简单地说,如果样本平均数差异 t 检验连续进行 3 次,能得到 $|t| > 2.101$ 的概率是小于 0.15,但 0.15 并不属于小概率。这就是 3 个以上样本平均数差异性检验时不能直接使用两两之间 t 检验的原因。这种情况下,需要使用多重比较方法。

多重比较方法有多种,本书只介绍其中一种常用的简便方法,叫作 $N-K$ 法,是由纽曼(Newman)和柯尔斯(Keuls)提出来的,也叫作 q 检验法。其具体的操作步骤如下所示。

(1) 将要比较的各个平均数从小到大进行等级排列。

(2) 根据比较等级 r 和自由度 df_E 或 df_w,查 q 分布的临界值表得到 $q_{0.05}$ 或 $q_{0.01}$。其中,比较等级 r 就是两个相互比较的平均数排列等级之差加 1,df_E 或 df_w 是方差分析中残差项的自由度(一般的表示符号是 df_E,但在完全随机实验设计中也把误差项变异叫被试内变异,所以可用 df_w)。

(3) 计算样本平均数的标准误。当两个样本的容量相等且均为 n 时,公式为:

$$SE_{\bar{X}} = \sqrt{\frac{MS_E}{n}} = \frac{SD_E}{\sqrt{n}} \text{ 或 } SE_{\bar{X}} = \sqrt{\frac{MS_w}{n}} = \frac{SD_w}{\sqrt{n}} \quad （公式6-20）$$

式中,MS 是要比较的两个数据样本合计的组内均方,SD 为其开方后得到的标准差。在完全随机设计中,也会存在各组容量不同的情况,则需要使用公式:

$$SE_{\bar{X}} = \sqrt{\frac{MS_w}{2}\left(\frac{1}{n_a} + \frac{1}{n_b}\right)} = \frac{SD_w}{2}\sqrt{2\left(\frac{1}{n_a} + \frac{1}{n_b}\right)} \quad （公式6-21）$$

式中,n_a、n_b 分别代表两个样本的容量。

(4) 标准误乘以 q 的临界值($q_{0.05} \times SE_{\bar{X}}$ 或 $q_{0.01} \times SE_{\bar{X}}$)就是对应于某一比较等级 r 的两个平均数相比较时的临界值。如果两个平均数的差异量大于 $q_{0.05} \times SE_{\bar{X}}$,则达到 0.05 显著性水平;如果两个平均数的差异量大于 $q_{0.01} \times SE_{\bar{X}}$,则达到 0.01 显著性水平。

在第三节中的例 6-7 中,A、B、C、D 4 种条件下测得结果的平均数分别为 $\bar{X}_A = 2.6$,$\bar{X}_B = 11.0$,$\bar{X}_C = 9.9$,$\bar{X}_D = 8.0$,样本容量 $n = 10$,方差分析中 $MS_E = 3.414$,$df_E = 27$。试对各组平均数进行多重比较。

步骤 1:对各个样本平均数进行排序。

等级：   1   2   3   4

平均数： $\bar{X}_A$ $\bar{X}_D$ $\bar{X}_C$ $\bar{X}_B$

步骤 2:根据比较等级 r 和 df_E,查 q 分布的临界值表。

临界值表中没有自由度 27 对应的 q 临界值,查最接近的自由度 24 对应的 q 临界值。因为只有 4 个平均数比较,所以最大的 $r = 4$。得到:

$r = 2 \rightarrow q_{0.05} = 2.92 \quad q_{0.01} = 3.96$

$r = 3 \rightarrow q_{0.05} = 2.53 \quad q_{0.01} = 4.54$

$r = 4 \rightarrow q_{0.05} = 3.90 \quad q_{0.01} = 4.91$

步骤 3:计算平均数的标准误。

$$SE_{\bar{X}} = \sqrt{\frac{MS_E}{n}} = \sqrt{\frac{3.414}{10}} = 0.584$$

步骤 4:计算与 r 对应的平均数差异量的临界值。

$r = 2 \rightarrow q_{0.05} \times SE_{\bar{X}} = 2.92 \times 0.584 = 1.705 \quad q_{0.01} \times SE_{\bar{X}} = 3.96 \times 0.584 = 2.313$

$r = 3 \rightarrow q_{0.05} \times SE_{\bar{X}} = 2.53 \times 0.584 = 1.478 \quad q_{0.01} \times SE_{\bar{X}} = 4.54 \times 0.584 = 2.651$

$r = 4 \rightarrow q_{0.05} \times SE_{\bar{X}} = 3.90 \times 0.584 = 2.278 \quad q_{0.01} \times SE_{\bar{X}} = 4.91 \times 0.584 = 2.867$

步骤 5:把 4 个平均数两两之间的差异与相应的临界值比较。

表 6-20　方差分析中多重比较的结果

平均数	$\overline{X}_A = 2.6$	$\overline{X}_D = 8.0$	$\overline{X}_C = 9.9$	$\overline{X}_B = 11.0$
$\overline{X}_D = 8.0$	5.4**			
$\overline{X}_C = 9.9$	7.3**	1.9*		
$\overline{X}_B = 11.0$	8.4**	3.0**	1.1	

表 6-20 中数据是相应两个平均数的差异量，*表示达到 0.05 显著性水平，**表示达到 0.01 显著性水平，未标星号则表示未达到显著性水平。

二、主效应与交互效应

(一) 什么是主效应与交互效应

前文已有介绍，在一项多因素实验研究中，只考虑某一变量单独变化所引起观测数据的变化叫作主效应。方差分析时，主效应的考察是在该变量的不同水平下将所有对应的观测数据平均，再比较这些水平下平均数的差异显著性。例如，在 2(有 A_1 和 A_2 两个水平) × 2(有 B_1 和 B_2 两个水平) 的实验研究中，观测得到 4 组数据，分别对应 A_1B_1、A_1B_2、A_2B_1、A_2B_2 4 种实验条件，也就是说，在 A_1 条件下有 A_1B_1、A_1B_2 两列数据，将这两列数据加在一起计算平均数得到 A_1 水平下的平均数；在 A_2 条件下有 A_2B_1、A_2B_2 两列数据，同样方法得到 A_2 条件下的平均数，A_1 条件下和 A_2 条件下数据的差异性反映的是变量 A 的主效应。A 的主效应是在根本不考虑数据在 B_1、B_2 如何变化的情况下得到的，或者是在假设一个变量的效应独立于另一个变量的情况下得到的。类似地，也可以得到变量 B 的主效应。

但实际上，这种假设在许多时候是不成立的，会出现一个变量的效应因另一个变量的不同水平而不同。比方说，有 A_1 和 A_2 两种药片均可治疗某种心血管疾病，但是这两种药物的疗效可能会与用药剂量有关：在用量 B_1(每日服用 3 次每次 2 片)的情况下，A_1 疗效非常明显、A_2 的疗效微弱；但是在用量 B_2(每日服用 3 次每次 4 片)的情况下，A_1 疗效很差且出现了轻微中毒迹象、A_2 的疗效很

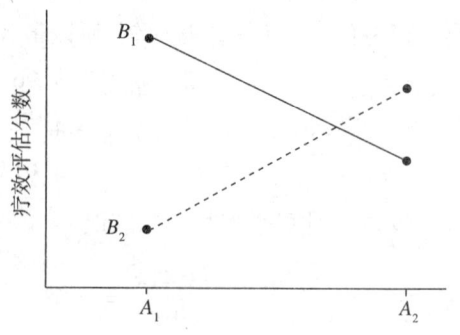

图 6-1　变量 A 与变量 B 交互效应示意图

好。这就出现了一个变量的效应依赖于另一个变量的水平的情况，这就叫交互效应。这里的例子可以表示成图 6-1，能更直观地说明交互效应。交互效应的内涵是清楚的，可以概括为一句话：两个变量的作用存在相互依赖性，即一个变量的效应因另一个变量的水平不同而不同。

(二) 主效应与交互效应的关联性

方差分析直接给出变量的主效应和交互效应是否显著的结果,多数研究者也据此判定变量的作用是否明显、这些变量的作用是否相互依赖。事实上,变量的主效应与交互效应的评估并非这么简单,它们存在关联性,需要具体分析。我们以两个变量的主效应和交互效应为例来分析。当交互效应不显著的时候,两个变量相互独立,可以直接从其主效应是否显著来评估其对观测变量的作用大小;当两个变量交互效应显著时,就不能简单地从主效应是否显著直接得出结论了。

如图6-2所示,我们分如下三种情况来讨论。

第一,如图6-2(a)所示,交互效应显著,A 的主效应也显著,而且在 B_1 和 B_2 两种条件下,平均数从条件 A_1 到条件 A_2 的变化方向基本一致,只是变化幅度有所不同。在 B_1 水平上,平均数从 A_1 到 A_2 的下降幅度大;在 B_2 水平上,下降幅度小。这里的交互效应主要是指自变量 A 在自变量 B 不同水平上效应量的差异性。很明显,在 B_1 上平上,A 的效应量大于其在 B_2 水平上的效应量。

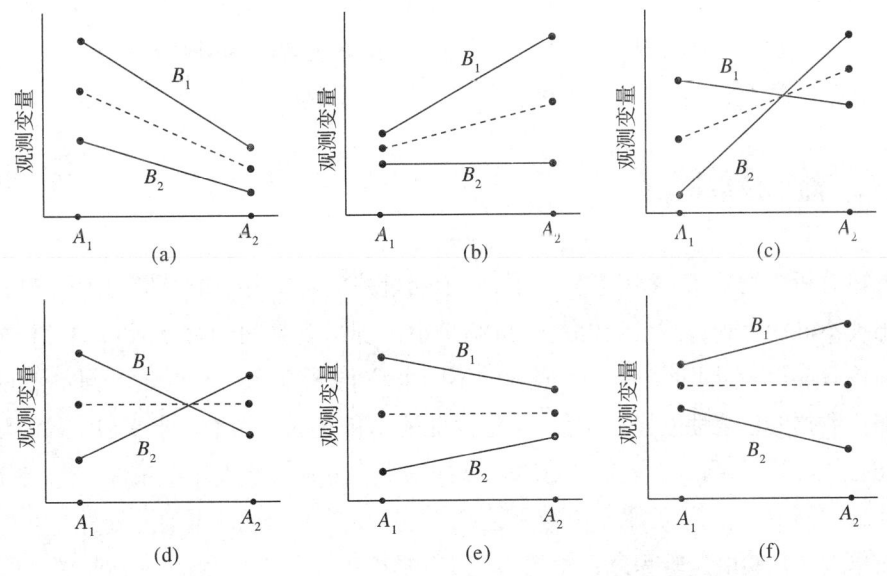

图 6-2 变量 A 与变量 B 交互效应显著的几种情况

第二,如图6-2(b)、6-2(c)所示,交互效应显著,A 的主效应也显著,这时 A 的效应方向在 B 的不同水平上存在明显差异。在图6-2(b)中,A 的变化在 B_1 的水平上引起了观测数据的显著变化,但在 B_2 水平上却未引起变化,这就是说 A 的变化不是在任何情况下都会引起测量数据变化的,它依赖于自变量 B 的水平;在图6-2(c)中,虽然 A 的变化在 B 的两个水平上都引起了测量数据的明显变化,但是变化的方向正好相反,从其主效应看,A 的水平提高可以促进因变量分数的提高,但实际情况是,当 A 在 B_1 水平上提高时,反而会导致因变量分数的下降。

第三,如图6-2(d)、6-2(e)、6-2(f)所示,交互效应显著,而 A 的主效应却不显著。对于这种情况,研究者需要特别留意,避免从主效应的不显著得出该变量影响不明显的错误结论。从这些图中可以明显看到A的效应,但方差分析结果却会显示A的主效应不显著,这是因为A在B的两个水平上的效应方向相反,计算A的主效应时A_1和A_2的差异量被掩盖在了平均的过程中。

那么,如何依据变量主效应及其与其他变量的交互效应来进行结果分析呢?这一点很简单:当方差分析结果显示A的主效应及A与其他变量的交互效应都不显著时,则说明A的效应真的不明显;当方差分析的结果显示A的主效应不显著,但A与其他变量的交互效应显著时,则说明A其实是对测量结果有明显作用的,即A的效应其实是存在的,只不过其效应的大小和方向依赖于其他变量,会因其他变量的水平不同而不同。

上述分析提醒我们,在方差分析结果中,不能简单地依据其主效应是否显著来判断它是否对测量变量有影响,而是要同时关注其与其他变量的交互效应,必要时要进行简单效应检验,分别考察其在其他变量不同水平上的变化情况。否则,可能会得到错误结论。"总之,交互效应可能会掩盖或歪曲两个因子中任何一个因子的主效应。因此,只要是交互效应达到了统计学上的显著性水平,你在就主效应问题作出结论前都要仔细考察具体的数据变化。"(邓铸,2005)

三、简单效应检验

上述分析中发现,在多因素实验中,一个变量的效应在另一个变量的不同水平上可能会出现不同的表现,因此,当方差分析结果中出现了变量间的交互效应时,往往需要进行简单效应检验,即分别在一个变量的不同水平上,检验另一个变量不同水平间是否存在测量数据的显著性差异。例如,在包含变量A和B的二因素二水平研究中,两个变量的交互效应显著,研究者就需要在A_1、A_2的水平上分别检验B_1、B_2条件下测试数据的差异性,还需要在B_1、B_2的水平上分别检验A_1、A_2条件下测试数据的差异性。

简单效应检验的逻辑程序也很简单:如果要检验在一个变量的一个水平上另一个变量不同水平间测试数据是否存在显著性差异,就要首先计算在这一局部的数据的组间变异量、自由度及方差,然后以此方差除以前述方差分析中计算出来的残差项方差得到F比率,就可判断其显著性水平了。我们以例6-8的实验数据为例来说简单效应检验的基本过程。

由第四节中例6-8数据的方差分析已经知道,残差项方差$MS_E = s_E^2 = 1.65$,对应的自由度$df_E = 24$。设变量A的水平用j表示,$j = 1、2$;变量B的水平用r表示,$r = 1、2、3$。将表6-18的数据汇总简化成表6-21,因为该表是对包含A、B两个变量的实验数据进行单元内合并得到的,所以也叫作AB表。

表 6-21　示例 6-8 实验数据简单效应检验的 AB 表

	B_1	B_2	B_3	$\sum$
A_1	56, n = 5	46, n = 5	32, n = 5	134
A_2	64, n = 5	60, n = 5	25, n = 5	149
$\sum$	120	106	57	283

根据组间变异量、自由度和均方计算方法,计算得到:

$$SS_{A(在B_1水平)} = \sum_j \frac{\left(\sum_{i=1}^{5} X_{ijr}\right)^2}{n} - \frac{\left(\sum_{i=1}^{5}\sum_{j=1}^{2} X_{ijr}\right)^2}{2n} = \frac{56^2}{5} + \frac{64^2}{5} - \frac{120^2}{10} = 6.40, df_{A(B_1)} = 2 - 1 = 1$$

所以得到方差 $MS_{A(在B_1水平)} = 6.40$。

同样方法可计算得到:

$$SS_{A(在B_2水平)} = \frac{46^2}{5} + \frac{60^2}{5} - \frac{106^2}{10} = 19.60, df_{A(B_2)} = 2 - 1 = 1, MS_{A(在B_2水平)} = 19.60$$

$$SS_{A(在B_3水平)} = \frac{32^2}{5} + \frac{25^2}{5} - \frac{57^2}{10} = 4.90, df_{A(B_3)} = 2 - 1 = 1, MS_{A(在B_3水平)} = 4.90$$

$$SS_{B(在A_1水平)} = \frac{56^2}{5} + \frac{46^2}{5} + \frac{32^2}{5} - \frac{134^2}{15} = 58.13, df_{B(A_1)} = 3 - 1 = 2,$$

$$MS_{B(在A_1水平)} = 29.07$$

$$SS_{B(在A_2水平)} = \frac{64^2}{5} + \frac{60^2}{5} + \frac{25^2}{5} - \frac{149^2}{15} = 555.90, df_{B(A_2)} = 3 - 1 = 2,$$

$$MS_{B(在A_2水平)} = 277.95$$

以上述方差除以残差项方差即可得到对应的 F 比率:

$$F_{A(在B_1水平)} = 3.879, F_{A(在B_2水平)} = 11.879, F_{A(在B_3水平)} = 2.970$$

$$F_{B(在A_1水平)} = 17.618, F_{B(在A_2水平)} = 168.455$$

查 F 表(单侧检验),得:

$$F_{0.05(1,24)} = 4.26, F_{0.01(1,24)} = 7.82, F_{0.05(2,24)} = 3.40, F_{0.01(2,24)} = 5.61$$

将计算的 F 比率与查表所得临界值比较可知,在 B_2 水平上,变量 A 的变化对观测变量产生了非常显著的效应,在 B_1 和 B_3 水平上,变量 A 的效应均不显著;在 A_1 和 A_2 水平上,变量 B 都表现出对观测变量极其显著的影响。

关键词

变异量、自由度、平方和、F 比率、方差分析、多重比较、主效应、交互效应、简单效应比较

练习与思考

1. 方差分析的基本原理是什么？其适用条件主要有哪些？
2. 方差分析的基本步骤有哪些？
3. 何谓多重比较、简单效应分析？
4. 如何理解主效应和交互效应以及二者的关联性？
5. 将 36 只大白鼠按体重相近的原则配为 12 个单位组，各单位组的 3 只大白鼠随机地分配到 3 个饲料组。一个月后观察大白鼠的尿中氨基氮的排出量（mg）。经初步计算，$SS_t = 162, SS_b = 8, SS_e = 110$。试列出该实验数据的方差分析表。
6. 有 3 种抗凝剂（A_1, A_2, A_3）对一标本作红细胞沉降速度（一小时值）测定，每种抗凝剂各作 5 次，请问，3 种抗凝剂对红细胞沉降速度的测定有无差别？

A_1: 15　11　13　12　14　65
A_2: 13　16　14　17　15　75
A_3: 13　15　16　14　12　70

7. 已知某二因素完全随机设计的方差统计表，如表 6-22 所示。请根据表中数据，
（1）计算 $A \times B$ 的自由度、均方；
（2）检验 B 以及 $A \times B$ 的显著性。

表 6-22　某二因素完全随机设计方差分析统计表

变异源	SS	df	MS	F
A 因素	6	2	3	
B 因素	12	1	12	
$A \times B$	26			
残差	192	66	2.91	
总和	236	71		

8. 某研究者想考察缪勒-莱伊尔错觉受箭头方向和箭头角度的影响。研究中的自变量有两个，一个是箭头方向，另一个是箭头角度，构成了 4 种实验处理，如表 6-23 所示。研究者从某大学文学院本科二年级学生中随机抽取了 20 名男生，再将这 20 名男生随机分成相等的 4 组，每组 5 人，每一被试组接受一种实验处理。假设其实验得到了表 6-23 所示的数据，请进行方差分析以检验两个自变量的影响是否显著，两个自变量对因变量的影响有无交互性。

表 6-23 箭头方向与角度对错觉量的影响

箭头方向向外(A_1)		箭头方向向内(A_2)	
箭头角 15°(B_1)	箭头角 45°(B_2)	箭头角 15°(B_1)	箭头角 45°(B_2)
6	4	8	7
5	3	7	6
7	5	9	7
6	4	8	6
7	5	9	8

9. 为了了解生字密度对阅读速度的影响,某研究小组选取了 8 名被试先后接受了 4 种生字密度的阅读实验,实验情况见表 6-24。请根据方差分析结果分析生字密度是否对阅读速度产生影响。

表 6-24 生字密度对阅读速度的影响

被试	A1	A2	A3	A4	$\sum$
1	3	4	8	9	24
2	6	6	9	8	29
3	4	4	8	8	24
4	3	2	7	7	19
5	5	4	5	12	26
6	7	5	6	13	31
7	5	3	7	12	27
8	2	3	6	11	22
$\sum_{i=1}^{n} X$	35	31	56	80	$\sum \sum X_{ij} = 202$
$\sum_{i=1}^{n} X^2$	173	131	404	836	$\sum \sum X_{ij}^2 = 1544$

10. 为了考察文章熟悉性(A_1、A_2)、生字密度(B_1、B_2、B_3)对阅读速度的影响,某研究小组选择了 24 名被试随机分配到 6 种实验处理当中,实验结果如表 6-25 所示。请分析文章熟悉性和生字密度是否会对阅读速度产生影响。

表 6-25 文章熟悉性与生字密度对阅读速度的影响

被试	A_1			A_2		
	B_1	B_2	B_3	B_1	B_2	B_3
1	3	4	5	4	8	12
2	6	6	7	5	9	13
3	4	4	5	3	8	12
4	3	2	2	3	7	11

11. 借助于 SPSS 系统,重新对例 6-1、例 6-2、例 6-7、例 6-8 中的数据进行方差分析。

课程资源

方差分析的基本原理(视频 6-1)
单因素完全随机设计的方差分析(视频 6-2)
单因素随机区组设计的方差分析(视频 6-3)
单因素重复测量设计的方差分析(视频 6-4)
多因素随机设计的方差分析(视频 6-5)
因素型实验设计数据文件的建立(视频 6-6)

第七章
相关分析

内容概览

相关分析是考察两组观测值之间联系强度的方法，而这两组观测值，必须来自于对同一总体或样本的测量。一般来说，相关系数介于-1和+1之间，正负号反映二者变化方向的一致或相反，相关系数绝对值的大小反映二者关联的强度。绝对值越大，关联越强；绝对值越接近于0，关联越微弱。根据观测数据的性质、分布形态、样本容量的不同，需要采用不同的方法来计算相关系数。当两个对应的观测数据样本均来自等距量表或等比量表，属于连续型数据时，可采用积差相关或叫皮尔逊相关算法计算相关系数；当两个对应的观测数据样本中的一个或两个来自称名量表或等级量表，属于非连续型数据时，可采用等级相关或叫斯皮尔曼相关算法计算相关系数；当需要控制第三变量的影响，评估两个变量间比较纯粹的关联程度时，可采用偏相关算法；当需要对多个评分者的一致性进行评估时，则需要计算肯德尔和谐系数。相关系数的大小明显受到样本容量的影响，所以，相关性质的研究常常要求有较大样本的观测数据。

宇宙间的事物总是相互联系的,存在着共变或因果关系。在心理学中,研究因果关系采用的主要技术是操纵一个或多个自变量的变化,同时观测因变量的变化。而在采用心理测量方法进行研究的时候,数据分析中使用最多的是相关技术,即从测量项目数据的共变关系中寻求人的心理或行为结构。例如,人们有时会说,"这个孩子个子越来越高,人也变得更懂事了",很显然,"个子高低"与"越来越懂事"之间具有某种数据上的共变关系,但是前者并不是后者的因,二者之间不具备因果关系,而是一种相关关系。统计学上将这种研究数量上共变关系的技术称作相关分析。相关分析的种类很多,本章主要介绍线性相关。

第一节 相关的概念

一、相关概念的提出

相关(correlation)概念最早来自于生物统计学,首先归功于英国的遗传学家高尔顿(Galton)及其弟子皮尔逊(Pearson)。高尔顿提出了"相关"概念后,皮尔逊完成了积差算法的建立。高尔顿和皮尔逊在进行遗传学研究时,系统考察了许多家庭中的父亲与长子的身高关系;研究的样本是家庭,研究中的两个变量分别是父亲的身高和儿子的身高。在对样本进行测量的过程中,就得到了一组天然成对的数据。在对这些数据进行描述和分析时,他们发现了这对变量的取值一同起伏波动,表明两者之间具有较强的联系,这就引发了相关概念的提出和相关技术的发展。

相关分析考察的是两组观测值之间联系的强度,而这两组观测值必须来自于对同一总体或同一样本的测量。例如,在学校中,对学生进行智力测验和学业成绩的测量,可以发现智力水平与学业成绩具有一定程度的关系。一般来说,智力水平很低的学生成绩较差;智力水平较高者学业成绩也好一些,这种关系就是相关关系。

我们再举一个例子。某一位发展心理学研究者积累了很多从幼儿园幼儿到大学生的各种年龄阶段的学生的资料,这些资料既包括一些生理发育数据,如身高、体重,也包括一些心理发展数据,如智力水平、认知策略水平、心理健康水平等等。从他的数据中,只将学生的身高和智力水平(完成智力题的题数和得分等)挑选出来进行分析。或许你会发现身高与智力水平具有某种共变关系,这种关系就是相关关系。

由此看来,相关关系与因果关系不同,具有相关关系的两个变量之间可能存在因果关系,也可能不存在因果关系。就拿上述这个例子来说,身高显然不是智力水平的因或果。具有相关关系的两个变量之间存在两种可能的关系:一种是因果关系,即一个为因,另一个为果,因发生了变化,果也就随之改变,表现出共变关系;另一种是共因关系,即两个变量的变化是由同一个潜在的原因引起的,这两个变量都是潜在原因变化的果,潜在的原因发生了改变,这两个果自然也随之改变,所以会表现出共变关系。上述的身高与智力水平存在的关系就是第二种关系,均以个体成熟为因。个体在成熟过程中,个子越来越高,智力水平也越来越高,这就出现了身高与智力水平之间的相关关系,即共变关系。所以,在使用相关分析技术的过程中,切不可简单地从变量间的相关关系推出因果关系的结论。

二、相关的性质

从上述的一些例子可以看到,要描述两个变量之间的相关性,需要把握三点:相关的方向、相关的强度、相关的形式。

(一) 正相关、负相关和零相关

根据两个变量在变化方向上的关系,可以将相关划分为正相关、负相关和零相关。

正相关(positive correlation)是指两个变量在数值变化上的方向一致,一个变量的数据由大到小变化时,另一个变量的数据也由大到小地变化,例如,在青少年发育过程中,一般身高越高而体重也越重。虽然这不绝对,但这种趋势还是能够观察得到的。对于有正相关关系的两个变量,一个设为 X,一个设为 Y。对许多个案测量得到 X 和 Y 的两列数据,如果用 X 作为横坐标,Y 作为纵坐标,就可以在二维坐标系中画出每一个个案的坐标点,这些点在坐标系中构成了一个散点图,并借此直观地反映 X 和 Y 之间的变化关系。如图 7-1(a) 反映的就是正相关关系,在这个坐标系中,可以看到散点的分布趋势是左边低,右边高,换句话说,就是 X 比较小,Y 也可能相对比较小;X 比较大,Y 也可能相对比较大。

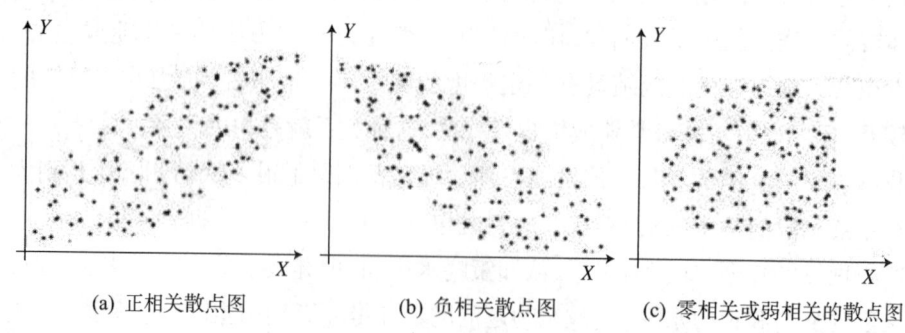

(a) 正相关散点图　　(b) 负相关散点图　　(c) 零相关或弱相关的散点图

图 7-1　线性相关的散点图

负相关(negative correlation)是指两个变量在数值变化上的方向相反,一个变量的数据由大到小变化时,另一个变量的数据却是由小到大地变化。例如,时间与记忆保持量,一般来说,时间越久,个体记忆的保持量越少。图 7-1(b) 反映的就是负相关关系。

在这个坐标系中,可以看到散点的分布趋势是左边高,右边低,换句话说,就是 X 比较小,Y 却可能相对比较大;X 比较大,Y 却可能相对比较小。

零相关(naught correlation),又称无相关,即两列变量的变化没有关联性,一个变量变大或变小与另一个变量没有任何关系,也不会引起另一个变量的变化。图 7-1(c) 就是一种零相关条件下的散点图。

(二) 强相关、弱相关和完全相关

根据两个变量关联的紧密程度,可以将相关划分为强相关、弱相关和完全相关。

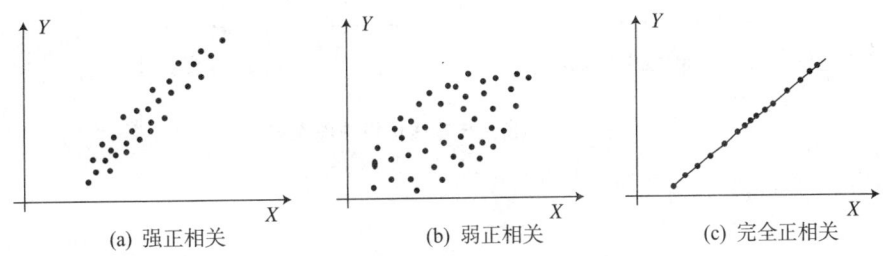

图 7-2　不同强度正相关的散点图

强相关又称高度相关,指的是当一个变量变化时,与之对应的另一个变量随之变化的可能性较大,或者说跟随其变化的程度比较紧密。在散点图上表现为坐标点较为集中地分布在某一直线的附近,如图 7-2(a) 所示。例如,身高与体重的关系、学生的数学成绩与物理成绩的关系等一般呈现强正相关。

弱相关又称为低相关,是指两个变量之间虽然有一定的关系,但联系的强度较低,即一个变量变化时,与之对应的另一个变量变化的可能性较小,或者说其跟随变化的程度不太明显。在散点图上表现为坐标点比较松散地分布在某一直线两边较宽广的范围,见图 7-2(b)。例如,学生的历史课成绩和物理课成绩往往是低相关的。

完全相关是指两个变量在取值上具有一一对应的或完全确定的关系,两个变量之间的关系也可以表示成一个直线方程式,在散点图上表现为各坐标点都处在某一条直线上,见图 7-2(c)。例如,圆半径和圆周长的关系就是这种完全相关关系。

(三) 直线相关和曲线相关

根据变量在数值上的变化关系或散点的分布形式,可以将相关划分为直线相关和曲线相关。

直线相关是指两个变量中的一个变量在增加或减少时,另一个变量也随之增加或减少,它们之间存在一种直线或线性相关的关系。直线相关可以用直线拟合,其散点呈椭圆分布,我们将要讨论的积差相关分析、等级相关分析、偏相关分析都属于直线相关。如图 7-3(a) 显示的是变量的直线相关关系。

曲线相关也叫非线性相关,是指如果两个变量相伴随地变化,未能形成直线相关,其相关就是曲线相关。例如,对数、指数、幂函数、log 曲线等均属于曲线关系。如图 7-

3(b)显示的是曲线相关关系。

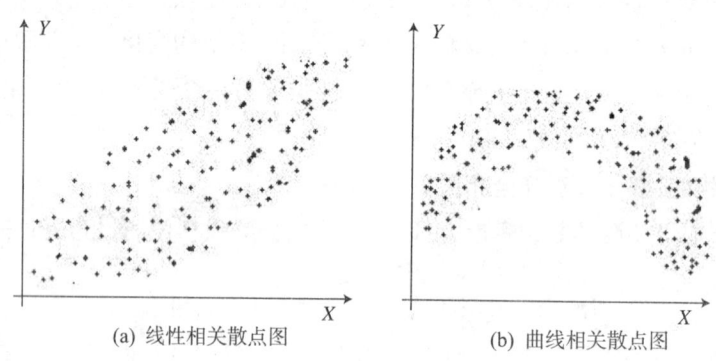

(a) 线性相关散点图　　　　(b) 曲线相关散点图

图7-3　线性与非线性相关散点图

第二节　积差相关分析

积差相关是英国皮尔逊(Pearson)建立起来的、迄今应用最广泛的相关分析技术,它以相关系数的形式较为准确地反映两个变量之间的线性相关程度。那么,这种相关系数的建立是基于一种什么样的思想呢?

一、积差相关系数计算的逻辑

前一节已经介绍,可以使用散点图来直观地反映变量之间的相关关系,而且散点分布的形式反映了变量的相关性质和相关强度。那么,现在我们就从对散点图的分析开始。图7-4所示的散点图来自于图7-1。假如我们登记散点图中的每一对X和Y的值,就可以形成两列具有一一对应关系的数列X和Y,当然也就可以计算出来这两个数列的平均数,即$\bar{X}$和$\bar{Y}$,于是我们就可以在原来的坐标系中通过$X=\bar{X}$做一条垂直于X轴的直线作为新坐标系的Y'轴,通过$Y=\bar{Y}$做一条垂直于Y轴的直线作为新坐标系的X'轴,这样就建立起了一个新的坐标系。在新坐标系中,原来的坐标点的位置以及他们的相对位置都没有改变,所以在新、旧坐标系中,两个变量的相关关系没有发生变化。如图7-4中3个坐标系中的X'和Y'就是新坐标系的坐标轴。在新坐标系中,各点的坐标可以从对应的原坐标经线性转换而来,转换的公式是:

$$X' = X - \bar{X} \tag{公式7-1}$$

$$Y' = Y - \bar{Y} \tag{公式7-2}$$

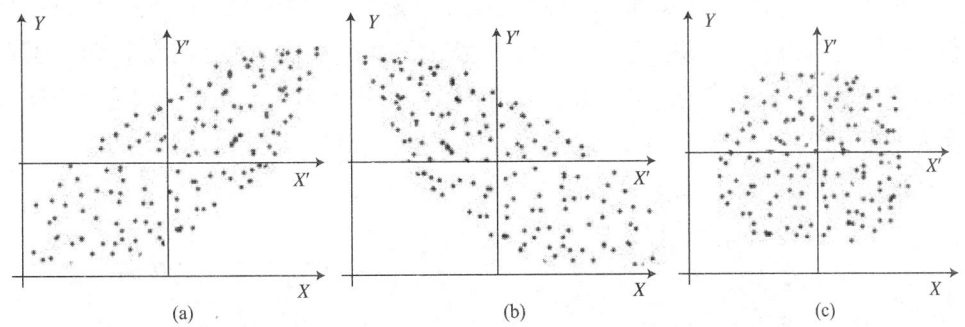

图 7-4 在 (X',Y') 坐标系中散点图的分布与相关程度有关

图 7-4(a)反映了两个变量间的正相关关系。从新坐标系来看,散点主要分布在第一、第三象限,第二、第四象限中的散点比较少。因为第一象限中点的坐标都是正的,第三象限中点的坐标都是负的,也就是说在第一、第三象限中,点的两个坐标乘积为正;而第二、第四象限内点的坐标为一正一负,乘积为负。这些散点的两个坐标相乘结果是大部分为正,少部分为负。在图 7-4(a)所示的情况下,所有点的坐标乘积相加,得到的数值就会比较大,即 $\sum X'Y'$ 比较大。而且不难看出,图 7-4(a) 的散点越是紧密地聚集在一条线的附近,其在新坐标系中落入第一、第三象限的散点就越多,落入第二、第四象限的散点就越少,意味着 $\sum X'Y'$ 就会越大。

同样的道理,可以分析图 7-4(b)。在新的坐标系中,大部分点落入第二、第四象限,而落入第一、第三象限的较少,那么这些点的两个坐标相乘结果中大部分都是负值,少部分是正值。把这些乘积相加就会得到负值,而且这些散点越是密集地集中在一条线的附近,这个乘积相加得到的负值的绝对值就越大。

再分析图 7-4(c)。在新坐标系中,散点落入四个象限的频率差不多,且分布均匀,所以散点坐标的乘积得正值与负值的频率比较接近,将其相加时正、负大致可以互相抵消,即散点坐标的乘积之和比较接近于 0。

如此看来,$\sum X'Y'$ 可以在相当程度上反映两个变量线性相关的性质和强度。不过,这个乘积之和的大小显然与点数有关,所以就会出现类似于这样的可能:两个变量具有强相关,但是由于测量的个案较少,即散点图中的点比较少,使得 $\sum X'Y'$ 的值比较小;或者,两个变量具有弱相关,但是由于测量的个案很多,散点图中的点比较多,使得 $\sum X'Y'$ 的值反而比较大。为了消除由于测量容量不同带来的影响,可以将 $\sum X'Y'$ 的值除以测量样本的容量 n,得到 $\dfrac{\sum X'Y'}{n} = \dfrac{\sum (X-\bar{X})(Y-\bar{Y})}{n}$,从而形成一个很有效的相关测量指标。该指标因以两个变量离均差的乘积之和而得名,被称为协方差(COV)。

但是如果继续分析,会发现其中还有问题:当变量测量单位不一样时,其数值会变化很大,使得这两列变量的数值不具有可比性,而且两个变量可能是在完全不同的测量系统中完成的,这样的两列数值就不可以进行直接计算。为了消除这一问题,统计学家将两列变量值均除以各自的标准差,形成等值单位,使两列变量的数值可以进行计算。于是便形成了积差相关系数最终的计算公式:

$$\rho = \frac{\sum X'Y'}{N\sigma_x\sigma_y} = \frac{\sum(X-\overline{X})(Y-\overline{Y})}{N\sigma_X\sigma_Y} = \frac{1}{N}\sum Z_X Z_Y \quad (用于总体)（公式7-3）$$

$$r = \frac{\sum(X-\overline{X})(Y-\overline{Y})}{nS_X S_Y} = \frac{1}{n}\sum Z_X Z_Y \quad (用于样本) \quad （公式7-4）$$

通过这样的分析,我们不仅得到了计算相关系数的简单公式,而且更清晰地认识了线性相关的内涵以及相关系数大小的意义。

二、积差相关系数的计算

(一) 相关系数的计算

由于积差相关在实际运用中一般都是针对样本数据来进行的,所以相关系数的计算更多使用的是 r 及其相应的计算公式。因为积差相关是统计学家皮尔逊提出来的,所以也叫皮尔逊相关;又因为积差相关测量的是变量间最简单的关系——线性关系,所以又被称作简单相关。

在运用公式7-4时,需要先计算平均数和标准差,所以有时会带来不方便。统计学家对之进行推导和变换,形成可以直接使用原始数据来计算的公式:

$$r = \frac{n\sum XY - \sum X \cdot \sum Y}{\sqrt{[n\sum X^2 - (\sum X)^2] \cdot [n\sum Y^2 - (\sum Y)^2]}} \qquad （公式7-5）$$

与公式7-4相比,公式7-5的方便之处在于:可以根据原始的两列数据,计算出两列数据的乘积之和、每一列数据的和以及和平方、每一列数据的平方和,然后直接代入公式就可以计算出相关系数。如果已知两列数据的标准分,利用公式7-4来计算更加简便。

【例7-1】 表7-1中是10名被试前后两次参加某心理测试的数据,假设其总体为正态分布。计算两次测试分数的相关系数。

表7-1 10名被试两次心理测试的分数

被试	1	2	3	4	5	6	7	8	9	10
第一次	76	50	80	65	90	48	55	81	32	76
第二次	80	53	90	78	86	70	48	76	30	55

【解】 根据已知条件可知这10名被试前后两次参加心理测试的数据呈正态分布,且这两列变量都是观测变量,本例可以运用积差相关来计算相关系数。因为题目中给出了原始数据,因此可以利用公式7-5来计算。将第一次测试分数记为X,第二次测试分数记为Y,因此：

$$\sum X = 76 + 50 + \cdots + 76 = 653$$

$$\sum Y = 80 + 53 + \cdots + 55 = 666$$

$$\sum X^2 = 76^2 + 50^2 + \cdots + 76^2 = 45691$$

$$\sum Y^2 = 80^2 + 53^2 + \cdots + 55^2 = 47694$$

$$\sum XY = 76 \times 80 + 50 \times 53 + \cdots + 76 \times 55 = 46036$$

$$\sum X \sum Y = 653 \times 666 = 434898$$

$$r = \frac{n\sum XY - \sum X \cdot \sum Y}{\sqrt{[n\sum X^2 - (\sum X)^2] \cdot [n\sum Y^2 - (\sum Y)^2]}}$$

$$= \frac{10 \times 46036 - 434898}{\sqrt{(10 \times 45691 - 653^2) \cdot (10 \times 47694 - 666^2)}} = 0.798$$

(二) 相关系数的显著性检验

相关系数的显著性检验指的是由样本相关系数推断总体是否相关。由于相关系数的样本分布比较复杂,受ρ影响大,一般分为$\rho = 0$和$\rho \neq 0$。但不管是$\rho = 0$还是$\rho \neq 0$,其显著性检验的基本步骤是相同的。就皮尔逊相关系数来说,它符合自由度为$n-2$的t分布。其检验的步骤如下所示。

步骤1:提出虚无假设H_0:总体相关系数等于0。

步骤2:计算检验统计量t值和自由度df:

$$t = \frac{r \cdot \sqrt{n-2}}{\sqrt{1-r^2}} \quad \text{(公式7-6)}$$

$$df = n - 2 \quad \text{(公式7-7)}$$

步骤3:查附表3的t值表,进行统计推断。

(三) 相关系数的合并

如果已知几个不同样本的变量间有多个相关系数,那么,如何根据这些相关系数计算得到由这几个小样本合并成的较大样本的相关系数呢?

由于相关系数之间不具有相加性,所以不能将在几个样本中得到的相关系数直接相加再平均。但可以根据Fisher Z_r转换表来完成这种相关系数的合并。具体步骤(车宏生,2006)如下。

步骤1：查附表7 Fisher Z_r 转换表，将各个样本的相关系数值转换成 Z 分数。

步骤2：计算样本 Z 分数的平均分 $\bar{Z}$。如果各样本的容量相等，则直接将各个标准分相加再平均；如果各样本的容量不相等，则需要按照公式7-8计算平均的 Z 分数：

$$\bar{Z} = \frac{\sum (n_i - 3) \cdot Z_i}{\sum (n_i - 3)} \qquad (公式7-8)$$

步骤3：再查附表7 Fisher Z_r 转换表，将平均 Z 分数转换成相关系数，即平均的相关系数 $\bar{r}$。

【例7-2】 有两位研究者分别在50人的男大学生样本中得到其记忆力与英语成绩的相关系数为0.530，在39人的女大学生样本中得到记忆力与英语成绩的相关系数为0.752。试根据这两个样本计算记忆力与英语成绩的相关系数。

【解】 要将这两个相关系数合并得到平均的相关系数，首先要查 Fisher Z_r 转换表将两个相关系数转换成标准分。已知男生样本得到的 $r_1 = 0.530$，女生样本得到的 $r_2 = 0.752$，所以查 Fisher Z_r 转换表得到：$Z_1 = 0.590$，$Z_2 = 0.977$。

因为两个样本容量不相等，所以使用公式7-8来计算平均的 Z 分数：

$$\bar{Z} = \frac{\sum (n_i - 3) \cdot Z_i}{\sum (n_i - 3)} = \frac{47 \times 0.590 + 36 \times 0.977}{47 + 36} = 0.758$$

再查 Fisher Z_r 表，将 $\bar{Z}$ 转换为 $\bar{r} = 0.64$，这就是将男生与女生样本合并后的大样本的相关系数。

三、相关系数大小的意义

变量间共变关系的密切程度不同，相关系数的大小也不一样，它介于 -1.00 ~ 1.00，有正、负之分。正、负号代表相关的性质，相关系数绝对值的大小反映了变量间的相关强度。就是说，判断两个变量间的相关强度是看相关系数的绝对值大小，而不看正负号。如图7-5所示，不同方向和不同强度的相关对应的相关系数也就不一样。

（1）完全正相关，$r = +1.00$，相关系数绝对值达到最大，为最强正相关。

（2）完全负相关，$r = -1.00$，相关系数绝对值达到最大，为最强负相关。

（3）零相关，$r = 0.00$，相关系数绝对值达到最小，为无相关。

（4）强正相关，$r = 0.89$，相关系数绝对值较大，为较强正相关。

（5）弱正相关，$r = 0.58$，相关系数绝对值较小，为较弱正相关。

（6）中等强度负相关，$r = -0.70$，相关系数绝对值中等大小，为中等强度的负相关。

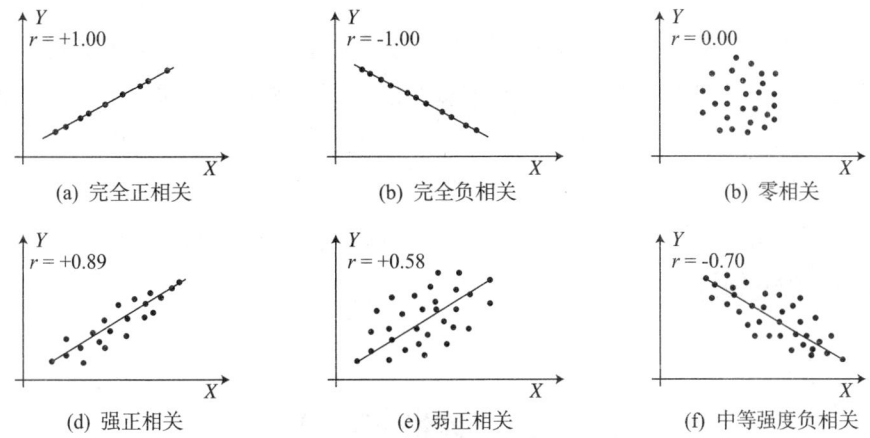

图 7-5 不同方向不同强度的相关对应的相关系数

在通过相关系数比较相关强度时,需要注意的一点是,相关系数不是等距或等比变量,所以在比较相关系数的时候,不能直接使用除法来计算它们的比例关系。例如,不能认为 $r=0.90$ 的相关强度等于 $r=0.45$ 的两倍。当然,相关系数也不能使用简单的加减运算。

四、积差相关的适用条件

一般来说,用积差相关计算相关系数的数据要满足以下条件:① 成对的数据,即若干个体中每一个体都有对应的两个观测值,或者配对样本中每对个体分别测量得到两个变量值;② 数据均来自于正态分布的总体;③ 数据是等距、连续的,包括等距量表数据和等比量表数据;④ 两列变量之间的关系应该是线性的;⑤ 样本容量不宜太小,成对数据的数目宜不少于30对,否则由于数据太少而缺乏代表性,计算的积差相关系数将不能有效说明两列数据的相关关系。

另外,还需要注意计算相关系数时所测量的样本是否具有代表性,以及变量的取值范围是否具有代表性。具体地说有如下两个方面。

(1) 同样的两个变量,在不同样本中会得到不同的相关系数。比如,在大学生群体中抽取样本,研究智力水平与课程考试成绩之间的相关时,相关系数的绝对值可能会比较小,得到弱正相关的结果;而在小学生样本中,同样研究智力水平与课程考试成绩之间的相关时,相关系数的绝对值可能比较大,得到强正相关的结果。这一点启示我们在研究两个变量的相关时,要注意取样范围问题,即在一个什么样的总体中选取样本才能更好地评估变量间的相关关系;其次,在两个不同样本中得到的相关系数,不宜作简单比较,因为两个不同的样本中,变量的取值范围可能有所不同。

(2) 变量取值范围的影响。存在较强相关的两个变量,如果变量值的测量范围不合适,可能得到很弱的相关,甚至接近于零相关。比如上述谈到的智力与课程成绩的相关问题,如果在一个较大的智力水平范围内选取被试,得到的相关系数可能就是比较高的;但是要在一个重点中学的重点班级中选取被试,测量得到的相关系数可能很低。这是因为样本智力水平的分布范围较为广阔时,课程成绩的差异在很大程度上是由智力水平的高低决定的,显示出智力水平与学业成绩间的较强相关;而在智力水平比较接近的情况下,学业成绩的差异更多取决于智力以外的其他方面的因素,从而显示出智力与学业成绩间的相关较弱。

第三节　　等级相关分析

在心理与教育学领域中,有时会出现以下两种情况:① 收集到的数据不是等距或等比的测量数据,而是具有等级顺序的测量数据;② 收集到的数据是等距或等比的数据,但不能确定其是否来自于正态总体,而且它又属于小样本。此时,如果计算两列或两列以上变量的相关,就要用到等级相关。由于等级相关对变量的总体分布不做要求,故又称为非参数的相关方法。本节所讨论的等级相关,也属于线性相关方法。本节主要介绍适合于计算两列变量等级相关的斯皮尔曼相关方法和适合于计算多列变量等级相关的肯德尔相关方法。

一、斯皮尔曼等级相关

(一)斯皮尔曼等级相关的适用条件

斯皮尔曼等级相关(Spearman's correlation coefficient for ranked data)是等级相关的一种,常用符号 r_R 或 r_S 表示,有时也称为斯皮尔曼 ρ 系数。下面两种情况适合采用斯皮尔曼等级相关:① 只有两列具有等级变量性质的变量,且两列变量具有线性关系的资料,主要用于解决称名数据和顺序数据的相关问题;② 即使是属于等距或等比性质的变量,但若按其取值大小赋以等级顺序,则亦可采用等级相关。

从以上斯皮尔曼等级相关适用条件来看,斯皮尔曼等级相关的计算对数据整体的分布状态不做要求。不管数据是不是正态分布,都可以用等级相关计算相关系数。因此等级相关的适用范围比积差相关的适用范围大,这是它的优点。并且当样本容量 $n < 30$ 时,计算也比较简便。但是等级相关也有缺点:同一组能使用积差相关计算的资料若改用等级相关计算,就会损失一部分信息,导致精确度降低。因此,凡符合积差相关计算条件的资料,不要用等级相关计算。

(二)斯皮尔曼等级相关的计算方法

计算斯皮尔曼等级相关系数的基本公式是：

$$r_R = 1 - \frac{6\sum D^2}{N(N^2-1)} \quad \text{(公式 7-9)}$$

公式 7-9 中，D 表示各对数据在等级上的差异量，N 表示观测样本的容量。比如对一个 20 人的班级进行数学和物理测验，则 $N=20$。例如，得到小明的测验成绩的排名：数学成绩在全班排第 10 名，即 $R_X=10$；物理成绩在全班排第 15 名，即 $R_Y=15$，则两门课程成绩的等级差异量 $D=R_X-R_Y=10-15=-5$。

斯皮尔曼相关系数计算的步骤如下。

步骤 1：数据转换，即将两列数据均按由小到大或由大到小的顺序排列，以便将其转换为等级数 R_X 与 R_Y。

步骤 2：重新进行排列，即把每一个体两个数据对应的等级对应排列。

步骤 3：计算等级差数，即计算每一成对数据的等级差 $D=R_X-R_Y$，并计算 $\sum D^2$。

步骤 4：将数据代入公式 7-9 得到等级相关系数。

步骤 5：进行显著性检验，方法与积差相关显著性检验相同。

【例 7-3】 现有 10 名学生的数学成绩名次和语文成绩名次(见表 7-2)，问这 10 名学生的数学成绩和语文成绩排位是否具有一致性？

表 7-2 10 学生数学与语文成绩名次

学生	数学成绩名次 R_X	语文成绩名次 R_Y	$D=R_X-R_Y$	D^2	$R_X R_Y$
1	7	5	2	4	35
2	2	2	0	0	4
3	5	1	4	16	5
4	8	8	0	0	64
5	1	6	-5	25	6
6	9	10	-1	1	90
7	10	9	1	1	90
8	6	7	-1	1	42
9	4	4	0	0	16
10	3	3	0	0	9
$\sum$	55	55	0	48	361

【解】 此题研究的是数学成绩和语文成绩排名是否具有一致性，而且是同一组被试测得的成对数据，并且其数据类型是顺序数据，因此选用斯皮尔曼等级相关。

先按照公式 7-9 的方法进行计算。已知 $N = 10$，$\sum D^2 = 48$，将数据代入公式 7-9 可得：

$$r_R = 1 - \frac{6\sum D^2}{N(N^2-1)} = 1 - \frac{6 \times 48}{10 \times (10^2-1)} = 0.709$$

以 t 分布检验相关系数的显著性水平，将数据代入公式 7-6 和公式 7-7 可得：

$$t = \frac{r \cdot \sqrt{N-2}}{\sqrt{1-r^2}} = \frac{0.709 \times \sqrt{10-2}}{\sqrt{1-0.709^2}} = 2.844, df = 8$$

查附表 3 的 t 值表可知，$df = 8$ 时，0.05 显著性水平对应的 t 的临界值为 2.306，0.01 显著性水平对应的 t 的临界值为 3.355。本例中 $t = 2.844 > 2.306$，$t = 2.844 < 3.335$，所以相关系数达到了 0.05 显著性水平，但没有达到 0.01 显著性水平。

公式 7-9 的使用前提是 $\sum R_X = \sum R_Y$，$\sum R_X^2 = \sum R_Y^2$。然而我们知道，只有当两组变量都没有相同等级出现时，这一前提才能满足。那么，当两组变量出现相同等级时，我们该如何计算斯皮尔曼等级相关呢？

我们知道，随着变量中相同的等级增加时，$\sum R^2$ 的大小在不断变小，并且呈现出一定的规律。$\sum R^2$ 随变量数目不断减少的规律如下：

$$C = \frac{n(n^2-1)}{12} \quad \text{（公式 7-10）}$$

其中，C 为 $\sum R^2$ 减少的值，n 为某一相同等级的数目。

当变量出现相同等级时，计算斯皮尔曼等级相关的公式为：

$$r_{RC} = \frac{\sum x^2 + \sum y^2 - \sum D^2}{2 \cdot \sqrt{\sum x^2 \cdot \sum y^2}} \quad \text{（公式 7-11）}$$

其中，$\sum x^2 = \frac{N^3 - N}{12} - \sum C_x$，$\sum y^2 = \frac{N^3 - N}{12} - \sum C_y$，$\sum C_x$ 为 x 变量所有相同等级所减少的数目，$\sum C_y$ 为 y 变量所有相同等级所减少的数目。

【例 7-4】 有 16 名学生参加了智商测验和数学课程考试，成绩如表 7-3 所示，试计算其斯皮尔曼等级相关系数（王晓柳，2001）。

表 7-3 16 名学生智商测验与数学考试成绩

学生编号	智商测验 X	数学考试 Y	R_X	R_Y	D	D^2
1	82	75	1.0	2.0	-1.0	1.00
2	86	81	2.0	4.5	-2.5	6.25
3	87	85	3.0	7.0	-4.0	16.00

学生编号	智商测验 X	数学考试 Y	R_X	R_Y	D	D^2
4	88	73	4.0	1.0	3.0	9.00
5	92	87	5.0	9.0	-4.0	16.00
6	94	79	6.0	3.0	3.0	9.00
7	96	95	7.0	13.5	-6.5	42.25
8	97	85	8.0	7.0	1.0	1.00
9	100	81	9.5	4.5	5.0	25.00
10	100	88	9.5	10.0	-0.5	0.25
11	102	95	11.0	13.5	-2.5	6.25
12	105	89	12.0	11.0	1.0	1.00
13	106	85	13.0	7.0	6.0	36.00
14	108	100	14.0	16.0	-2.0	4.00
15	110	90	15.0	12.0	3.0	9.00
16	113	97	16.0	15.0	1.0	1.00
∑					0.0	183.00

【解】 先按从小到大的顺序对 X 和 Y 两列数据进行排列,得到每个测试分数在所在数据列中的排列等级,然后将每一学生智商分数、数学分数的等级数对应排在该学生的后边。当遇到相同分数的时候,先排定这些分数在数列中所占的位次,然后取这些相同数据所占位次的中间值作为它们的等级值。如表7-3中的 Y 的数列中,有两个81分,在排列中应占2个位次,即4到5,取这一位次范围的中点4.5作为2个81分的等级值;同样对于3个85分,因为所占位次范围是6至8,所以用7.0作为3个数据的等级值。

首先,计算 $\sum C_x^2$ 与 $\sum C_y^2$,根据公式7-10,可以求得:

$$\sum C_x^2 = \frac{2(2^2-1)}{12} = 0.5$$

$$\sum C_y^2 = \frac{2(2^2-1)}{12} + \frac{3(3^2-1)}{12} + \frac{2(2^2-1)}{12} = 3,$$

$$\sum x^2 = \frac{16(16^2-1)}{12} - 0.5 = 339.5$$

$$\sum y^2 = \frac{16(16^2-1)}{12} - 3 = 337,$$

将 $\sum x^2$ 与 $\sum y^2$ 代入公式7-11得:

$$r_{RC} = \frac{\sum x^2 + \sum y^2 - \sum D^2}{2 \cdot \sqrt{\sum x^2 \cdot \sum y^2}} = \frac{339.5 + 337 - 183}{2 \times \sqrt{339.5 \times 337}} = 0.729$$

以 t 分布检验相关系数的显著性水平,将数据代入公式 7-6 和公式 7-7 可得:

$$t = \frac{r \cdot \sqrt{N-2}}{\sqrt{1-r^2}} = \frac{0.729 \times \sqrt{14}}{\sqrt{1-0.729^2}} = 3.985, df = 14$$

查附表 3 的 t 值表可知,$df = 14$ 时,0.01 显著性水平对应的 t 的临界值为 2.977,本例中 $t = 3.985 > 2.997$,所以相关系数达到了 0.01 显著性水平。

斯皮尔曼等级相关主要是通过计算每一个案两个观测值的等级差来完成的,这种方法主要适用于样本量 $N < 30$ 的情况。如果样本容量很大时,这样做是比较烦琐的,所以也可以直接使用数据的排列等级进行计算,这种方法也因此叫作等级序数法。其公式为:

$$r_R = \frac{3}{N-1} \cdot \left[\frac{4 \sum R_X R_Y}{N(N+1)} - (N+1) \right] \quad (公式 7-12)$$

公式 7-12 中,R_X 与 R_Y 为两列变量各自排列的等级序数。

例如,在例题 7-3 中,我们按照公式 7-12 的方法进行计算。已知 $N = 10$,将表 7-2 中相应数据代入公式 7-12 可得:

$$r_R = \frac{3}{10-1} \times \left[\frac{4 \times 361}{10(10+1)} - (10+1) \right] = 0.709$$

两种算法所得结果完全一致,10 名学生数学与语文的考试成绩排位等级相关系数为 0.709,说明他们在两门课程中的成绩排名比较一致。

二、肯德尔等级相关

上面我们介绍的斯皮尔曼等级相关主要适用于两列数据的等级相关。如果要获得多列变量间的等级相关系数则要采用肯德尔等级相关。下面介绍肯德尔等级相关中较常用的肯德尔系数(Kendall's W,常用 W 表示),也叫作肯德尔和谐系数(Kendall coefficient of concordance)。

假如,有 10 位评价者对 7 本文学作品进行整体评价,那么如何评估这 10 位评价者评分的一致性呢?如果某用人单位为了招聘工作人员而要进行面试,聘请了 5 位面试考官来给 10 位应聘者评分,那又如何对考官评分的一致性(又称评分者信度)进行评估呢?很显然,这些数据多半是顺序变量,不适合做积差相关。同时由于数据超过了两列,也不适合做斯皮尔曼等级相关。这时就需要计算肯德尔和谐系数来对之进行评估。

采用肯德尔 W 系数进行计算的变量数据一般是采用等级评定方法获得的,即 k 个评价者对 N 个事件、N 种作品或 N 个考生进行评定,可获得 k 列从 1 至 N 的等级变量资料。

肯德尔 W 系数的基本计算公式是:

$$W = \frac{12 \cdot S}{k^2(N^3 - N)} = \frac{12 \cdot [\sum R_i^2 - (\sum R_i)^2/N]}{k^2(N^3 - N)} \qquad \text{（公式 7-13）}$$

公式中，R_i 代表每一被评价对象在所有 k 个评价者那里所获得的评定等级之和，N 代表被评价对象的数目，k 代表评价者的数目。

利用公式 7-13 所计算的 W 值必定介于 0 与 1，越接近 0 说明评价者评定的等级越不一致，而越接近 1 说明评价者评定的等级越是一致。

如果出现极端值，例如 W 等于 0，则说明评价者的评定等级完全不一致；W 等于 1，则说明评价者的评定等级完全一致。

【例 7-5】 有 10 位读者对 7 本文学作品进行评价，要求根据自己对这些作品的喜好程度进行排序，结果如表 7-4 所示。问这 10 位读者对 7 本作品的喜好顺序具有一致性吗？

表 7-4 10 位读者对 7 本文学作品的评价等级

作品 $N=7$	评价者（$k=10$）										R_i	R_i^2
	1	2	3	4	5	6	7	8	9	10		
1	3	5	2	3	4	4	3	2	4	3	33	1089
2	6	6	7	6	7	5	7	7	6	6	63	3969
3	5	4	5	7	6	6	4	4	5	4	50	2500
4	1	1	1	2	2	2	2	1	1	2	15	225
5	4	3	4	4	3	3	5	6	3	5	40	1600
6	2	2	3	1	1	1	1	3	2	1	17	289
7	7	7	6	5	5	7	6	5	7	7	62	3844

【解】 此类数据采用肯德尔 W 系数来评估。已知 $N=7$，$k=10$。先根据表 7-4 中的数据，计算每一件作品获得的评价等级之和，即表中 R_i 对应的一列数据，进而计算 R_i^2，即表中最后一列数据。将这两列数据各自求和得到：$\sum R_i = 280$，$\sum R_i^2 = 13516$，将数据代入公式 7-13 可得：

$$W = \frac{12 \cdot [\sum R_i^2 - (\sum R_i)^2/N]}{k^2(N^3 - N)} = \frac{12 \times (13516 - 280^2/7)}{10^2 \times (7^3 - 7)} = 0.827$$

从所得 W 值看，10 位读者对这 7 部作品的评价或喜好度具有较高的一致性。

第四节　偏相关分析

简单相关分析计算的是两个变量间的相关系数，以及两个变量间的线性关联程度。但在进行相关分析时,往往会因为第三个变量的作用,使相关系数不能真正反映两个变量间的线性关联程度。例如,1~5岁儿童的身高和言语能力的相关系数为0.85,但如果排除年龄因素的影响,则儿童身高和言语能力之间的相关系数就可能达不到显著水平。怎样在排除年龄因素影响的情况下对儿童身高和言语能力进行相关分析?这就要采用偏相关分析技术。

偏相关(partial correlation)也称单纯相关,任务是在研究两个变量之间的线性关系时控制可能对其产生影响的其他变量,即在计算两个连续变量 x 与 y 之间的相关时,将第三个变量 z 或其他多个变量的影响排除。排除 r_{xz} 和 r_{yz} 后得到的 x 与 y 这两个变量之间的纯净相关,用符号 $r_{xy.z}$ 表示,点号左边的两个下标代表要计算的偏相关的两个变量,点号右边的下标表示要消除其影响的变量。偏相关的计算公式如下:

$$r_{xy.z} = \frac{r_{xy} - r_{xz} \cdot r_{yz}}{\sqrt{(1 - r_{xz}^2)(1 - r_{yz}^2)}} \quad (公式7-14)$$

$r_{xy.z}$ 是控制了变量 z 的影响的情况下计算的 x、y 之间的偏相关系数。r_{xy} 是变量 x、y 间的简单相关系数或称零阶相关系数;r_{xz} 和 r_{yz} 分别是变量 x、z 间和变量 y、z 间的简单相关系数。

偏相关系数的显著性检验也使用 t 分布,检验统计量 t 值及自由度的计算公式为:

$$t = \frac{r \cdot \sqrt{n-k-2}}{\sqrt{1-r^2}} \quad (公式7-15)$$

$$df = n - k - 2 \quad (公式7-16)$$

公式中,r 是要检验的偏相关系数,n 是观测样本的容量,k 是被控制变量的数目。

【例7-6】 某地20名13岁男童身高(x)、肺活量(y)和体重(z),以及一个学期末的体育课成绩等级如表7-5所示。试计算在控制了体重变量影响时身高与肺活量的偏相关系数。

表7-5 20名男童的身高、肺活量、体重、体育成绩等级数据

编号	身高/cm	肺活量/L	体重/kg	体育成绩等级
1	135.10	1.75	32.00	1
2	146.50	2.50	33.50	3
3	167.80	2.75	41.50	3
4	148.50	2.25	37.20	3
5	153.30	2.75	41.00	3
6	153.00	1.75	32.00	2
7	155.10	2.75	44.70	2
8	149.90	2.25	33.90	3

续表

编号	身高/cm	肺活量/L	体重/kg	体育成绩等级
9	158.20	2.00	37.50	2
10	154.60	2.50	39.50	2
11	139.90	1.75	30.40	2
12	156.20	2.75	37.10	3
13	149.70	1.50	31.00	1
14	165.50	3.00	49.50	3
15	152.00	1.75	32.00	1
16	147.60	2.00	40.50	2
17	160.50	2.00	37.50	2
18	160.80	2.75	40.40	2
19	150.00	1.75	36.00	1
20	156.50	1.75	32.00	1

【解】 设身高、肺活量和体重3个变量分别为 x、y、z。首先采用皮尔逊积差相关计算得到以下3个简单相关系数：$r_{xy}=0.556$、$r_{xz}=0.634$、$r_{yz}=0.804$，将这些数据代入公式7-14可得：

$$r_{xy \cdot z} = \frac{r_{xy} - r_{xz} \cdot r_{yz}}{\sqrt{(1-r_{xz}^2)(1-r_{yz}^2)}} = \frac{0.556 - 0.634 \times 0.804}{\sqrt{(1-0.634^2)(1-0.804^2)}} = 0.100$$

控制体重的影响后，身高与肺活量的偏相关系数为0.100。

对这一偏相关系数进行显著性检验。将数据代入公式7-15和公式7-16可得：

$$t = \frac{r_{xy \cdot z} \cdot \sqrt{n-k-2}}{\sqrt{1-r_{xy \cdot z}^2}} = \frac{0.100 \times \sqrt{17}}{\sqrt{1-0.100^2}} = 0.412$$

$$df = n - k - 2 = 17$$

而自由度等于17时，0.05显著性水平的 t 值为2.11。可见本例中的偏相关系数远未达到显著性水平，说明控制了体重变量的影响之后，身高与肺活量未显示出相关性。

关键词

相关、正相关、负相关、零相关、强相关、弱相关、完全相关、直线相关、曲线相关、积差相关、皮尔逊相关、等级相关、斯皮尔曼等级相关、肯德尔和谐系数、偏相关

练习与思考

1. 什么是积差相关？积差相关的使用条件有哪些？
2. 假设两列变量为线性关系，计算下列各种情况的相关时应用什么方法？
   （1）两列变量是等距或等比的数据且均为正态分布。
   （2）两列变量是等距或等比的数据但不为正态分布。
   （3）两列变量为等级变量。
3. 欲考察甲、乙、丙、丁4人对4件工艺品的等级评定是否具有一致性，运用哪种相关方法？
4. 随机观测15名高一学生的语文推理测验成绩 X 和数学考试成绩 Y（两个测验的满分均为100分，假设测验分数呈正态分布），试求这两个测验分数之间的相关系数。

表7-6 15名学生语文推理测验和数学考试的成绩

被试	1	2	3	4	5	6	7	8	9	10	11	12	13	14	15
X	31	23	40	19	60	15	46	26	32	30	58	28	22	23	33
Y	76	60	81	56	90	50	85	68	80	73	87	70	58	60	82

5. 某班10名学生一次测验数学成绩排名与总成绩排名如下表所示，求该次测验数学成绩与总成绩的相关性。

表7-7 10名学生数学成绩和总成绩排名

学生	1	2	3	4	5	6	7	8	9	10
数学成绩	90	89	92	87	80	76	77	83	75	70
总成绩排名	1	2	3	4	5	6	7	8	9	10

6. 10名高三学生数学考试成绩与自学能力测验成绩如下表，问二者相关性如何？

表7-8 10名学生数学考试成绩及自学能力评价等级

学生	1	2	3	4	5	6	7	8	9	10
数学考试成绩	90	84	76	71	71	71	69	68	66	64
自学能力评价	3	2	5	7	4	6	8	7	10	9

7. 6位教师各自评阅相同的5篇作文，下表为6位教师分别给每篇作文评分的等级，试求评分者信度。

表 7-9 6 位教师对 5 篇作文的评价结果

作文编号	评分者					
	1	2	3	4	5	6
1	3	3	3	3	3	3
2	5	5	4	5	5	5
3	2	2	1	1	2	2
4	4	4	5	4	4	4
5	1	1	2	2	1	1

8. 借助于 SPSS 系统软件重新对例 7-1、7-3、7-4、7-5、7-6 以及练习题第 5、6、7 题中的数据进行分析。

课程资源

积差相关的计算(视频 7-1)

等级相关的计算(视频 7-2)

肯德尔和谐系数的计算(视频 7-3)

偏相关的计算意义与计算过程(视频 7-4)

相关分析案例(视频 7-5)

第八章

聚类分析

内容概览

聚类分析是包括心理学在内的众多行为科学领域常用的数据分析方法，它可以根据较为完备的观测指标体系及数据对研究样本的个案进行分类，也可以对指标体系中的变量进行分类。聚类分析方法主要有三种类型：层次聚类分析、快速聚类分析、两步聚类分析，本章只介绍前两种聚类分析的逻辑原理和基本程序。聚类分析的基础是距离计算，也包括相似性计算。层次聚类分析是按照距离最近原则进行个案/变量的逐次归类或小类合并。快速聚类分析适用于个案较多时，一般只用于对个案的分类。

"物以类聚,人以群分",科学研究者在揭示对象特点及其相互作用的过程中,不惜花费大量时间和精力开展分类工作。心理学研究经常遇到的分类有两种情况:一是对研究样本或个案的分类,即根据个案一系列变量的观测值,将那些表现相似的个案归为一类,同时也是将那些相似度低的个案归到不同的类;二是对变量的分类,即根据观测变量的相关度,将指标体系中的变量归为性质明显不同的几个方面。在统计学中,分类被称为聚类(classifying)。

第一节 聚类分析的基础

一、聚类分析的基本含义

事物相似或不相似都是相对的。对事物进行分类,实际上都是根据这些事物某些定性的或定量的差异性进行的。差异性越小越可能被认为是同一类,反之就越有可能被认为是不同的类。事物间的定量差异是聚类分析的数学基础,定性差异则是聚类分析结果选择的依据,所以聚类分析是定量与定性分析的结合。一般要使用统计学方法对事物或事物属性进行分类,必须要有一系列反映这些事物属性的变量值,然后依据数理方法将观测对象或所测量的指标进行分类。在教育领域,可以按照各高校在基础建设、教研条件、师资队伍、科学研究、人才培养、技术开发、行政管理等方面的实力来对高校办学综合实力进行评估,获得一系列测量数据,然后采用统计学方法将这些高校分类,比如可以分成科研型、教学型、教学-科研型三类,也可以分成办学水平高的、中等的、较差的三类。做这样的分类有利于教育行政管理部门更有效地调配资源,促进高等教育事业的整体快速发展。又如,在医疗领域,可以根据病人的一系列症状指标,判断病人患病的类型和程度,便于采用有针对性的治疗方案。

聚类分析是一种数值分类方法,它将分类对象置于一个多维空间中,然后按照它们的亲疏远近进行分类。所以它需要基本的数据资料,即由多方面的数据资料构成的指标体系。也就是说,进行聚类分析,要先建立由某些事物属性构成的指标体系,或者说是变量集。入选的每个变量必须能刻画事物的某个独特侧面,组合起来又较为完备。所谓完备,是说入选的指标很充分,它们互相配合可以共同刻画事物的特征,其他任何新增变量会显得多余。如果所选指标不完备,则会导致分类偏差或分类不稳定。比如要对家庭教养方式进行分类,就要有描述家庭对子女教养的一系列变量,这些变量能够充分反映不同家庭对子女教养的差异性。

二、多维度空间中距离的测量

在几何空间中,点间距离越小,它们就越是聚集在一起。如果出现了多个点聚集区,就可以把这些区看成几个集群。现实中,每个集群有其独特性质时,就可以被称为是一个独特的类别。如果坐在飞机上向下俯瞰,就会看到地面上的建筑物分布很不均匀,两两远近不一。而且,因为一些建筑物间距很小而聚集在了一起,一些建筑物间距很大而分属不同的群,于是有了不同的村庄、不同的城市。可见,几何空间中的点或物集群分布的基础主要是空间距离。根据点的分布特点,可以在一维、二维或三维中进行距离计算。维度越低,距离计算越容易,也更容易理解。如图 8-1 标识出了一维、二维和三维坐标系中点的距离 d_{ij}。

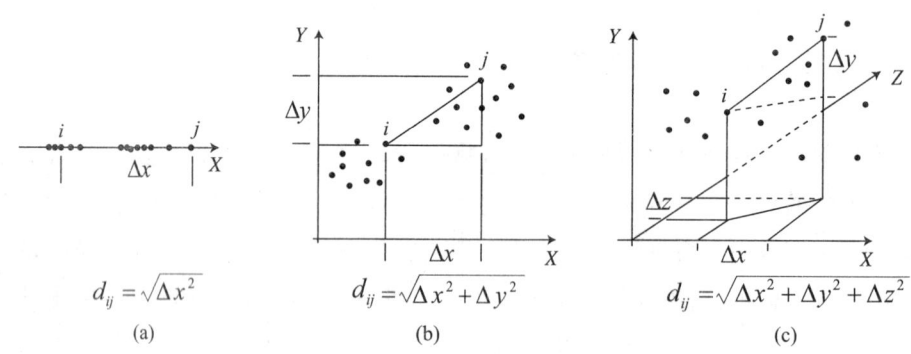

图 8-1 不同维度数坐标系中点距离的计算

图 8-1 所示的 i 和 j 两点距离 d_{ij},可以根据欧几里得定律,分别在一维、二维、三维坐标系中进行计算,计算的结果也因此被称为欧式距离(euclidean distance)。

一维坐标系中两点距离:$d_{ij} = \sqrt{\Delta x^2} = \sqrt{(x_i - x_j)^2}$

二维坐标系中两点距离:$d_{ij} = \sqrt{\Delta x^2 + \Delta y^2} = \sqrt{(x_i - x_j)^2 + (y_i - y_j)^2}$

三维坐标系中两点距离:$d_{ij} = \sqrt{\Delta x^2 + \Delta y^2 + \Delta z^2} = \sqrt{(x_i - x_j)^2 + (y_i - y_j)^2 + (z_i - z_j)^2}$

上述计算中,如果不对坐标差异平方和开方,则计算结果叫作欧式距离平方(squared euclidean distance)。

心理学研究中,经常会采用多个变量描述研究对象及其差异性,这些差异性也就可被看成多维坐标系中的点距。观测的结果越接近或越相似,个案的点间距越小,越有可能聚集在一起。

当然,在聚类分析中,距离的概念还有另外一层含义。对于被观测的对象来说,观测结果越接近,其距离越小,越有可能被分在一个类群。对于两个观测变量来说,如果相关度越高,则反映其越具有同质性,也越有可能属于同一个变量类群。这时,"距离"

是通过计算相关度反映二者变化的相似性和不相似性,也就是所谓的距离相关(distance correlation)。所以,回归分析中的距离包括一般的距离和相似性系数两种类型(张敏强,1993)。根据一系列变量值计算个案间的距离,类似于上述的几何空间距离的计算方法,所以也叫作欧氏距离;计算观测变量之间的相似性,就是计算相关系数,被称为相似性系数。所以,聚类分析中的距离测量包括两种类型:距离和相似性系数。

(一)距离

如果将上述几何空间点距的计算方法扩展到 m 维坐标系中,那么该坐标系中第 i 和第 j 个点的坐标可以表示为公式 8-1 的形式。

$$X_i = \begin{Bmatrix} x_{i1} \\ x_{i2} \\ \vdots \\ x_{im} \end{Bmatrix} \qquad X_j = \begin{Bmatrix} x_{j1} \\ x_{j2} \\ \vdots \\ x_{jm} \end{Bmatrix} \qquad (公式 8-1)$$

对被观测的个案进行 m 个变量的测量,然后依据这些测量结果对观测个案进行分类,就相似于将这些个案置于 m 维坐标系中,对其分类的依据就是这些个案在 m 维坐标系中的距离。距离的计算要分两种情况:① 观测指标是连续变化的;② 观测指标是非连续变化的。

如果观测值都是连续变化的数值,则主要采用欧氏距离算法,其计算公式为:

$$d_{ij} = \sqrt{\sum_{w=1}^{m} (x_{iw} - x_{jw})^2} \qquad (公式 8-2)$$

欧氏距离是聚类分析中最常用的距离计算方法,但计算量相对较大。所以这里再介绍两种也较为常用但不是很精确的计算方法,即绝对值距离、切比雪夫距离。

绝对值距离也称为曼哈顿(Manhattan)距离,是以空间两点各维度指标间差值的绝对值之和为其距离度量值的,公式为:

$$d_{ij} = \sum_{w=1}^{m} |x_{iw} - x_{jw}| \qquad (公式 8-3)$$

切比雪夫距离取空间两点 m 个指标的差值中绝对值最大的那一个作为距离度量值,公式为:

$$d_{ij} = \max_{w} |x_{iw} - x_{jw}| \qquad (公式 8-4)$$

对于非连续变化的变量,则需要采用其他的距离计算方法。如果指标体系中是顺序变量、等级变量或称名变量,则需要将其作为计数变量来对待,常选 χ^2 计算;如果指标体系中有二项记分变量,则常选二元欧氏距离平方等方法。

(二)相似性系数

相似性系数是描述测量指标间亲疏程度的,取值范围在 -1~1 之间,其中极端值 -1 和 1 只有当两个变量的观测值完全符合直线关系时才会出现。相似性系数的计算方法也很多,最常用的是计算积差相关系数来替代。

假如在容量为 n 的样本中对指标体系进行测评得到每个个案的 m 项变量测试值,那么对于变量 Y_i 和 Y_j 来说,测量值可以表示成:

$$Y_i = \begin{Bmatrix} y_{i1} \\ y_{i2} \\ \vdots \\ y_{in} \end{Bmatrix} \qquad Y_j = \begin{Bmatrix} y_{j1} \\ y_{j2} \\ \vdots \\ y_{jn} \end{Bmatrix} \qquad (公式 8-5)$$

于是这两个变量的观测值就形成了一一对应的两组数据,所以最直接的方法就是利用积差相关计算它们之间的相似性。当然,积差相关计算要求两组数据是连续变化的数据资料,或可以近似地看作连续变化的数据资料。

在不同条件下,可以选用其他相似性计算方法。这里不再一一介绍。

聚类分析中,描写被分类事物间关系的亲疏程度的各种指标,无论是距离还是相似性系数,都必须是定义合理、计算简便的,要能突出事物间的主要差异性(张敏强,1993)。选择指标时还要与聚类分析的目的相适应。测度指标不同,反映的事物间的差异性不同,聚类分析的结果也不相同。应该慎重选择距离或相似性系数指标,使分类尽量合理或符合实际。

三、测量指标的量纲统一

聚类分析所依赖的指标体系,往往是一些性质不同的变量,它们的测量方法或测量单位都可能不一样,常常以不同数量级的数据出现。我们把这种情况叫量纲不一致,就是数量级不一样,它带来的直接后果就是各变量在个案间距计算中所起的作用不一样,容易导致分类偏差。例如,一项实验记录被试的正确率和反应时,正确率以百分数来表示,测量值的分布范围为 0.00 ~ 1.00;反应时间常常以毫秒单位计,测量结果通常是以百位数甚至更大量级的数据。如果用欧氏距离来计算个案间的亲疏程度即距离,则 $d_{ij} = \sqrt{(p_i - p_j)^2 + (t_i - t_j)^2}$。很明显,在这个算式中,$(p_i - p_j)^2$ 的数量级是在小于 1.00 范围的小数,$(t_i - t_j)^2$ 的数量级可能会达到以万计,这两项相加时,前一项几乎不起作用,它在结果中可以忽略不计。这一距离的计算实际上只是由反应时间一项决定的,显然不恰当。为了综合地考虑两项测试结果来计算,就需要将两项指标的量纲调整到基本一致。常用的方法有以下几种(张敏强,1993)。

(一)数据中心化变换

如果一组数据的量纲不一致是由于各自的分布中心差异很大造成的,就可以对各组数据作中心化变换,即将数据转换为其离差值,而所有变量的离差值分布的中心均为 0。计算公式是:

$$x'_{iw} = x_{iw} - \bar{x}_w \qquad \text{(公式 8-6)}$$

（二）数据标准化变换

如果各个变量的数据量纲不一致是由各自的方差有显著性差异导致的，可以对数据进行标准化处理，即转化为标准 Z 分数。公式是：

$$Z_{iw} = \frac{x_{iw} - \bar{x}_w}{S_w} \qquad \text{(公式 8-7)}$$

（三）极差正规化变换

极差正规化变换是将各组数据均变换为以其原来的最小数为 0 点，以其原来数据的全距为单位的一组小数，其转换后分数的范围为 0～1。也就是说，经过了极差正规化转换后，原来最小的数转换为 0，最大的数转换为 1。公式是：

$$x'_{iw} = \frac{x_{iw} - \min_i\{x_{iw}\}}{\max_i\{x_{iw}\} - \min_i\{x_{iw}\}} \qquad \text{(公式 8-8)}$$

（四）对数变换

呈现指数函数特征的数据不能直接与其他数据一起参与聚类分析，必须要首先对其进行对数变换，公式是：

$$x'_{iw} = \log_a x_{iw} \qquad \text{(公式 8-9)}$$

原来具有指数函数特征的数据经过对数变换后就会呈现出线性特征，可以参与聚类分析。但在转换之前，要注意判断数据特征，如果不是对数特征而对其进行了对数变换，不仅未能达到调整数据的目的，反倒会带入新的错误。

根据聚类的对象不同、测量的指标体系不同、数据性质不同、采取的操作手段不同，聚类分析的实际过程相差很大，特别是距离及相似性系数计算方法的选择都会很不相同。通常，把聚类分析划分为层次聚类（hierarchical cluster）、快速聚类（K-means cluster）、两步聚类（two step cluster）三种形式，本章只介绍前两种。层次聚类分析又可划分为针对个案的 Q 聚类分析和针对观测变量的 R 聚类分析。

第二节　层次聚类分析

层次聚类分析实际上就是逐次聚类分析，其逻辑过程是根据一个完备的指标体系，对观测个案或观测变量进行聚类。它不仅要计算个案间或变量间的距离，而且还要计算小类与个案或单个变量、小类与小类之间的距离。通常是把观测样本中的每一个体或指标体系中的每一变量看作是一个独立的小类，计算它们两两之间的所有距离，然后通过距离比较，把距离最小的两个聚为一个小类。接着计算这个新类与其他各类之间的距离,再把其中距离最小的聚为一类,如此不断地进行下去,直到所有个体或所有变量聚为一个大类为止。所以,层次聚类方法是一个由多到少的聚类过程,它不仅可以将个体或单个变量分为若干类,而且形成一个类属间的层次关系,可以依据分类的过程绘制个体或变量的谱系关系图。如前所述,统计学中把对个案的层次聚类分析叫 Q 聚类分析,针对变量的层次聚类分析叫 R 聚类分析。

可见,前文所述的距离及其计算方法是 Q 聚类分析的基础,也是聚类分析的前期阶段。下面,我们以 Q 聚类分析为例来说明层次聚类分析的一般过程。

一、完备的指标体系及其数据的获取

研究者会根据研究对象的主要特征,并考虑分类的主要目的,选择恰当的一系列观测变量构成一个完备的指标体系。对抽取来的所有样本或个案进行观测,取得各个指标的数据列。如表 8-1 所示的数据矩阵中,观测样本的容量为 n,指标体系中的变量数为 m。

表 8-1 样本观测数据的矩阵

个案编号	指标 1	指标 2	…	指标 m
1	X_{11}	X_{21}	…	X_{m1}
2	X_{12}	X_{22}	…	X_{m2}
…	…	…	…	…
n	X_{1n}	X_{2n}	…	X_{mn}

二、距离计算与逐步凝聚

根据变量与数据的性质与类型,选用恰当的方法,计算个案之间、小类之间的距离,依照距离最近原则逐步聚类。距离计算之前要对数据进行整理,尽量做到数据的量纲一致。常用个案间距离的计算方法及其选用条件有如下几点。

(1) 如果作为聚类分析基础的变量均为连续变化的,可以选用欧氏距离或欧氏距离平方、绝对值距离、切比雪夫距离等,尤以欧氏距离使用最多。

(2) 如果变量中有顺序变量、等级变量,则宜选用 χ^2 分析等其他方法。

(3) 如果变量中有二分变量,多以 0 和 1 两种变量值记录结果的变量,这时可使用二元欧氏距离平方。

个案两两间的距离计算完成后,首先就会有距离最近的两个个案聚合在一起形成一个小类,接着还要继续计算剩余的个案与已聚成的小类、小类与小类之间的距离,而且这种计算是贯穿在聚类分析的整个过程中,直到所有个案汇聚在一起形成一个大类为止。个案与小类、小类与小类之间距离的计算方法主要有以下几种。

(1) 最短距离法(nearest neighbor),以某一个案与小类中各个案之间距离中的最小值作为该个案与这一小类之间的距离。

(2) 最长距离法(furthest neighbor),以某一个案与小类中各个案之间距离中的最大值作为该个案与这一小类之间的距离。

(3) 类间平均连锁法(between-groups linkage),将两个小类之间的所有个案间距计算出来,再计算这些距离的平均值。这是较为精确的一种算法。

(4) 重心法(centroid),先确定两个小类各自的重心坐标,然后计算这两个重心之间的距离,作为两个小类之间的距离。

计算出小类之间的距离后,也一般是采用最近距离方法进行小类聚合。层层推进,完成聚类分析后正好也形成了一个有层次的类属关系。正因为如此,此一过程叫作层次聚类分析。

三、绘制凝聚状态表、树形图和冰柱图

聚类过程实际上是伴随着距离计算过程而发生和完成的,如果将这一过程表示成表格的形式,就叫作凝聚状态表;如果将这一过程表示成图形的形式,则可以使用树形图和冰柱图。例如,根据某一指标体系对6个个案进行聚类。已知指标体系中的变量均为连续型数据,所以采用欧氏距离测量个案间、小类间的距离。最先计算出来的个案间距离矩阵如表8-2所示。

表8-2 初始的个案间距离矩阵

	$G(2)$	$G(3)$	$G(4)$	$G(5)$	$G(6)$
$G(1)$	2	5	3	7	8
$G(2)$		4	5	6	9
$G(3)$			7	7	9
$G(4)$				3	4
$G(5)$					6

依据距离最近原则,个案1与个案2首先聚合在一起形成小类$G(1,2)$,再以该小类与其他个体间计算距离矩阵,小类间或小类与个体间距离采用平均连锁法计算。结果如表8-3所示。

表 8-3　第二轮计算得到的个案间或小类间距离矩阵

	$G(3)$	$G(4)$	$G(5)$	$G(6)$
$G(1,2)$	5	5	7	8
$G(3)$		7	7	9
$G(4)$			3	4
$G(5)$				6

根据表 8-3 所示的距离矩阵,个案 4 与个案 5 聚合在一起形成小类 $G(4,5)$。再以两个小类、两个个案计算距离矩阵,如表 8-4 所示。

表 8-4　第三轮计算得到的个案间或小类间距离矩阵

	$G(3)$	$G(4,5)$	$G(6)$
$G(1,2)$	5	6	7
$G(3)$		8	9
$G(4,5)$			5

根据表 8-4 所示的距离矩阵,个案 3 与小类 $G(1,2)$ 聚合在一起形成小类 $G(1,2,3)$,个案 6 与小类 $G(4,5)$ 聚合在一起形成小类 $G(4,5,6)$。再计算这两个小类间距,如图 8-5 所示。

表 8-5　两个小类间的距离

	$G(4,5,6)$
$G(1,2,3)$	7

最后,小类 $G(1,2,3)$ 与 $G(4,5,6)$ 聚合成一个大类,聚类过程完成。

这一聚类的过程可以表示成数据表格的形式,如表 8-6 所示,该表格显示了整个聚类过程中个体是如何凝聚成小类,小类又如何参与聚合,直到最后所有个体凝聚成一个大类的。所以,这一表格叫作凝聚状态表(agglomeration schedule)。

表 8-6　聚类过程的凝聚状态表

聚合阶段	相互聚合的小类		形成小类再参与聚合的下一阶段
	类 1	类 2	
一	1	2	三
二	4	5	四
三	2	3	五
四	4	6	五
五	1	4	

如何理解和读取表 8-6 中的信息呢？

阶段一即表中第一行。刚开始，所有个案各自单独作为小类存在，所以该行中的"1"和"2"代表的是 1 号、2 号个案，他们距离最近，会首先聚合在一起形成小类。该行最后一列是"三"，意味着个案 1、2 聚合的小类将会在第三步与其他个案或小类发生聚合。

阶段二即表中第二行。个案 4 和个案 5 凝聚成一个小类，该小类将会在第四步与其他个案或小类发生聚合。

阶段三即表中第三行。正如第一行已经显示的，个案 2 已经与个案 1 聚成了小类，所以第三行中的"2"代表的是 2 号个案所在的那个小类。3 号个案在此前尚未与其他个案聚合，还是单独的个案。所以第三步中，1 号、2 号所在的小类与 3 号个案聚合成新的小类，这个新的小类又将会在第五步与其他个案或小类聚合。

步骤四即表中第四行。正如第一行已经显示的，个案 4 已经与个案 5 聚成了小类，所以第四行中的"4"代表的是 4 号个案所在的那个小类。6 号个案在此前尚未与其他个案聚合，还是单独的个案。所以第四步中，4 号、5 号个案所在的小类与 6 号个案聚合成新的小类，这个新的小类也将会在第五步与其他个案或小类聚合。

阶段五即表中第五行。因为在此前，个案 1、2、3 聚成了小类，个案 4、5、6 聚成了小类，所以第五行显示个案 1 所在的类与个案 4 所在的类聚合，也就意味着 6 个个案聚成一个大类，聚类过程结束。

如果将上述聚类过程表示成树形图或冰柱图的形式，则如图 8-2、图 8-3 所示，这两种图示比凝聚状态表更能直观地显示聚类的过程和聚合小类之间的距离。

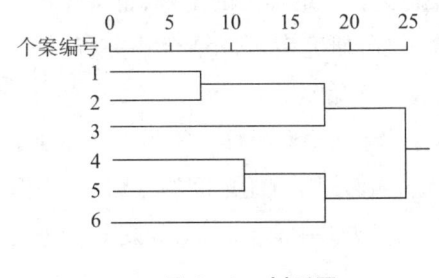

图 8-2　树形图

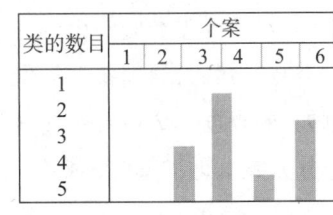

图 8-3　冰柱图

四、确定类别数和个体的类属关系

形成聚类谱系图后，研究者还要确定最后的类别数。确定类别数往往要结合专业知识，而且常常采用的方法有两种：第一种方法是根据某些要求或相关的信息，确定分类的类别数，然后确定每一个案所属类别；第二种方法是在谱系图上确定一个距离的截点值，将谱系图分为左右两部分，左边所有的类合并都被认可，而在截点值处有几个类别,就将个案分为几类。但不管采用什么方法确定类别数,确认的结果应符合以下要求:① 与类别内个案差异相比,类间差异要显著得多;② 所分出的各类都具有实际的意义,比较容易概括类中个体的特点;③ 若采用不同的聚类分析方法,所得结果比较接近。不管采用哪种方法,所分各类之间差异应比较明显,各类内部个案应较为相似。

第三节　快速聚类分析

层次聚类分析比较符合事物的层次关系逻辑,实际应用较为广泛。但是个案数太多时,计算量巨大,即使使用计算机运算,也会使某些配置相对较低的计算机资源不够,而且输出的结果也很难描述。快速聚类分析得到的结果则比较简单易懂,也省略了大量的计算过程。需要指出,对变量进行的聚类一般不采用快速聚类分析。

一、快速聚类分析的基本程序

快速聚类分析中的距离计算与层次聚类分析中的算法是一样的,也要根据变量或变量值的性质选择算法。关于个案间距、小类间距的算法,此处不再重复,本节主要介绍快速聚类析的基本程序。

(一) 类别数和类中心点坐标的初设

进行大样本的研究前,研究者对研究对象总会有一定程度的了解,也会作出一些假设,包括对对象分类数的假设。为了节省计算过程,研究者可以结合相关资料的分析,设定分类数。然后,给出各个类别中心点的假设的初始坐标。

例如,要根据一个包含 4 个观测变量的指标体系对 200 个样本进行快速聚类。先设定一个分类数 3,即准备按 3 类将 200 名被试分组,当然期望 3 组之间的差别会比较明显。那就需要根据样本中观测值的分布情况,先假定 3 个类的中心点坐标,如图 8-4 所示。

$$X_1 = \begin{pmatrix} x_{11} \\ x_{12} \\ x_{13} \\ x_{14} \end{pmatrix} \qquad X_2 = \begin{pmatrix} x_{21} \\ x_{22} \\ x_{23} \\ x_{24} \end{pmatrix} \qquad X_3 = \begin{pmatrix} x_{31} \\ x_{32} \\ x_{33} \\ x_{34} \end{pmatrix}$$

图 8-4　假定的 3 个类中心点坐标

(二) 计算每一个案到所有类中心点的距离

有了若干类中心点坐标后,就可以选用恰当的距离算法分别计算每一个案到各个类中心点的距离。就我们假定的例子来说,200 个案(每个样本有 4 项观测值为其坐标)、3个类中心点,共需要计算出 600 个距离。

(三) 完成第一次归类过程(第一次迭代)

根据距离最近原则,每一个案都进入到最近初始类中心点对应的那一类,完成第一次归类,所有个案被第一次分成了 k 类,这就叫作完成第一次迭代。

(四) 重新计算 k 类的中心点坐标

第一次迭代完成后,所有个案都暂时被归入到某一类。每一类中的个案坐标是确定的,就可以根据一个类中所有个案的坐标重新计算类中心点的坐标,形成新的 k 个中心点坐标。如果这些中心点坐标正好与初始的中心点坐标重合,则说明各个样本进入的类别合适,即可完成归类过程;如果新的中心点与初始的中心点不重合,发生了移位,那就意味着第一次迭代需调整。有些样本可能需要重新归类,需要继续计算和迭代。

(五) 再一次计算个案到各类中心点距离并完成第二次迭代

如果第一次迭代后,类中心点发生了偏移,就需要重新计算所有个案到新的类中心点的距离,然后再一次根据距离最小原则重新进行归类,即完成第二次迭代,得到新的分类的结果。

上述过程可重复进行,直到某一次迭代过程中,形成的新类不再需要调整为止。这时,就可以得到聚类的最后结果。

二、快速聚类的结果及其检验

快速聚类分析过程完成后,还需要确认聚类结果是否合适。可以从定性和定量两个方面进行各类之间、各类之内个案的比较,评估的标准就是类间个案差异明显、类内个案相似性明显(即差异性较小)。具体来说,除了可借助于专业知识、相关经验对各类中的个案进行定性分析与比较外,还可以使用方差分析程序对各类之间个案的观测值进行差异检验。

方差分析的过程是:在接受了分类结果的前提下,分类变量就成了一个组间变量,它将样本中的全部个案划分成 k 个独立组。以分类变量为自变量,就可以对个案观测指标体系中所有的观测变量进行单因素方差分析。如果所有的或绝大部分的观测变量都存在显著性差异,说明分类有效,结果可以接受;如果观测变量中的多数差异均不显著,可能意味着初始规定的分类数不合适,需要尝试其他的分类数,重新开始聚类过程。另外,各类中所拥有的个案数是否较为均衡也是衡量聚类结果优差的一个标准。

在确认了分类结果之后,一般要呈现下列信息或聚类结果:

(1) 初始的类中心点坐标。

(2) 迭代过程,即进行几次迭代,以及每次迭代的坐标调整距离和各个类中心点之间的距离。

(3)个案归属情况,即每一个案被划分到哪一类、每一个案到所在类中心点的距离、各类中的个案数等。

(4)方差分析结果,即以分类变量为自变量,以聚类所依据的指标体系中的所有观测变量为因变量进行方差分析,给出方差分析表,以说明各类间的定量差异性。

关键词

聚类分析、距离、相似性系数、层次聚类分析、凝聚状态表、树形图、冰柱图、快速聚类分析

练习与思考

1. 试述层次聚类法的基本原理与步骤。
2. 试述快速聚类法的基本原理与步骤。
3. 消费结构是指人们在生活中消费的物质资料和接受的服务种类及其比例关系,也就是指各种消费支出的去向,主要包括吃、穿、住等,如表8-7所示。表8-7中的数据来自于《中国统计年鉴2005》,其在反映公众消费结构方面选取的支出项目有:总消费、食品、衣着、家庭设备、医疗保健、交通和通讯、教育文化、居住、杂货等。

(1)请根据表8-7中公众消费结构的调查数据对不同省区进行层次聚类,确定一个较为合理的聚类结果并回答哪些地区聚成了一类。

(2)请根据表8-7中公众消费结构的调查数据对消费水平的观测指标进行层次聚类,并就你确定的聚类结果分析各类指标之间在性质上是否有明显区别。

(3)请根据表8-7中公众消费结构的调查数据对不同省区进行快速聚类,并比较层次聚类与快速聚类结果的异同。

表8-7 公众消费结构调查数据(2005)

单位:元

地区	总消费	食品	衣着	家庭设备	医疗保健	交通和通讯	教育文化	居住	杂货
河南	5294.19	1855.44	650.30	332.06	436.53	569.85	694.56	578.60	176.84
山西	5654.15	1917.75	747.43	314.82	401.75	587.00	901.40	641.20	169.80
黑龙江	5567.53	1972.24	719.28	215.05	537.44	548.39	762.49	611.44	201.18
内蒙古	6219.26	2024.87	897.88	360.31	473.64	699.66	858.38	627.02	277.50
青海	5758.95	2056.06	621.98	438.44	451.95	566.97	746.89	664.20	212.47

续表

地区	总消费	食品	衣着	家庭设备	医疗保健	交通和通讯	教育文化	居住	杂货
新疆	5773.62	2083.13	766.73	292.14	375.18	615.19	840.59	566.99	233.66
河北	5819.18	2142.36	630.93	343.21	550.29	595.95	682.87	705.18	168.39
宁夏	5821.38	2156.34	636.81	364.07	440.77	646.97	651.14	660.19	265.08
吉林	6068.99	2180.09	739.52	254.33	527.32	643.16	795.04	700.04	229.51
甘肃	5937.30	2204.04	736.19	336.20	411.95	601.16	853.31	572.49	221.96
陕西	6233.07	2236.48	609.33	409.00	513.27	583.19	1025.376	646.92	209.10
贵州	5494.45	2260.46	585.18	286.56	301.26	601.08	793.40	468.21	198.30
江西	5337.84	2296.48	513.57	328.18	268.11	498.45	785.66	505.47	141.93
山东	6673.75	2310.66	829.22	457.33	484.42	801.23	983.07	601.54	206.28

4. 某中学教师使用华东师范大学周步成教授修订的《心理健康诊断测验(MHT)》对 65 名中学生进行测查,结果如表 8-8 所示。该问卷由 1 个效度量表和 8 个诊断量表构成。诊断量表有:学习焦虑、对人焦虑、孤独倾向、自责倾向、过敏倾向、身体症状、恐惧倾向和冲动倾向。

(1) 请分别采用层次聚类分析和快速聚类分析对 65 名学生进行分类,注意比较两种方法在结果输出信息方面的异同。

(2) 综合分析以确定把 65 名学生分为几类相对较为合理,简述分类数确定的理由。

(3) 确定了学生类别数后,给出最终的类中心点坐标,并据此比较各类学生的特点,他们的主要区别是什么?

表 8-8 65 名中学生心理健康调查数据

编号	学习焦虑	对人焦虑	孤独	自责	过敏	身体症状	恐惧	冲动
1	5	4	0	2	3	0	0	3
2	9	7	6	9	7	11	6	6
3	12	5	6	5	5	6	0	3
4	12	6	4	5	8	10	5	5
5	10	7	4	3	9	7	2	4
6	9	6	5	4	8	6	3	5
7	2	0	1	2	2	1	0	0
8	5	4	1	8	4	3	0	1
9	3	1	2	1	5	1	3	1
10	13	6	3	6	8	5	0	5
11	9	8	2	6	6	5	3	6
12	11	5	4	8	6	5	1	6

续表

编号	学习焦虑	对人焦虑	孤独	自责	过敏	身体症状	恐惧	冲动
13	8	4	0	4	5	6	3	2
14	4	1	4	3	3	2	0	2
15	6	5	0	5	7	5	0	5
16	6	4	3	3	5	1	0	1
17	8	6	4	6	6	8	0	8
18	10	8	5	8	7	5	6	2
19	2	1	1	0	5	3	0	0
20	8	5	1	4	8	5	2	3
21	11	5	0	5	9	4	1	2
22	7	5	6	4	8	6	0	4
23	1	0	0	3	1	1	0	2
24	10	4	1	4	9	7	2	2
25	5	6	3	4	5	5	2	4
26	6	3	1	3	5	2	0	1
27	9	6	4	6	6	6	1	5
28	4	2	1	3	2	1	0	0
29	5	5	2	5	5	5	3	4
30	11	5	3	4	7	4	0	1
31	6	4	1	4	6	6	1	5
32	8	4	0	6	4	3	1	1
33	11	4	3	6	4	6	2	3
34	7	2	0	2	3	0	1	2
35	13	5	5	7	8	4	3	4
36	14	8	4	6	7	10	8	4
37	11	4	0	4	7	6	5	4
38	5	0	1	3	2	1	0	0
39	2	2	2	1	0	1	3	1
40	10	4	1	5	5	7	1	4
41	4	3	0	2	2	0	0	0
42	9	4	0	3	7	8	3	7
43	7	5	2	8	8	7	1	4
44	8	5	0	3	5	4	1	3
45	10	4	1	7	6	4	2	2
46	8	5	3	5	4	4	0	8
47	1	0	0	0	0	0	0	0
48	7	2	3	7	6	2	0	1

续表

编号	学习焦虑	对人焦虑	孤独	自责	过敏	身体症状	恐惧	冲动
49	5	0	1	1	3	4	0	1
50	10	6	0	5	7	8	3	3
51	10	4	1	5	9	7	0	4
52	10	4	3	3	4	7	1	4
53	14	6	4	10	9	5	5	5
54	13	6	4	9	10	10	5	7
55	8	2	0	4	5	3	3	2
56	11	6	2	6	7	7	2	3
57	5	3	0	3	7	4	0	1
58	10	6	7	8	8	6	6	5
59	10	6	6	6	10	12	8	5
60	7	4	2	7	5	2	0	1
61	9	7	7	4	9	6	0	6
62	8	4	2	3	6	5	2	3
63	10	8	8	2	8	6	1	6
64	12	8	1	5	7	6	6	5
65	7	7	3	6	7	6	0	3

课程资源

聚类分析的意义与基础(视频8-1)

层次聚类分析的过程(视频8-2)

快速聚类分析的过程(视频8-3)

聚类分析的案例(SPSS操作演示8-4)

第九章

回归分析

内容概览

回归分析是一种定量描述变量间相关关系的统计方法，其核心任务是建立回归模型，进行参数估计，即通过一个或多个相关变量与某一被预测变量的相关关系，建立一个预测方程式，也叫作回归方程式。方程式中被预测的变量叫作因变量，用于预测因变量的一个或多个变量叫作自变量。回归分析的种类很多，常用的有一元或多元线性回归分析、逻辑回归分析、多项式回归分析等。就初级的统计学训练来说，主要是要掌握线性回归分析和逻辑回归（logistic regression）分析的基本原理、计算步骤、结果的检验和选择、回归方程的基本应用等。其中线性回归要求因变量与自变量之间具有线性关系，按照自变量的个数可将其分为一元线性回归和多元线性回归。一元线性回归只用于求解一个变量对另一个变量的预测关系；多元线性回归则是求解两个以上变量对另一个变量的预测关系。当被预测的因变量为二分变量时，就需要使用逻辑回归方法，该方法是一种概率型非线性回归模型，是研究分类观察结果与一些影响因素之间关系的多变量分析方法。它常常被用于预测某一观察结果发生的概率。

回归分析(analysis of regression)通过建立相关变量间的数学模型,实现对随机现象间不确定性关系的数量化描写,以达到对随机变量的估计、预测和控制之目的。回归分析广泛应用于社会科学领域以及各类科学实验数据的处理与分析。在心理学领域,它已经成为一种最基本、应用最广泛的数据分析技术。在实际运用中,回归分析可用于探究具有相关关系的变量间的统计规律,指导人们的生产与生活。

第一节 回归分析概述

一、回归分析的含义

在第七章中,我们讨论过关于人的身高与体重的相关关系。一般来说,较高的人也相对较重,但身高却不是决定体重的唯一因素,即身高相同的人未必有相同的体重。但可以说,身高与体重存在着相关关系。如果变量之间存在相关关系时,那么把其中的一些因素作为控制变量(自变量),而另一些因素作为因变量,建立它们之间的预测关系,这就是回归分析。在回归分析时,通常将容易测量的一个或几个变量视为自变量,不易测量的那个变量作为因变量,其目的是通过一系列容易测量的变量实现对不易测量的变量进行预测。

"回归"一词最早是英国统计学家高尔顿(F. Galton)在研究了很多父母身高与其成年子女身高关系后提出来的。用父母亲身高的平均值作为横坐标,用对应的成年孩子的身高作为纵坐标,高尔顿依据数千户家庭获取的数据制作了散点图,发现这些散点有汇聚成一条直线的趋势,用这条直线能够概括地描述父母身高和子女身高的关系,并可用于对子女身高的预测。具体地说,高尔顿发现,高个子父母的孩子可能会比较高,矮个子父母的孩子可能会比较矮。但有趣的是,父母身高极端高或极端低时,其子女的身高未必也会极端高或极端低,而是会向中间水平收敛。高尔顿将这种现象称为"回归",将那条贯穿于散点中的可能直线称为"回归线"。后来,人们借用"回归"这个词,将研究随机现象间数量变化关系的方法叫作回归分析。

客观世界中事物之间的相互关系,往往可以表征为各种变量关系。从数学角度看,这些变量关系可以概括为两种:函数关系和相关关系。函数关系是一种确定性的关系,是指对于某一个或多个变量的一组确定的值,另一个变量就有一个确定的值与之对应。例如,在银行有一定的存款,当存入额、存入周期、银行存款利率等变量有了确定的值后,就会有一个确定的利息值与之对应,这种变量的关系就是具有确定性的函数关系。相关关系则是具有不确定性的关系,是指对于一个或多个变量的一组确定的值,对应的另一个变量却是一个随机变量,它会在一定范围内随机变动,要想获得对这些随机变动的规律性的认识,往往需要进行大量的观测和收集较多的数据来发现统计规律。

前文已经介绍过,统计学中可以通过相关关系分析这些具有不确定性的变量关系,即分析变量之间是否存在相关,是正相关还是负相关,相关程度是高还是低。相关分析中,我们将所有变量置于相同地位,是寻求对等关系,不是寻求谁决定谁或谁预测谁的关系。但是,现实生活或各种管理工作中,人们经常在做着预测的事情,比如根据学生的数学成绩预测他是否可能在将来的理工领域取得成就,根据学生的智商水平预测他是否可能取得较好的学业成绩,根据气流运动和温度空间分布等预测未来一段时间是否有降雨,根据多项经济指标预测股市行情等等。这种预测关系显然是一种非对等的关系,其中变量的地位是不平等的。

回归分析中变量之间的地位是不对等的,变量可分为自变量和因变量。回归分析就是建立自变量与因变量之间的关系模型,这个模型叫回归方程。利用回归方程,可以用一个或多个自变量的值去预测一个因变量的值。自变量与因变量的地位互换,其回归关系的意义也就发生了改变,计算的结果也会不同。根据回归关系,只能用自变量的值预测因变量的值,而不能用因变量的值去估计自变量的值。而且建立回归方程的目的多半是为了用较容易测量的变量去预测较难测量的变量,用可以获得现存资料的变量去预测事物未来的发展变化。

根据回归分析是用一个变量去预测另一个变量,还是用一组变量去预测另一个变量,可将其划分为一元回归分析和多元回归分析;根据预测变量与被预测变量之间是线性相关还是非线性相关,可以将其划分为线性回归分析和非线性回归分析。

二、回归分析的基本逻辑

既然回归分析的基本任务是建立变量间的数学模型,即建立因变量与自变量的数学关系,那么这里首先要有一个假设,即因变量与一个或一些自变量之间具有某种数量关系,用方程表示为:

$$y = f(x_1, x_2, \cdots, x_k) + \beta \qquad (公式9-1)$$

方程中 y 是被预测的变量,称为因变量;$x_1, x_2, \cdots, x_k$ 是预测 y 的变量,称为自变量。该方程表达的含义是:因为 y 与这一组自变量 $x_1, x_2, \cdots, x_k$ 具有相关关系,所以自变量的变化会引起 y 的伴随变化,从某种意义上说,可以根据这一组自变量的值去计算或预测因变量的值。可是,相关关系是不确定关系,当自变量的值确定后,y 的值不是一个确定的值,而是可能偏离依靠 $y = f(x_1, x_2, \cdots, x_k)$ 这一函数关系计算的值,即可能会产生一个预测偏差,所以在这一数学关系式中需要加上一个校正值 β,这个校正值的实际意义是用一组自变量的值去预测一个 y 值时产生的预测偏差,即误差。由于预测偏差是其他一些不确定性的随机因素引起的,所以 β 实际上是一个随机误差。每一次用确定的一组自变量值去预测 y 值产生的误差也是不确定的,如果进行多次预测,就会得到很多个不同的误差量,这些误差呈正态分布,其数学期望为 0,预测的因变量也因为随机误差的影响而呈现正态分布。用 $\tilde{y}$ 来表示预测值的数学期望,则有:

$$y_i = f(x_1, x_2, \cdots, x_k) + \varepsilon_i \quad \text{(公式 9-2)}$$

$$\tilde{y} = \frac{\sum y_i}{n} = \frac{\sum [f(x_1, x_2, \cdots, x_k) + \varepsilon_i]}{n} = f(x_1, x_2, \cdots, x_k) \quad \text{(公式 9-3)}$$

在 y 与自变量之间建立起确定的函数关系后,就可以利用正态分布规律有效地预测因变量的平均值。或者,当我们能够通过一系列观测资料评估预测误差的分布情况时,就可以预测因变量的取值范围。总而言之,要想建立因变量与自变量之间的预测关系,就要建立它们之间确定的函数关系,并尽可能地评估预测误差的大小,这就是回归分析的核心任务。换句话说,回归分析的核心任务就是建立回归方程并评估回归方程的有效性。具体地说,回归分析的一般过程有如下几个步骤。

(一) 提出假设的回归模型

研究者首先应通过调查与分析,确定要预测的因变量,以及可能对这个因变量产生影响的或与这个因变量具有相关关系的变量的种类及个数。根据研究目的,选择其中影响大、相关度可能较高的变量作为自变量。如前文所述,自变量是现实中容易测量的,因变量则是现实中较难测量或是未来可能的发展结果。变量选定之后,建立函数关系的方向或目标就确定了。

(二) 在实验或调查中获取数据资料

通过实验或大量的实际观测及调查取得较为可靠的数据资料,是研究者进行回归分析的前提和基础。获取的数据质量决定着回归分析工作的质量。若获取的数据资料不可靠,后续的工作就没有实际意义了,甚至会导致结果错误。

(三) 估计回归方程的函数形式

利用所获取的大量数据资料,先用直观方式如绘制散点图分析函数关系的形态,根据函数拟合方式,确定应通过哪种数学模型来概括回归线。若自变量和因变量之间存在线性关系,则应进行线性回归分析;若自变量与因变量存在非线性关系,则应进行非线性回归分析。

(四) 回归方程的参数估计

确定回归方程的数学模型后,主要的工作就是根据所收集的数据资料来确定方程中的参数。因为有了确定的参数,函数关系才能建立起来。那么按照什么逻辑来确定这些参数呢?怎样来得到确定的回归方程呢?

因为在建立回归方程之前,我们得到了大量的样本资料,这些资料应该是每一个因变量值都有与之对应的一个或一组自变量值。可以设想:要是能建立起一个回归方程,就可以将一组确定的自变量值代入其中得到因变量的一个预测值,再将这个预测值与对应的因变量观测值作比较,得到一个预测误差值 ε_i。将从很多个个案中观测得到的数据代入,就得到一系列的预测误差值。

很明显,我们期望得到的回归方程,应能保证预测误差总和等于或接近于 0。此外,我们期望按照方程预测的因变量能最好地接近于真实的观测值,即预测误差绝对值要尽量小,换句话说,预测误差的平方和最小。也就是说,根据观测的数据和假设模型,实际上可以建立起一系列的关于因变量与自变量的函数关系式,而在这些函数关系式中有一个是最优的,使用它来估计因变量所带来的误差平方和最小,这个函数关系式就叫作回归方程。满足这一条件就意味着回归方程能够与观测数据有"最佳拟合"。所以,回归方程最佳拟合原则就是误差平方和达到最小,即 Q 达到最小,公式为:

$$Q = \sum \varepsilon_i^2 \qquad (公式9-4)$$

这里的 Q 表示误差平方和,回归分析也称其为剩余平方和。回归分析最核心的任务就是依据观测的实际数据,按照 Q 最小原则确定函数中的参数,这种方法也叫作最小二乘法。

(五) 回归方程的检验

在根据样本数据建立起回归方程后,应对其进行多种检验,考察回归方程是否真实地反映了因变量与自变量之间的数量关系。回归方程的检验包括两方面:一个是对模型的检验,即检验自变量与因变量之间的关系能否用一个线性模型来表示,主要通过 F 检验来完成;另一个检验是关于回归参数的检验,即当模型检验通过后,还要具体检验每一个自变量对因变量的影响程度是否显著,细分下来又包括回归方程的有效性检验、回归方程的拟合优度检验以及回归系数的显著性检验等。

回归方程有效性检验的主要目的是检验按照回归方程预测得到的因变量值与实际观测的因变量值之间相关的高低。相关越高,说明预测值与实际观测值越具有一致性,回归方程越是有效地反映了自变量与因变量之间的变化关系。

三、回归方程的应用

建立变量间有效的回归方程,能够揭示变量间真实的或可能的数量关系,也就从某些侧面描述了客观事物运动的规律性。有了规律性认识,就可以实现某些预测和控制。估计或预测因变量的主值(类似于点估计)或取值范围(类似于区间估计)是回归分析的主要目的。回归方程所揭示的关系能够帮助我们通过控制或调整自变量的值而达到控制因变量变化趋势的目的。当然,利用回归方程进行控制多见于自然科学领域。在心理学领域,更多的是利用回归方程进行估计和预测,而且心理学研究中通常将回归分析与相关分析结合起来应用。具体来说包括如下几个步骤。

(一) 绘制实验或统计变量之间的散点图

根据点的分布初步判断两变量之间是否存在相关关系。若存在则进行相关分析，求出相关系数以检验相关关系的强弱。若相关关系较强或需要对两变量进行定量描述，则有必要进行回归分析。

(二) 进行回归分析

首先选择自变量 X 与因变量 Y，然后由散点图判断两个变量是否具有线性关系，如果有则进行线性回归分析，否则根据数据的形式选择其他回归分析方式。为了选择最为精确的回归模型，可以同时对一组数据进行多种可能的回归分析，根据最后的有效性检验结果选择拟合程度最好的回归模型。

(三) 回归模型的建立

回归方程参数的估计、求解。对于线性回归方程，通常使用最小二乘法，也可使用极大似然估计法；对于非线性回归方程，如逻辑回归分析，只能使用极大似然估计法。

(四) 回归方程的假设性检验

该检验包括模型整体的检验和回归系数的检验。模型整体的检验即检验通过样本数据建立的模型在总体中是否具有说服力；回归系数的检验即检验自变量对因变量的影响力在总体中是否存在。

(五) 基于回归方程的参数预测

基于回归方程的参数预测是指根据前面建立的自变量与因变量之间的预测方程，从任一自变量的值得到与之相对应的因变量的值或一个置信区间，即包括点估计和区间估计。

第二节 一元线性回归分析

一、一元线性回归模型

一元线性回归模型是最简单的回归模型，它揭示的是一个自变量与一个因变量之间的线性关系，其回归模型可以一般性地表示成如下形式：

$$Y = \alpha + \beta X + \varepsilon \tag{公式9-5}$$

该方程中 X 是自变量，Y 是因变量，α 和 β 是待求参数，ε 表示随机误差。对于一个给定的自变量 X，相应的因变量 Y 对应着一定的数学分布，其数学期望 $\hat{Y} = \alpha + \beta X$。该一元线性回归模型可以表达为,因变量 Y 是其数学期望 $\hat{Y}$ 与随机误差 ε 之和,那么这一回归方程建立的过程实际上就是根据一些样本数据计算回归方程中两个参数 α 和 β 的过程。值得注意的是,一元线性回归方程与一元线性方程(函数的直线方程)有根本的区别,一元线性方程中的自变量 X 对应的是一个唯一正确的因变量 Y,而在一元线性回归方程中则对应着一个取值范围。

前文已经指出,回归方程用于研究具有一定不确定性关系的变量。当自变量 X 取某一个确定的数值 X_0 时,因变量 Y 不是一个确定的值,而是一组随机变化的、呈正态分布的值,这一组值的平均值就叫作 $X = X_0$ 时 Y 的正值,可以将上述关系表示成图9-1所示的形式。

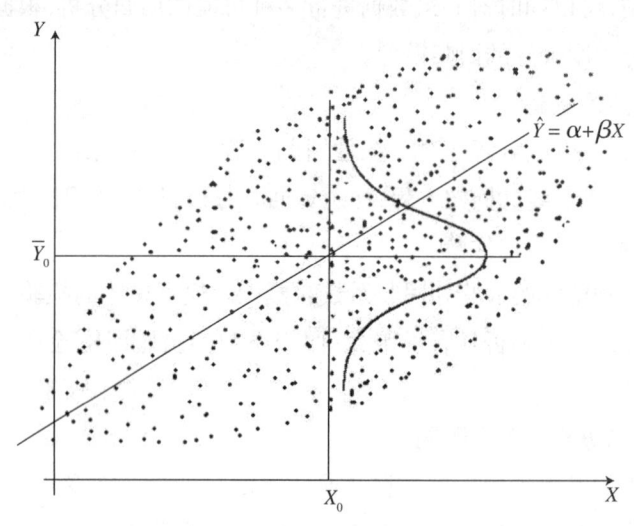

图9-1　一元线性回归方程示意图

如图9-1所示,以 X 和 Y 分别为横坐标和纵坐标所做的散点不在一条直线上,但是这些散点的分布有着明显的直线趋势。在依据大样本数据做出的变量间关系的散点图中,可以找到一条特定的直线,使得各观测点与该直线的总变异量最小,则这条直线就叫作自变量与因变量之间关系的回归线,用数学形式表示就是:

$$\hat{Y} = a + bX \qquad (公式9-6)$$

在这个方程中,$\hat{Y}$ 叫作对应于 X 的 Y 变量的估计值或正值,参数 a 表示该直线在 y 轴的截距,参数 b 表示该直线的斜率,叫作 Y 对 X 的回归系数(coefficient of regression),因此这个方程也被称为 Y 对 X 的一元线性回归方程(linear equation),它反映了 X 与 Y 的线性关系。

二、一元线性回归方程的参数计算

要建立一元线性回归方程,就要先计算方程中的参数 a 和 b。根据最佳拟合原则,回归线是指散点图中每一个点沿 Y 轴方向到该直线的距离平方和最小的那条直线,即要使误差平方和最小,这就是常规最小二乘法(ordinary least squares,简称 OLS) 的基本思想。

根据该思想可得:$Q = \sum \varepsilon^2 = \sum (Y - \hat{Y})^2 = \sum (Y - a - bX)^2$。要求 Q 最小,则可将问题转化为求 Q 对 a、b 的一阶偏导数,并令其等于零构成偏导方程组,解方程组得出参数估计值,即:

$$\frac{\partial Q}{\partial a} = -2\sum(Y - a - bX) = 0, \quad \frac{\partial Q}{\partial b} = -2\sum(XY - aX - bX^2) = 0$$

整理可得到:$\sum Y = na + b\sum X, \quad \sum XY = a\sum X + b\sum X^2$

现引入:$\overline{X} = \frac{\sum X}{n}, \quad \overline{Y} = \frac{\sum Y}{n}, \quad \overline{X}\,\overline{Y} = \frac{\sum XY}{n}, \quad \overline{X^2} = \frac{\sum X^2}{n}$

计算中间值整理得:$\overline{Y} = a + b\overline{X}, \quad \overline{X}\,\overline{Y} = a\overline{X} + b\overline{X^2}$

解方程组得到:

$$a = \overline{Y} - b\overline{X} \qquad (公式9-7)$$

$$b = \frac{\sum(X - \overline{X})(Y - \overline{Y})}{\sum(X - \overline{X})^2} \qquad (公式9-8)$$

为方便计算,参数 b 经整理还可表示为:

$$b = \frac{\sum XY - \dfrac{\sum X \sum Y}{n}}{\sum X^2 - \dfrac{(\sum X)^2}{n}} \qquad (公式9-9)$$

简而言之,一元线性回归方程建立的方法,即最小二乘法,是通过对样本的观测,得到变量 X 和 Y 的一批对应的观测值,然后根据公式9-7计算出参数 a,根据公式9-8或公式9-9计算出参数 b,从而得到一元线性回归方程 $\hat{Y} = a + bX$。

需要说明的是,最小二乘法并不是参数估计的唯一方法,"最小平方和"的思想也不是唯一获得最佳估计的标准。例如,可以采用距离绝对值最小或最小三次平方和,但最小二乘法的计算简单,使用最为方便,更重要的是具有更好的线性、无偏性和有效性等统计性质。除最小二乘法之外,还可以采用极大似然估计法进行回归系数计算。对于线性回归模型,极大似然估计法与最小二乘法的结果是相同的,所以,一般还是习惯用最小二乘法计算一元线性回归模型的系数。

【例9-1】 某中学为预测学生的高考数学成绩,建立了高考数学成绩 Y 对平时成绩 X 的线性回归方程。现随机抽取10名考生的数据列于表9-1,求该一元线性回归方程。

【解】 首先根据表9-1中给出的 X 和 Y 的值,分别计算 X^2、Y^2、XY、$\sum X$、$\sum Y$、

$\sum Y^2$、$\sum X^2$、$\sum XY$，如表 9-1 所示。

表 9-1　10 名学生平时考试成绩和高考数学成绩

学生编号	平时考试成绩(X)	高考数学成绩(Y)	X^2	Y^2	XY
1	89	92	7921	8464	8188
2	75	82	5625	6724	6150
3	77	76	5929	5776	5852
4	73	78	5329	6084	5694
5	68	70	4624	4900	4760
6	78	84	6084	7056	6552
7	81	83	6561	6889	6723
8	90	85	8100	7225	7650
9	70	75	4900	5625	5250
10	74	80	5476	6400	5920
$\sum$	775	805	60549	65143	62739

根据表中计算的结果，将数据代入公式 9-7 和公式 9-9，可得：

$$a = \overline{Y} - b\overline{X} = 80.5 - 0.723 \times 77.5 = 24.468$$

$$b = \frac{\sum XY - \dfrac{\sum X \sum Y}{n}}{\sum X^2 - \dfrac{(\sum X)^2}{n}} = \frac{62739 - \dfrac{775 \times 805}{10}}{60549 - \dfrac{775 \times 775}{10}} = 0.723$$

于是得到一元线性回归方程：$\hat{Y} = 24.468 + 0.723X$。

三、一元线性回归方程的有效性检验

（一）回归方程的显著性检验

当根据一个样本的观察数据求出一个回归方程后，需要对该方程进行有效性检验，进而确认它的应用价值。由一元线性回归模型可知，因变量 Y 各观察值之间的差异（或与其均值的差异）主要是由两方面原因造成的：一是由于与其相关的自变量 X 的取值不同；二是由于其他随机因素所带来的随机误差 ε。因此，可以将因变量 Y 的总变异量 SS_T 分解成两部分，一部分是根据回归方程可以预测到的由自变量 X 所带来的变异量，即回归平方和 SS_R，一部分是由随机误差带来的剩余平方和 SS_E，如图 9-2 所示。

于是有：

$$SS_T = SS_R + SS_E \qquad \text{（公式 9-10）}$$

每个观测点的离差都可以分解为：

$$Y - \overline{Y} = (Y - \hat{Y}) + (\hat{Y} - \overline{Y}) \qquad \text{（公式 9-11）}$$

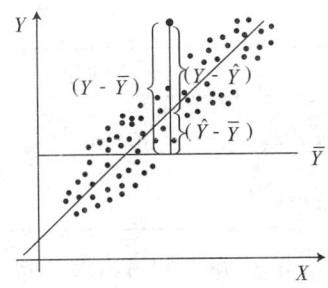

图 9-2　回归分析中因变量变异量分解

将公式 9-11 两边平方，并对所有 n 个点求和，得：

$$\sum (Y - \overline{Y})^2 = \sum (Y - \hat{Y})^2 + \sum (\hat{Y} - \overline{Y})^2 + 2\sum (Y - \hat{Y})(\hat{Y} - \overline{Y})$$

（公式 9-12）

可以证明，$\sum (Y - \hat{Y})(\hat{Y} - \overline{Y}) = 0$，因此：

$$\sum (Y - \overline{Y})^2 = \sum (\hat{Y} - \overline{Y})^2 + \sum (Y - \hat{Y})^2 \qquad （公式 9-13）$$

很明显，在回归分析中可以应用方差分析方法对回归方程进行有效性检验。正如图 9-2 显示的那样，在因变量 Y 的总变异量中，随机误差所带来的变异量越大，意味着图中散点离开回归线越远，相对而言，回归变异量就会越小；反之，回归变异量就会越大。可见，回归变异量所占总变异量的比例能够反映散点汇聚回归线的程度。相应地，回归方差越大，误差方差越小，回归方差与误差方差的比率 $F = \dfrac{s_R^2}{s_E^2} = \dfrac{MS_R}{MS_E}$ 就越大。如果 F 达到了显著性水平，表示 Y 与 X 全体的线性关系显著，线性回归方程是有效的，利用线性回归模型反映 Y 与 X 的关系是恰当的；反之，如果 F 值未达到显著性水平，则表示 Y 与 X 全体的线性关系不显著，线性回归方程无效，利用线性回归模型反映 Y 与 X 的关系是不恰当的。

回归方程有效性检验的虚无假设是所求回归方程无效，假设的实质是由自变量决定的回归方差并不显著大于剩余方差。所以，采用 F 检验：

$$F = \frac{MS_R}{MS_E} = \frac{\sum (\hat{Y} - \overline{Y})^2}{\dfrac{\sum (Y - \hat{Y})^2}{n - 2}}$$

（公式 9-14）

其中，分子自由度为 $df_R = 1$，分母自由度为 $df_E = n - 2$。

一元线性回归方程有效性检验的方差分析结果如表 9-2 所示。

表 9-2　一元线性回归方程方差分析表

变异源	平方和	自由度	均方	F	P
回归方程	SS_R	1	$MS_R = \dfrac{SS_R}{1}$	$F = \dfrac{MS_R}{MS_E}$	

续表

变异源	平方和	自由度	均方	F	P
随机误差	SS_E	$n-2$	$MS_E = \dfrac{SS_E}{n-2}$		
合计	SS_T	$n-1$			

在显著性水平 α 确定的条件下,根据回归自由度和剩余自由度,查 F 值分布表,可得检验临界值。如果计算得到的 F 值小于临界值,则接受虚无假设,认为回归方程无效;如果计算得到的 F 值大于临界值,则拒绝虚无假设,认为回归方程有效。

为了计算的方便,回归方程的方差分析也可以使用下列公式计算变异量:

$$SS_T = \sum(Y-\bar{Y})^2 = \sum Y^2 - \frac{(\sum Y)^2}{n} \qquad (公式9-15)$$

$$SS_R = \sum(\hat{Y}-\bar{Y})^2 = b^2\left[\sum X^2 - \frac{(\sum X)^2}{n}\right] \qquad (公式9-16)$$

$$SS_E = SS_T - SS_R \qquad (公式9-17)$$

(二)回归方程的拟合优度

方差分析结果可以说明某一回归方程是否有效,却不能显示其有效性大小。这里还需要一个能够判定回归方程有效性大小的系数,叫作判定系数或决定系数,也叫作回归方程的拟合优度。

刚才已经分析过,回归变异量 SS_R 所占因变量总变异量 SS_T 的比例越大,X 和 Y 的线性关系越明显,回归方差在反映这种关系方面越是有效,于是统计学就将回归变异量与因变量总变异量的比率定义为判定系数(coefficient of determination),记为 R^2。将回归方程代入并经推导变换可得:

$$R^2 = \frac{SS_R}{SS_T} = \frac{\sum(\hat{Y}-\bar{Y})^2}{\sum(Y-\bar{Y})^2} = \left[\frac{\sum(X-\bar{X})(Y-\bar{Y})}{nS_X S_Y}\right]^2 = \left[\frac{1}{n}\cdot\sum Z_X Z_Y\right]^2 = r_{xy}^2$$

(公式9-18)

其中,S_X、S_Y 分别为 X、Y 的标准差,$S_X = \sqrt{\dfrac{\sum X^2}{N-1}}$,$S_Y = \sqrt{\dfrac{\sum Y^2}{N-1}}$。

由公式9-18可以看出,一元线性回归方程有效性的判定系数 R^2 正好等于自变量 X 与因变量 Y 的积差相关系数的平方,它反映了回归直线对实际数据变量的拟合程度。若回归方程所决定的直线穿过所有数据点,表明随机误差引起的变异量 $SS_E = 0$,总变异量 SS_T 全部由回归变异量 SS_R 决定,即 $R^2 = 1$。R^2 的取值范围为 $[0,1]$,R^2 越接近于1,则由于 X 变化所引起的变异量越大,随机误差引起的变异量越小,数据点越接近于回归线,拟合程度越好。

【例 9-2】 试对例 9-1 中建立的一元线性回归方程进行显著性检验,并计算其判定系数 R^2。

【解】 先建立虚无假设和研究假设。

H_0:所建立的一元线性回归方程无效;

H_1:所建立的一元线性回归方程有效。

将表 9-1 中数据和回归方程的参数 b 代入公式 9-13 和公式 9-14,可得:

$$SS_T = \sum Y^2 - \frac{(\sum Y)^2}{n} = 65143 - \frac{805^2}{10} = 340.5$$

$$SS_R = b^2 \left[\sum X^2 - \frac{(\sum Y)^2}{n} \right] = 0.723^2 \times (60549 - \frac{775^2}{10}) = 254.308$$

$$SS_E = SS_T - SS_R = 86.192$$

而分子自由度 $df_R = 1$,分母自由度 $df_E = n - 2 = 8$。

于是 $F = \frac{MS_R}{MS_E} = \frac{254.308}{86.192/8} = 23.604$

若显著性水平 $a = 0.01$,查得分子自由度为 1、分母自由度为 8 的 F 临界值为 11.26。所求 F 值远远大于临界值,拒绝虚无假设,认为该一元线性回归方程显著。而其判定系数为:

$$R^2 = \left[\frac{\sum (X - \bar{X})(Y - \bar{Y})}{nS_X S_Y} \right]^2 = r_{xy}^2 = 0.746$$

可见,在一元线性回归方程有效性检验中,其判定系数 R^2 正是因变量与自变量的相关系数的平方。就本例来说,学生平时数学考试成绩的平均值可以有效预测其高考数学考试成绩,预测的有效性达到 74.6%。也可以这样说,变量 Y 的变异中有 74.6% 是由变量 X 的变异引起的,或者说有 74.6% 可以用 X 的变异来解释。

四、一元线性回归方程的应用

回归方程的实际意义在于预测因变量,即根据求得的回归方程和已知的自变量值,计算对应因变量的值。例如,根据前面建立的学生平时成绩与期末考试成绩的估计方程,给出一个学生的平时成绩,就可以预测其期末考试的成绩。利用回归方程进行预测有点估计和区间估计两种。

(一) 点估计

点估计就是将确定的自变量值 X_i 直接代入回归方程,计算得到回归值 Y_i。点估计分个别点的点估计和平均值点的点估计两种。就例 9-1 来说,得到的回归方程为 $\hat{Y}_i = 24.468 + 0.723X$。如果想预测某一个学生的高考数学成绩,已知他的平时数学考试成绩平均分为85分,则可进行个别点的点估计:$\hat{Y}_0 = 24.468 + 0.723X = 24.468 + 0.723 \times 85 = 85.923$;如果想预测所有平时数学考试成绩为85分的学生的高考数学成绩,则进行平均值的点估计:

$$E(Y_0) = 24.468 + 0.723X = 24.468 + 0.723 \times 85 = 85.923$$

需要说明的是,在点估计中,平均值与个别点的点估计意义不同,但结果是相同的,但是在区间估计中,两种估计方式的意义和结果都是不同的。

(二) 区间估计

区间估计是以一定的概率为保证,预测当自变量为某一确定值时因变量的置信区间。对于给定的自变量 X_i,可以有以下两种不同的预测,一是与 X_i 对应的因变量取值均值的预测,二是与 X_i 对应的单个因变量值的预测。就例9-1中对数学平时平均成绩为85分时其高考分数的预测,可以是预测所有数学平时成绩为85分的学生数学高考成绩的均值可能的区间,也可以是预测某个数学平时成绩为85分的学生的数学高考成绩可能的区间。作为点估计两种预测都是一样的,但作为区间估计前者的范围将小一些。

1. 对因变量均值的区间估计

可以证明,因变量均值(或正值)区间估计时的标准差为:

$$S_{\hat{Y}} = S_{YX} \sqrt{\frac{1}{n} + \frac{(X - \overline{X})^2}{\sum (X - \overline{X})^2}} \quad (公式 9 - 19)$$

需要说明的是,$\hat{Y}$ 是求解回归方程得到的 $\overline{Y}$ 的估计值,由于实际计算时,真正的 $\overline{Y}$ 不可能知道,只能通过 $\hat{Y}$ 进行预测和推断。在计算 Y 值标准差时,就用 $\hat{Y}$ 代替 $\overline{Y}$ 进行计算,所以引入了估计的标准误差 S_{YX} 的概念,其计算公式为:$S_{YX} = \sqrt{\frac{\sum(Y - \hat{Y})^2}{n-2}}$。与其相对应的是标准差 S_Y,计算公式为 $S_Y = \sqrt{\frac{\sum(Y - \overline{Y})^2}{n-1}}$。由于 $\overline{Y}$ 不可知,所以该式没有实际价值,计算时不会采用。

若给定的置信系数为 $1-a$,则对于确定的自变量值 X_i,其因变量均值的预测区间为:

$$[\hat{Y}_i - t_{\frac{a}{2}} \cdot S_{\hat{Y}}, \hat{Y}_i + t_{\frac{a}{2}} \cdot S_{\hat{Y}}] \quad (公式 9 - 20)$$

式中,$\hat{Y}_i$ 是与自变量某确定值 X_i 对应的点估计值,$t_{\frac{a}{2}}$ 是夹中间概率面积为 $1-a$ 的分布双侧分位数值。如果为大样本,则 $t_{\frac{a}{2}}$ 为正态分布的双侧分位数值;如果为小样本,则 $t_{\frac{a}{2}}$ 为 t 分布的双侧分位数值,且自由度为 $n-2$。

2. 对单个因变量的预测

对单个样本的因变量值作区间估计的标准误为:

$$S_{Y_i} = S_{YX}\sqrt{1 + \frac{1}{n} + \frac{(X - \bar{X})^2}{\sum(X - \bar{X})^2}} \qquad (公式9-21)$$

单个因变量的预测区间为:

$$[\hat{Y}_i - t_{\frac{a}{2}} \cdot S_{\hat{Y}_i}, \hat{Y}_i + t_{\frac{a}{2}} \cdot S_{\hat{Y}_i}] \qquad (公式9-22)$$

从公式9-19和公式9-21的比较中可以看出,S_{Y_i}比$S_{\hat{Y}}$多加了一个S_{YX},因此和因变量均值预测区间相比,单个因变量的预测区间宽度有所增加,即利用回归方程对单个因变量预测的置信区间大于对因变量均值预测的置信区间。

【例9-3】 利用例9-1的数据和所建立的回归方程,预测数学平时成绩为85分的学生的高考数学成绩的均值置信区间和单个学生的高考数学成绩的置信区间,置信度控制在95%。

【解】 当$X = 85$时,因变量点估计值$\hat{Y}_i = 24.468 + 0.723X = 85.923$

回归估计的标准误为:$S_{YX} = \sqrt{\frac{\sum(Y - \hat{Y})^2}{n - 2}} = 3.289$,所以,

因变量均值估计的标准误为:

$$S_{\hat{Y}} = S_{YX}\sqrt{\frac{1}{n} + \frac{(X - \bar{X})^2}{\sum(X - \bar{X})^2}} = 3.289 \times \sqrt{\frac{1}{10} + \frac{(85 - 77.5)^2}{60549 - 60062.5}} = 1.527$$

单个因变量值估计的标准误为:

$$S_{Y_i} = S_{YX}\sqrt{1 + \frac{1}{n} + \frac{(X - \bar{X})^2}{\sum(X - \bar{X})^2}} = 3.289 \times \sqrt{1 + \frac{1}{10} + \frac{(85 - 77.5)^2}{60549 - 60062.5}} = 3.626$$

自由度为$n - 2 = 8$,查t值表得:$t_{\frac{0.05}{2}} = 2.306$,于是利用公式9-20可以计算得到置信度为95%的因变量均值的置信区间为[82.401,89.445],即那些平时数学成绩为85分的学生,他们高考数学成绩的平均分有95%的可能处在区间[82.401,89.445]。

利用公式9-22可以计算得到置信度为95%的单个因变量的估计区间为[77.561,94.285],即平时数学成绩为85分的学生其高考数学成绩有95%的可能是处在区间[77.561,94.285]。

通过分析公式9-19和公式9-21,可以知道预测区间的宽窄受下述因素的影响。

(1) 自变量的确定值X_i离平均值$\bar{X}$越近,预测区间越窄。

(2) 自变量变异量$\sum(X - \bar{X})^2$越大,预测区间越窄,反之越宽。在n恒定时,$\sum(X - \bar{X})^2$反映自变量的离散程度,说明获取观测资料时取样范围越大,预测区间越窄。

(3) 样本容量越大,预测区间越窄。

(4) 回归估计标准误S_{YX}越小,预测区间越窄。

第三节　多元线性回归分析

一、多元线性回归模型

一元线性回归分析在实际应用中有很大的局限性,因为一种现象常常与多个变量相联系。由多个自变量的最优组合来共同预测或估计因变量,比只用一个自变量进行预测或估计更有效,更符合实际。从这个角度说,多元线性回归分析比一元线性回归分析的实用意义更大。例如,家庭消费水平除了受家庭收入影响外,还与物价总体水平、家庭储蓄等有关。又如,学生的学习成绩会受到学生的智商、学习态度、学习方法、教学水平、学习环境等众多因素的影响,若要对学习成绩进行预测,就必须建立含有多个自变量的回归模型。如果因变量与各自变量之间为线性关系,则该模型就是多元线性回归模型。

多元线性回归模型是指含有两个或两个以上自变量的线性回归模型,用于揭示因变量与多个自变量之间的线性关系。其数学模型是:

$$Y = \beta_0 + \beta_1 X_1 + \beta_2 X_2 + \cdots + \beta_i X_i + \varepsilon \quad \text{(公式9-23)}$$

式中,参数 $\beta_1, \beta_2, \cdots, \beta_i$ 称为回归系数,β_0 称为回归常数,ε 是随机误差,Y 为服从正态分布的随机变量。因此,多元线性回归方程表达式为:

$$\hat{Y} = b_0 + b_1 X_1 + b_2 X_2 + \cdots + b_i X_i \quad \text{(公式9-24)}$$

它描述了因变量 Y 的期望值与自变量 $X_1, X_2, X_3, \cdots, X_i$ 之间的相互关系。回归系数 b_i 表示在其他自变量不变的情况下,自变量 X_i 变动一个单位时引起的因变量 Y 的变化率。多元线性回归分析的内容与一元线性回归分析基本相似,只是计算过程复杂得多,不过一般都借用统计软件来完成。

二、多元线性回归方程的参数计算

多元线性回归方程中回归系数的计算同样是在最佳拟合原则下采用最小二乘法进行的,即要求 $Q = SS_E = \sum \varepsilon^2 = \sum (Y - \hat{Y})^2$ 最小。根据微积分中求极小值的原理,欲使 Q 达到最小,须将 Q 分别对 $b_1, b_2, \cdots, b_i$ 求偏导数并令其等于零,加以整理后可得到 $i+1$ 个方程式组成的方程组,解方程组便可得到回归方程中的各个参数。在此,以二元线性回归方程的建立为例。

二元线性回归方程可表示为：$\hat{Y} = b_0 + b_1 X_1 + b_2 X_2$。使用最小二乘法可得到方程组：

$$\sum Y = nb_0 + b_1 \sum X_1 + b_2 \sum X_2 \qquad (公式9-25)$$

$$\sum X_1 Y = b_0 \sum X_1 + b_1 \sum X_1^2 + b_2 \sum X_1 X_2 \qquad (公式9-26)$$

$$\sum X_2 Y = b_0 \sum X_2 + b_1 \sum X_1 X_2 + b_2 \sum X_2^2 \qquad (公式9-27)$$

解方程组便可得到参数 b_0、b_1、b_2 值，即可建立起二元线性回归方程。

上述计算过程虽然繁杂一些，但是基本原理是与一元线性回归方程参数计算完全一样的。在实际应用中，一般都将繁杂的计算交由计算机去完成。

【例9-4】 某公司对15名员工进行考评，测得他们的文化基础知识 X_1 和专业技能 X_2 两项成绩，如表9-3所示，同时将用人部门对他们的实际工作能力的评定结果同列表中（满分都是10分）。请建立员工实际工作能力对两项测评成绩的线性回归方程。

【解】 首先计算公式中包含的一些中间值，记录在表9-3中，然后将相应数据代入公式9-25、公式9-26和公式9-27，即可得到如下的可解方程组：

$105 = 15b_0 + 87b_1 + 99b_2$

$637 = 87b_0 + 565b_1 + 604b_2$

$724 = 99b_0 + 604b_1 + 689b_2$

解方程组即可得到线性回归方程中的参数：$b_0 = 1.237$、$b_1 = 0.058$、$b_2 = 0.822$，所以本例中得到的二元线性回归方程是：$\hat{Y} = 1.237 + 0.058X_1 + 0.822X_2$。

各回归系数表示的意义分别为：$b_1 = 0.058$，表明在专业技能不变的情况下，文化基础知识成绩每增加1分，员工实际工作能力成绩增加0.058分；$b_2 = 0.822$，表明在文化基础知识不变的情况下，专业技能成绩每增加 1 分，员工实际工作能力成绩增加 0.822 分。

表9-3 员工能力回归分析的数据表

编号	已知数据			中间计算					
	X_1	X_2	Y	X_1^2	X_2^2	Y^2	$X_1 X_2$	$X_1 Y$	$X_2 Y$
1	3	5	6	9	25	36	15	18	30
2	4	6	7	16	36	49	24	28	42
3	5	7	7	25	49	49	35	35	49
4	7	8	9	49	64	81	56	63	72
5	6	9	7	36	81	49	54	42	63
6	8	7	9	64	49	81	56	72	63
7	7	6	7	49	36	49	42	49	42
8	9	8	8	81	64	64	72	72	64
9	5	8	9	25	64	81	40	45	72
10	9	7	7	81	49	49	63	63	49

续表

编号	已知数据			中间计算					
	X_1	X_2	Y	X_1^2	X_2^2	Y^2	$X_1 X_2$	$X_1 Y$	$X_2 Y$
11	2	3	4	4	9	16	6	8	12
12	4	5	5	16	25	25	20	20	25
13	5	7	7	25	49	49	35	35	49
14	6	5	4	36	25	16	30	24	20
15	7	8	9	49	64	81	56	63	72
Σ	87	99	105	565	689	775	604	637	724

三、多元线性回归方程的有效性检验

多元回归方程建立后同样需要进行有效性检验,以判断它是否具有实用价值。多元线性回归方程有效性检验基本原理同一元线性回归方程相似,也采用方差分析方法。

多元线性回归方程有效性检验的虚无假设 H_0 为"各回归系数同时与零无显著差异"。即全体自变量取值无论怎样变化都不会引起自变量 Y 的线性变化,所有的自变量都无法解释 Y 的线性变化,Y 与所有自变量不存在线性关系,所建立的多元线性回归方程是无效的。检验统计量是 F,其计算公式为:

$$F = \frac{MS_R}{MS_E} = \frac{\frac{\sum(\hat{Y}-\bar{Y})^2}{k}}{\frac{\sum(Y-\hat{Y})^2}{n-k-1}} \quad (公式9-28)$$

式中,k 为自变量个数,n 为样本数。方差分析结果可写成表 9-4 的形式。

表 9-4 多元线性回归方程方差分析表

变异源	平方和	自由度	均方	F	p
回归方程	SS_R	k	$MS_R = \frac{SS_R}{k}$	$\frac{MS_R}{MS_E}$	
随机误差	SS_E	$n-k-1$	$MS_E = \frac{SS_E}{n-k-1}$		
合计	SS_T	$n-1$			

【例 9-5】 试对例 9-4 中建立的二元线性回归方程进行显著性检验。

【解】 采用 F 检验,检验统计量的计算如下(中间计算环节省略):

$$F = \frac{MS_R}{MS_E} = \frac{13.556}{1.074} = 12.623$$

在 F 分布表中,当 $\alpha = 0.01$,分子自由度为2,分母自由度为12时,F 临界值为6.93。该方程的 F 统计量远远大于临界值,所以因变量 Y 与自变量的线性关系显著,方程具有预测效用。

多元线性回归方程同样需要进行拟合优度检验以判断其有效性程度,而判定系数 R^2 与一元线性回归方程的判定系数意义相同,等于回归平方和占因变量总平方和的比例,也等于因变量与自变量相关系数的平方。但在多元线性回归方程中,自变量不止一个,所以 $\sqrt{R^2}$ 反映的是因变量 Y 与 k 个自变量之间的相关程度,因此又称其为 Y 与 k 个自变量的复相关系数。

在多元线性回归方程有效性检验中,需要综合考虑因变量与多个自变量的相关,对判定系数进行调整,称为调整后的判定系数,记为 $\overline{R^2}$,其表达式为:

$$\overline{R^2} = 1 - \frac{\frac{SS_E}{n-k-1}}{\frac{SS_T}{n-1}} \qquad (公式 9-29)$$

$\overline{R^2}$ 的取值范围为 0~1,它越接近于1,回归方程与实际观测值的拟合度越好,方程有效性程度越高;反之,$\overline{R^2}$ 越接近于0,拟合度越低,方程有效性程度越低。调整后的判定系数 $\overline{R^2}$ 考虑的是平均的误差平方和,而不是误差平方和,在多元线性回归分析中,$\overline{R^2}$ 比 R^2 能够更准确地反映回归方程对样本数据的拟合程度,它可以剔除自变量个数对拟合优度的影响。作为回归方程的有效性高低程度的评估指标,$\overline{r^2}$ 更可靠。因此在多元线性回归分析中,我们通常用 $\overline{R^2}$ 统计量代替一元回归分析中的 R^2 统计量。

可以计算,在例 9-4 中所建立的二元回归方程中,其拟合优度检验统计量 $\overline{R^2} = 0.624$,而 $R^2 = 0.678$,R^2 可能会高估方程的拟合度,而采用 $\overline{R^2}$ 更客观准确。

四、回归系数的显著性检验

一元线性回归分析只有一个自变量,整个方程的有效性检验和回归系数的显著性检验是完全等价的,方程有效就是自变量与因变量有显著性相关带来的。在多元线性回归分析中,方程有效只能在总体上说明因变量与自变量存在相关,或者说,至少有一个自变量与因变量有显著性的线性相关,但并不说明所有的自变量均与因变量存在线性相关,所以需要逐一地检验每一个自变量与因变量是否存在显著性线性相关,也就是对各个回归系数进行显著性检验。

如果检验发现某一个回归系数达到了显著性水平,说明对应的这个自变量与因变量具有显著的线性相关,它可以在预测因变量的变化上发挥有效作用,可以保留在回归方程中;若某一个回归系数未达到显著性水平,说明对应的这个自变量与因变量没有显著的线性相关,它在预测因变量的变化上不会发挥太大作用,可以将其剔除以使回归方程简化。

多元线性回归方程回归系数的显著性检验的虚无假设 $H_0:\beta_i = 0$,即第 i 个自变量对应的回归系数与零无显著性差异。其检验一般都用 t 分布,统计量为:

$$t_i = \frac{\beta_i}{S_{\beta_i}} \quad (公式9-30)$$

式中,t_i 统计量服从自由度为 $df = n - k - 1$ 的 t 分布,S_{β_i} 为回归系数 β_i 的标准误差:

$$S_{\beta_i} = \sqrt{\frac{S_{YX}^2}{\sum(X - \overline{X})^2}} \quad (公式9-31)$$

查 t 表得到 α 显著性水平下的临界值 $t_{\frac{\alpha}{2}(n-k-1)}$。若 t_i 的绝对值大于临界值,则拒绝虚无假设而认为该回归系数达到了显著性水平,相应的自变量与因变量之间存在显著的线性关系,应保留在方程中;若 t_i 的绝对值小于临界值,则接受虚无假设而认为该回归系数未达到显著性水平,相应的自变量与因变量之间没有显著的线性关系,可将其从方程中剔除。

经计算,例 9-4 所建立的回归方程中自变量 X_1 的回归系数 b_1 的 $t_1 = 0.332$,自变量 X_2 的回归系数 b_2 的 $t_2 = 3.628$,查 t 值表,得临界值 $t_{\frac{0.05}{2}(12)} = 2.179$,所以自变量 X_1 对因变量的线性影响并不显著,可剔除;而自变量 X_2 对因变量的线性影响显著,应保留在回归方程里。

五、自变量的筛选

在求得多元线性回归方程后,需对自变量进行筛选,把其中对因变量作用不显著的自变量剔除以达到简化方程的目的,减少计算量和降低计算误差。通过统计方法筛选自变量有向后剔除法、向前选择法、逐步回归法三种基本策略,下面我们分别进行介绍。

(一) 向后剔除法

向后剔除法(backward)是自变量不断被剔除出方程的过程。首先,所有自变量全部进入回归方程,并对回归方程中所有的回归系数进行显著性检验;然后,在回归系数未达到显著性水平的一个或多个自变量中,剔除检验统计量 t 值最小的变量,也就是将其中对因变量作用最小的那个变量先剔除,并重新建立回归方程和进行检验。如果新建的回归方程中所有变量的回归系数检验都显著,则回归方程建立结束,否则按照上述方法继续剔除不显著的变量,直到所有变量作用都显著为止。

(二) 向前选择法

向前选择法(forward)是自变量不断进入回归方程的过程。首先,选择与因变量具有最高线性相关系数的变量进入方程,并对回归方程进行各种检验;然后,在剩余的变量中选择与因变量偏相关系数最高并通过显著性检验的变量进入回归方程,并进行各种检验;一直重复这个过程直到没有可进入方程的变量为止。

(三) 逐步回归法

逐步回归法(stepwise)是向后剔除法和向前选择法的结合,它在向前选择的每一步都考虑先前进入的变量是否需要剔除。因为随着变量不断进入,由于自变量之间存在一定程度的多重共线性,使得某些已经进入回归方程的自变量的回归系数可能不显著。逐步回归法是按每个自变量对因变量的作用,从大到小逐个地引入方程,每引入一个自变量要对回归方程中每一个自变量都进行显著性检验,同时根据向后剔除法,将方程中 t 值最小且符合事先设定的剔除判据的变量剔出方程,重复进行直到方程内的自变量均符合进入方程的判据,方程外的自变量都不符合进入方程的判据为止,最终形成的回归方程就是最优的方程。

多元线性回归方程中自变量的选择,以及利用多元线性回归方程对因变量值进行点估计和区间估计,在计算上都十分复杂,一般要借助计算机才能完成,故在此不再详细介绍。

第四节 逻辑回归分析

线性回归模型的一个局限性要求是因变量与自变量必须是定距变量或定比变量,而不能是定性变量,即定序变量、定类变量。但是,经常会遇到诸如定性变量的实验。例如,精神分裂的发病与人格特质、家族遗传、意外事件等因素有很大的关系,若根据某人的背景资料推断其是否患有精神分裂,结果只有两种可能,"患有精神分裂"(记为 $Y=1$);"未患精神分裂"(记为 $Y=0$)。再列举一个案例,影响一个人是否买房的因素有个人收入、房价、家庭状况等,若已知一个人的个人收入、房价、家庭状况这三类信息,来预测此人是否会买房,则预测结果只有"买房"和"不买房"这两种。可以发现,此类实验有一个共同特点,实验的结果只有两种可能:"发生"和"不发生",而不存在介于两者之间的表示发生倾向的大小。我们把仅具有两种可能结果的数据称为二分类数据。此类实验的一般模型为:

$$Y = \begin{cases} 1, & 事件发生 \\ 0, & 事件不发生 \end{cases}$$

在对这种定性变量及二分类数据进行回归分析时,就不能使用一元及多元线性回归。通常的做法是采用一种对数线性模型。顾名思义，就是将多元线性模型对数化，统计学上称为逻辑回归（logistic regression），它是不同于线性回归的一种解决定性分类变量的回归方法，属于非线性回归的一种。统计学上一般称该模型为概率型非线性回归模型，是研究分类观察结果 Y 与一些影响因素 X 之间关系的一种多变量定性分析方法。逻辑回归分析根据因变量取值类别不同，可以分为二元逻辑（binary logistic）回归分析和多元逻辑（multinomial logistic）回归分析。二元逻辑回归模型中因变量分为两类，用 1 和 0 表示，而多元逻辑回归模型中因变量可以取多个值，比如根据患病的严重程度，因变量可分为"不患病""轻微患病""严重患病"三类，即三元逻辑回归。本书只讨论二元逻辑回归，并简称逻辑回归。

一、基本概念与计算公式

前文所述的线性回归模型，因变量都是数值型区间变量，建立的模型描述的是因变量的期望与自变量之间的线性关系，其一般表达式为：$\hat{Y} = \beta_0 + \beta_1 X_1 + \beta_2 X_2 + \cdots + \beta_k X_k + \varepsilon$。该线性回归模型在对相关变量进行定量描述及因变量预测上有很好的效果，但是在解决逻辑回归分析问题时就不再适用了。下面我们结合案例，逐步推导出逻辑回归分析的基本公式及相关概念。影响癌症发病的因素有很多，包括家族病史（X_1）、吸烟（X_2）、喝酒（X_3）等，某人患病与否（Y）有两种取值：$Y = 0$ 表示"不患有癌症"，$Y = 1$ 表示"患有癌症"。按照线性回归模型的思维方式，我们会假设回归模型 $\hat{Y} = \beta_0 + \beta_1 X_1 + \beta_2 X_2 + \cdots + \beta_k X_k + \varepsilon$，则得到的 $\hat{Y}$ 是一个连续值，而实际上真值 Y 的取值只有 0 和 1 两种，显然不符合实际。我们可能会尝试将此公式转化为概率性公式 $P = \beta_0 + \beta_1 X_1 + \beta_2 X_2 + \cdots + \beta_k X_k + \varepsilon$，进而预测 $Y = 1$ 发生的概率，但是这样又会存在一个问题，患病概率 P 的取值可能会超出 1。

从上述分析中，我们发现将线性回归模型转化为概率性公式的思路是正确的，但问题的关键是如何对 P 进行变换，才能使 P 的取值限制在 0~1，同时，有较为理想的函数曲线，即自变量线性关系式在无穷大与无穷小分别趋近于 1 和 0，此外尽可能有较为陡峭的变化趋势。

统计学家实验发现，对 P 进行 logit 变换可得到一条比较理想的概率变化曲线，具体是对 $\frac{P}{1-P}$ 取对数化，即 $\text{logit } P = \ln\left(\frac{P}{1-P}\right)$，其中，$\frac{P}{1-P}$ 是优势比（odds ratio，简称 OR），即事件发生的概率 P 与不发生的概率 $1-P$ 的比值。对 OR 式进行对数化就可以得到逻辑回归模型：

$$\text{logit } P = \ln\left(\frac{P}{1-P}\right) = \beta_0 + \beta_1 x_1 + \beta_2 x_2 + \cdots + \beta_k x_k + \varepsilon \quad \text{（公式 9-32）}$$

其中，β_0 表示各自变量未发生时，因变量发生与不发生之比的自然对数；$\beta_1,\beta_2,\beta_3,\cdots,$
β_k 表示自变量改变一个单位时 logit P 的改变量；ε 代表参数估计与实际值的误差项。变换得到 P 关于 $x_1,x_2,x_3,\cdots,x_i$ 的解析式，即 logit 的概率密度函数：

$$P = \frac{e^{\beta_0+\beta_1x_1+\beta_2x_2+\cdots+\beta_kx_k+\varepsilon}}{1+e^{\beta_0+\beta_1x_1+\beta_2x_2+\cdots+\beta_kx_k+\varepsilon}} = \frac{e^{\text{logit }P}}{1+e^{\text{logit }P}}$$ （公式9-33）

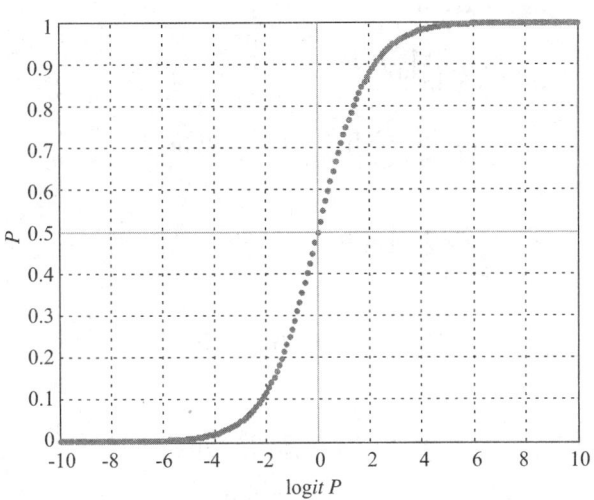

图 9-3　P-logit P 函数

做 P-logit P 函数图像如图 9-3 所示，此概率密度函数以 $\text{logit}(0.5)=0$ 为中心对称，在 logit $P=0$ 附近 P 变化幅度很大，当 logit P 趋近于正无穷时，概率 P 趋近于 1；当 logit P 趋近于负无穷时，概率 P 趋近于 0。对于任何自变量 x 和待估参数 β 的所有可能取值，logit 转换都能确保概率 P 在区间 (0,1) 内。

二、极大似然估计

在线性回归中，常用最小二乘法进行参数估计，以使观测值与模型的估计值的离差最小。但在 Logistic 回归中，由于是非线性回归，模型较为复杂，最小二乘法不再适用，常采用极大似然估计法。所谓"似然"，即在一定参数估计条件下得到该观测值的概率。极大似然估计的基本思想是，假设在所有可能的样本组合中，我们所抽得的该样本出现的概率最大，所以利用求偏导求解待估方程的未知参数以使这个样本有最大概率值。当然，极大似然估计法除了用于较为复杂的非线性模型，也适用于线性回归模型，且结果与最小二乘法相同。

首先建立极大似然函数（likelihood function），假设一个由二分类数据组成的总体，包含 $Y_1,Y_2,\cdots,Y_N$ 共 N 个个体，每个个体取值为 0 或 1。对每一个个体，取 1 的概率记为 $P(y_i=1)=p$，则取 0 的概率记为 $P(y_i=0)=1-p$。于是，我们可以得到每一个观测值的概率公式为：$P(y_i) = p^{y_i}(1-p)^{1-y_i}$。现从中抽取 n 个个体作为样本。因为单个数据之间相互独立，所以联合分布可以表示为各边际分布的乘积：

$$L(\theta) = \prod_{i=1}^{n} p_i^{y_i}(1-p_i)^{(1-y_i)}, \quad p_i = \frac{e^{\alpha+\beta x_i}}{1+e^{\alpha+\beta x_i}} \quad \text{（公式 9-34）}$$

该式称为 n 个观测的似然函数。对似然函数 $L(\theta)$ 直接求导是比较困难的，通常进行自然对数变换，即：

$$\begin{aligned}
\ln[L(\theta)] &= \ln\left[\prod_{i=1}^{n} p_i^{y_i}(1-p_i)^{(1-y_i)}\right] \\
&= \sum_{i=1}^{n}\left[y_i \ln^{p_i} + (1-y_i)\ln^{(1-p_i)}\right] \\
&= \sum_{i=1}^{n}\left[y_i \ln^{\left(\frac{p_i}{1-p_i}\right)} + \ln^{(1-p_i)}\right] \\
&= \sum_{i=1}^{n}\left[y_i(\alpha+\beta x_i) + \ln^{\left(1-\frac{e^{\alpha+\beta x_i}}{1+e^{\alpha+\beta x_i}}\right)}\right] \\
&= \sum_{i=1}^{n}\left[y_i(\alpha+\beta x_i) - \ln^{\left(1-e^{(\alpha+\beta x_i)}\right)}\right] \quad \text{（公式 9-35）}
\end{aligned}$$

接下来，要对 α 和 β 进行参数估计，具体是分别对参数 α 和 β 求偏导，令其为 0，联立方程求解。求偏导后得似然方程为：

$$\frac{\partial \ln[L(\theta)]}{\partial \alpha} = \sum_{i=1}^{n}\left[y_i - \frac{e^{(\alpha+\beta x_i)}}{1+e^{(\alpha+\beta x_i)}}\right] = 0$$

$$\frac{\partial \ln[L(\theta)]}{\partial \beta} = \sum_{i=1}^{n}\left[y_i - \frac{e^{(\alpha+\beta x_i)}}{1+e^{(\alpha+\beta x_i)}}\right]x_i = 0 \quad \text{（公式 9-36）}$$

将样本数据代入似然方程，联立即可求解参数 α 和 β 的估计值。由于方程比较复杂，一般借助于计算机软件进行迭代计算求解。在这里有必要说明一下，本题只含有两个未知数，所以列两个似然方程求解即可，若含有多个未知数，比如因变量分类数大于 2，则需要对每一个未知数求偏导，再进行联立。

【例 9-6】 肺癌的发病与许多因素有关。表 9-5 是研究吸烟、喝酒、家族遗传、年龄、肺部疾病与肺癌关系的病例对照资料，共包含 30 个个体。其中患肺癌的和没有患肺癌的各 15 人。每一个体的病例资料已列出，试作 logistic 回归分析。若某人今年 42 岁，平均每天吸烟数约为 8 支，饮用酒精量约为每天 40 g，家族无肺癌患者，无肺部疾病史，试对其患肺癌的概率进行预测。

注：对于变量"抽烟"，若每天的吸烟量大于 10 支，记 $X_1 = 3$；5～10 支，记 $X_1 = 2$；0～5 支，记 $X_1 = 1$；不吸烟，记 $X_1 = 0$。对于变量"喝酒"，若每天的饮酒酒精量大于 100g，记 $X_2 = 3$；酒精量在 25g～100g，记 $X_2 = 2$；酒精量在 0～25g，记 $X_2 = 1$；不饮酒，记 $X_2 = 0$。

表 9-5　肺癌病例对照资料表

样本编号	抽烟(X_1)	喝酒(X_2)	家族遗传(X_3)	年龄(X_4)	肺部疾病(X_5)	肺癌(Y)
01	0	1	1	32	0	0
02	0	1	0	45	1	0
03	3	0	0	63	1	0
04	0	2	1	53	0	0
05	1	2	0	35	1	0
06	0	1	1	51	0	0
07	0	3	0	40	0	0
08	1	1	0	37	1	0
09	0	2	0	33	1	0
10	2	1	1	38	1	0
11	0	0	1	57	1	0
12	1	2	0	55	0	0
13	0	1	1	41	1	0
14	1	0	1	45	0	0
15	0	1	1	36	1	0
16	2	2	1	65	1	1
17	2	1	0	54	1	1
18	1	2	1	49	0	1
19	2	3	1	57	1	1
20	1	0	1	60	0	1
21	2	3	0	63	1	1
22	1	1	1	59	1	1
23	2	3	0	62	1	1
24	2	1	1	48	1	1
25	1	2	1	52	0	1
26	1	3	1	58	1	1
27	2	1	0	47	1	1
28	1	2	1	53	1	1
29	3	1	1	57	1	1
30	2	2	1	59	0	1

逻辑回归分析计算较为复杂,所以一般使用统计学软件分析计算,计算结果如下:

$$\hat{p} = \frac{e^{(-15.939+1.881X_1+1.763X_2+2.9X_3+2.968X_4)}}{1+e^{(-15.939+1.881X_1+1.763X_2+2.9X_3+2.968X_4)}}$$

结果发现,肺部疾病对肺癌的作用不明显,所以直接将自变量 X_5 去除,得到了变量 X_1、X_2、X_3、X_4 的对数概率预测模型。通过该模型,可以对该人是否会患肺癌进行预测。按照题中标准,可得到 $X_1 = 2, X_2 = 2, X_3 = 0, X_4 = 42$。

先求解 $\text{logit}(p)$:

$$\begin{aligned}\text{logit}(p) &= -15.939 + 1.881X_1 + 1.763X_2 + 2.9X_3 + 2.968X_4 \\ &= -15.939 + 1.881 \times 2 + 1.763 \times 2 + 2.9 \times 0 + 2.968 \times 42 \\ &= 116.005\end{aligned}$$

再求解概率: $\hat{p} = \dfrac{e^{3.221}}{1 + e^{3.221}} = 96.16\%$

可以看到,该人在未来几年有 96.16% 的概率患上肺癌,且随着年龄的增大,患病的风险将进一步增大,究其原因是该人每天的吸烟量与饮酒量较多,值得注意。

三、模型的显著性检验

(一) 似然比检验

在一个大样本里面,具有嵌套关系的两个模型的对数似然值乘以 -2 的结果之差近似服从 χ^2 分布,相应的检验统计量称为似然比(likelihood ratio, L.R.)。计算似然比统计量的公式为:

$$\begin{aligned}L.R. &= (-2LL_{m2}) - (-2LL_{m1}) \\ &= -2\ln\left(\frac{L_{m2}}{L_{m1}}\right) \\ &= -2\ln(L_{m2}) + 2\ln(L_{m1})\end{aligned} \quad (公式 9-37)$$

其中 $-2LL_{m1}$ 为原模型 m_1 的对数似然值,$-2LL_{m2}$ 为省略后的模型 m_2 的对数似然值,即 m_2 中变量是模型 m_1 中变量的一部分。L.R. 服从自由度为 $m_1 - m_2$(前后自变量省略的数目)的 χ^2 分布。

(二) Wald 检验

一些常用统计软件用 Wald 检验对 logistic 系数进行显著性检验。在 Wald 检验之前首先进行零假设,即 "$H_0: \beta_k = 0$",其实质为先假设模型的每一项回归系数都为 0(即自变量 x_k 的变化对事件发生的可能性无影响),再由 χ^2 分布与满足的置信区间决定是否接受该假设。Wald 检验实际上是比较估计系数与 0 的差别进行的,其检验统计量为:

$$W = \left(\frac{\hat{\beta} - 0}{SE(\hat{\beta})}\right)^2 \quad (公式 9-38)$$

公式中 $SE(\hat{\beta})$ 为 $\hat{\beta}$ 的标准误差。Wald 统计量服从自由度等于 1 的渐近 χ^2 分布。在自由度为 1 的 χ^2 分布中,$\alpha = 0.05$ 的临界值为 3.841;$\alpha = 0.01$ 的临界值为 6.635。如果 Wald 统计量大于相应置信度下的临界值,便拒绝零假设,即各项回归系数均不为零。需要注意的是,当回归系数的绝对值很大时,用 Wald 估计会存在很大误差,这时我们应尽量采用似然比检验。

需要说明的是,Wald 检验与似然比检验都适用于大样本。当样本较小时,尽管两者数学模型以及参数假设都相同,但计算出的结果仍然会有误差。当样本容量足够大时,两者的值会趋于相等。

关键词

回归分析、回归方程、一元线性回归分析、多元线性回归分析、回归系数、逻辑回归、逐步回归法、向后剔除法、向前选择法

练习与思考

1. 阐述回归分析和相关关系的联系与区别。
2. 阐述线性回归分析的基本步骤。
3. 对某市的百货商场进行抽样调查,被抽中的 10 家商场前一个月的日均销售额 X(千元)和该月利润率 Y(%)如表 9-6 所示。

表 9-6 商场日均销售额与月利润率

店序	1	2	3	4	5	6	7	8	9	10
X	6	5	8	1	4	7	6	3	3	7
Y	12.6	10.4	18.5	3.0	8.1	16.3	12.3	6.2	6.6	16.8

试求利润率对日均销售额的一元线性回归方程并检验回归方程的有效性(包括显著性检验、拟合优度检验等)。若日均销售额为 6000 元,则该月利润率的置信区间和预测区间分别是多少($\alpha = 0.05$)?

4. 对上述百货商场调查还得到了第三个变量——商品周转费用率(%),数据如表 9-7 所示。

表 9-7 商品周转费用率

店序	1	2	3	4	5	6	7	8	9	10
X	2.8	3.3	1.8	7.0	3.9	2.1	2.9	4.1	4.2	2.5

试求利润率对日均销售额与商品周转费用率的二元线性回归方程及其判定系数的大小,并检验回归方程的有效性。

5. 城镇居民上下班使用的交通工具一般包括公共汽车和自行车两种。为了探究城镇居民所乘交通工具 Y 与被调查者的年龄 X_1、月收入 X_2、性别 X_3 的关系,特进行了一次

针对城镇居民的社会调查。调查结果如表9-8所示($Y=0$表示骑自行车,$Y=1$表示乘公共汽车;$X_3=0$表示被调查者为女性,$X_3=1$表示被调查者为男性)。试对该社会调查进行逻辑回归分析。

表9-8 城镇居民出行交通工具选择及相关因素调查结果

序号	年龄 X_1	月收入 X_2	性别 X_3	乘车方式 Y
1	25	2000	1	0
2	34	2500	0	0
3	29	1800	0	0
4	37	3000	1	0
5	40	2000	0	0
6	28	3000	1	0
7	32	2500	1	0
8	35	2000	0	0
9	31	2000	0	0
10	37	1800	0	0
11	51	2000	0	1
12	49	3000	1	1
13	42	3000	1	1
14	37	2500	0	1
15	32	3000	1	1
16	46	3000	1	1
17	49	2500	1	1
18	39	2000	0	1
19	33	2500	0	1
20	40	3000	1	1

课程资源

回归分析的意义与逻辑(视频9-1)
一元线性回归分析的过程(视频9-2)
多元线性回归分析的过程(视频9-3)
回归分析的案例(视频9-4)

第十章
探索性因素分析

内容概览

　　探索性因素分析是在获取众多变量数据后，为探索变量间的关系及其隐含的结构，并达到描述变量降维目的而常用的分析方法，它的基本模型是将一系列的变量都表示成几个假设的公共因子的线性组合。通常采用主成分分析法进行变量变换，抽取对原变量方差解释贡献最大的少数几个主成分作为因子，形成简化结构。其基本步骤：（1）通过分析原变量的相关矩阵、比较反像相关与其协方差相关矩阵的差异性、KMO 检验和巴特利特球形检验等判断，已有资料是否适合因素分析；（2）通过主成分分析、碎石检验等方法，综合分析确定提取的因子数以及因子旋转方法；（3）报告正式结果，通常需要在研究报告中报告的因素分析结果包括：适合度检验、主成分特征值及方差解释信息表、碎石图、旋转后的因子载荷矩阵、旋转后因子协方差相关矩阵、因子分计算系数矩阵，根据因子载荷给因子命名；（4）计算被研究个案的因子分，通常采用回归方法，即以因子为因变量、原变量为自变量而建立的回归方程。但在回归计算前，一般要把原变量转换为标准分，计算出来的因子分也是标准分。

因素分析(factor analysis)包括探索性因素分析(exploratory factor analysis)和验证性因素分析(confirmatory factor analysis)两种类型。前者是探索多变量的内在结构并进行降维处理的技术,它能够将错综复杂的众多变量综合为少数几个核心因子;后者是对因子结构及其与一系列原变量间的关系是否符合研究者的理论构想进行验证的技术。本章只介绍前一种,它由斯皮尔曼(Charles Edward Spearman,1863 - 1945)于1904年开创,对心理学的发展起到了特殊作用。现在我们知道,人的心理结构具有层次性,有些成分是表面、外在的,有些成分则是隐秘、内在的。有机体的内隐方面总是和外显方面发生相互作用,内隐方面制约着外显特征。一个人的内在自我会在相当程度上决定他的外在行为特征,使其表现出某些行为倾向的高度一致性或相关性。因此,研究者可以通过对样本中的个体进行系统观测,获取一组高度相关的行为数据,从中探索某种稳定的内在心理结构。这一工作就需要探索性因素分析的技术。

第一节　探索性因素分析的基本原理

一、因素分析的起源与逻辑基础

因素分析又叫因子分析。它是一种多元统计技术,可以用来对复杂的测量数据进行缩简。因素分析的产生与发展得益于20世纪初心理学家对智力的研究,但是它的用途与贡献已不仅仅局限于智力等心理学领域的研究。

1904年,英国心理学家斯皮尔曼发表了一篇论文,报告了他采用因素分析的方法对智力结构进行的研究,提出了智力的"二因素说",即认为智力是由一般因素和特殊因素构成。这是因素分析方法使用的起点。1925年后,关于斯皮尔曼的因素分析研究出现了一次较大的争论,人们也开始质疑"二因素说"的正确性,指出了其中的一些不足。20世纪30年代后期,针对二因素理论的不足,美国心理学家瑟斯顿(L. L. Thurstone)等人在研究智力构成的过程中提出了智力的"群因素理论"。他通过旋转因素轴的方法得到更简单的结构。二战期间,瑟斯顿的理论和方法对美国军队人才的选拔提供了很大帮助,从而扩大了因素分析方法的影响。吉尔福特(J. P. Guilford)的三维智力理论、卡特尔(R. B. Cattell)的流体和晶体智力理论、弗农(P. E. Vernon)的智力层次结构理论等都是基于因素分析的方法而得到的。由于他们是用因素分析的方法来探索智力的构成,所以这种因素分析方法就逐渐被称为探索性因素分析。20世纪60年代中后期,统计学家博克(R. D. Bock)、巴格曼(R. Bargmann)以及乔纳斯柯格(K. G. Jöreskog)研究了因素分析模型中参数的假设检验,并发展出验证性因素分析。他们的方法重点在于检验先前假设的因子结构是否合适，从而弥补了探索性因素分析的不足。此后，验证性因素分析越来越受到人们的重视。

因素分析不仅是智力研究的有效方法，也是研究心理学其他领域的有力工具。例如，卡特尔（R. B. Cattell）关于人格特质的研究，艾森克（H. J. Eysenck）关于个性差异的研究，都运用了因素分析方法。20世纪70年代，探索性因素分析在方法上趋于成熟，应用的研究领域也扩展到态度、兴趣、学习等方面。另外，在一些非心理学领域，如经济学、医学、物理学、社会学、地域科学及分类学等领域也广泛地使用了因素分析方法。就连对心理学没有好感的极端评论者都不得不说，因素分析是心理学对自然科学的唯一贡献。

因素分析的基本逻辑是：在变量较多时，根据相关性大小可将变量进行分组，使得同组的变量间的相关性较高，不同组的变量间的相关性较低，从而使每组变量能够代表一种基本结构。这与针对变量的聚类分析思想类似。每一种基本结构被看作是相应的一组变量变化的内在制约因素，即原因，所以被称为公共因子，简称"因子"。可见，因素分析的目的是用少量的"因子"概括和解释大量"变量"的信息，从而建立起简洁的、更具有一般意义的概念系统。

例如，对某班20名学生进行心理测量，得到了他们在常识、词汇、算术、积木、拼图、阅读理解、图片排列7个项目上的得分，如表10-1所示。这7个项目的测验得分反映了学生的哪些能力呢？每个学生的能力又是怎样的呢？我们可以使用因素分析的方法，经过因素抽取、因素数目确定、因子旋转等步骤后，得到包含两个因子的矩阵。其中一个因子与常识、词汇、算术、阅读理解的得分相关较高，而另一个与积木、拼图、图片排列的得分相关较高。根据经验，将前一个因子命名为"言语智力"，第二个因子命名为"操作智力"，然后还可以结合计算出来的因子得分，评估每个学生在这两种能力上的发展水平。

表10-1　某班20名学生7项测验得分

项目	常识	词汇	算术	积木	拼图	阅读理解	图片排列
1	25	40	17	50	21	32	40
2	23	38	13	47	16	28	36
3	15	24	10	18	10	12	12
4	28	50	16	26	7	28	20
5	27	48	15	24	11	24	20
6	26	50	17	26	10	32	16
7	27	46	19	18	8	26	20
8	13	16	6	60	20	12	44
9	14	20	9	55	24	8	36

续表

项目	常识	词汇	算术	积木	拼图	阅读理解	图片排列
10	10	18	8	55	18	14	40
11	27	54	17	28	17	24	32
12	26	34	19	40	14	32	24
13	24	40	16	36	18	28	16
14	16	30	11	50	18	20	40
15	17	32	10	50	24	24	36
16	22	38	10	18	22	22	36
17	20	28	9	60	20	18	44
18	20	28	9	48	15	22	24
19	15	30	10	36	13	24	16
20	17	28	11	36	11	16	32

当根据相关把 7 个项目测验得分概括成两个部分的时候,我们就得到了两个"因子",分别用"言语智力"和"操作智力"来命名之。进一步地,又可以反过来计算这两种智力与 7 个项目测验得分的相关矩阵,如表 10-2 所示。

表 10-2 7 个项目测验得分与两个"因子"的相关矩阵

变量/因素	言语智力	操作智力
常识	0.927	-0.260
阅读理解	0.905	-0.103
词汇	0.883	-0.337
算术	0.880	-0.332
图片排列	-0.190	0.896
拼图	-0.185	0.873
积木	-0.342	0.820

表 10-2 数据显示,"言语智力"与"常识""词汇""算术""阅读理解"的得分相关高,这里的"言语智力"是人的内在心智结构成分之一,制约着人们在计算、交流等方面的一些作业成绩,所以出现了与这些方面的高度相关;同样,"操作智力"也是人的内在的心智结构成分之一,制约着人们在"积木""拼图"和"图片排列"等项目的作业成绩。

简单地说,人的内在心理结构制约着外在的行为表现,而人的外在行为表现反映了人的内在心理结构,这是心理学使用因素分析方法进行心理结构研究的基本逻辑基础。

二、因素分析的基本模型

科学研究中,往往首先获得的是观测资料,即关于事物外在特征或个别具体特征的资料。如果这些特征中的某些变量存在高度的相关,就意味着它们的背后存在着共同因子。如果能够在一批多维数据资料中找到 m 个共同因子来解释被试在各个变量上所表现出来的差异性(通常将其称为变量的变异性),就可以使用这较少的 m 个公共因子描述原来很多变量才能描述的事物的属性。所以,因素分析被定义为:用少数几个因子来描述许多指标或因素之间的联系,从而实现以较少几个因子反映原资料的大部分信息的统计方法。正如前面的例子显示的,得到样本 7 个变量的数据,依据相关关系找到了 2 个公共因子,以这 2 个因子的得分去描述个体的特征就简便多了。那么,因素分析中的因子与变量之间的计算关系是什么呢?

(一)因素分析的代数模型

因素分析的基本模型是将一系列的变量都表示成几个假设的公共因子的线性组合。假设在 n 个被试组成的样本中进行了一系列测量,获得了 p 个变量的数据,有 m 个公共因子与 p 个变量存在一定的相关性,那么个体在变量中的差异性可以用他们在公共因子上的差异性来说明。换句话说,p 个变量都可以表达成由这 m 个因子组成的回归方程式:

$$\begin{cases} X_1 = a_{11}F_1 + a_{12}F_2 + \cdots + a_{1m}F_m + \varepsilon_1 \\ X_2 = a_{21}F_1 + a_{22}F_2 + \cdots + a_{2m}F_m + \varepsilon_2 \\ \cdots \\ X_i = a_{i1}F_1 + a_{i2}F_2 + \cdots + a_{im}F_m + \varepsilon_i \\ \cdots \\ X_p = a_{p1}F_1 + a_{p2}F_2 + \cdots + a_{pm}F_m + \varepsilon_p \end{cases}$$

这一组方程中,$X_1, X_2, \cdots, X_p$ 分别表示某被试在第 1 个、第 2 个到第 p 个变量上的得分,且是以标准分来计的;$F_1, F_2, \cdots, F_m$ 分别表示这个被试在 m 个公共因子上的得分,也是以标准分来计;a_{ij} 表示第 i 个变量对应的回归方程中第 j 个公共因子的系数,应是计算 X_i 的回归方程中对应于第 j 个因子的加权系数,称为因子载荷,它反映了对应的因子与变量的相关程度。因子载荷越大,说明因子对某一变量的影响力越大,在计算该变量时给予的加权就越大。

但是,此处所说的"因子对某一变量的影响力"仅仅是为了表述的方便,并不是说第 j 个因素就是引起第 i 个变量变化的原因。因素分析中所提取的因子只是一种假设的存在,它是为了说明变量之间的相关关系。至于这些因子在现实中有何意义,则是因子命名与因子解释的任务,我们在后续的部分再加以讨论。

这里,还可以将因素分析的基本模型表示成矩阵的形式,则有:$X = AF + \varepsilon$。其中:
$$X = (X_1, X_2, \cdots, X_p), F = (F_1, F_2, \cdots, F_m), \varepsilon = (\varepsilon_1, \varepsilon_2, \cdots, \varepsilon_p)$$

$$A = \begin{pmatrix} a_{11} & a_{12} & \cdots & a_{1m} \\ a_{21} & a_{22} & \cdots & a_{2m} \\ \cdots & \cdots & & \cdots \\ a_{p1} & a_{p2} & \cdots & a_{pm} \end{pmatrix}$$

矩阵 A 包含了因素分析模型中的所有因子载荷,所以也叫作因子载荷矩阵。该矩阵的每一个元素 a_{ij} 都是某一个变量与某一公共因子之间的相关系数,它反映了二者关系的密切程度,也反映了某一个变量对某一公共因子的依赖程度。

一般情况下,统计学的研究要求因素分析的数学模型满足以下两个条件:① 公共因子以标准分表示,其平均数为0,方差为1;② 公共因子间相互独立,其协方差矩阵为 m 阶单位阵(对角线上的元素均为1、非对角线上的元素均为0的矩阵)。

(二) 变量的共同度

方差反映了数据的变异程度。第 i 个测验的分数 X_i 的方差反映了被试在第 i 个测验中反应的变异性大小。而这个变异又是怎么产生的呢?因素分析假设每个变量都受到几个公共因子的制约,同时还会受到其他随机变量影响而存在一个随机误差项。因此,X_i 的方差可以分解成公共因子变异带来的方差和随机误差带来的方差两个独立的部分。

因素分析期望各因子相互独立,因此,由 $X_i = a_{i1}F_1 + a_{i2}F_2 + \cdots + a_{ij}F_j + \cdots + a_{im}F_m + \varepsilon_i$ 可以推导出第 i 个变量的方差为:

$$s_i^2 = a_{i1}^2 + a_{i2}^2 + \cdots + a_{im}^2 + d_i^2 = h_i^2 + d_i^2 = 1 \qquad (公式 10 - 1)$$

其中,s_i^2 为第 i 个变量的方差,当这个变量和方程中的因子均以标准分计,其方差为1。$a_{i1}^2, a_{i2}^2, \cdots, a_{im}^2$ 分别为第 $1, 2, \cdots, m$ 个公共因子对 X_i 的方差贡献。d_i^2 为第 i 个变量中其他误差因素的方差贡献。将变量 X_i 对应的公共因子的方差总和 h_i^2 称为变量 X_i 的共同度,即:

$$h_i^2 = a_{i1}^2 + a_{i2}^2 + \cdots + a_{im}^2 \qquad (公式 10 - 2)$$

可见,共同度 h_i^2 为所有公共因子对变量 X_i 方差的总贡献量,反映了 X_i 的变异中能被所有公共因子共同解释的部分。所以可以将"共同度"理解为"所有因子对这个变量共同制约的程度",它在数值上等于因子载荷矩阵中第 i 行因子载荷的平方和。以表 10-2 中的因子载荷矩阵为例,表中有7个测验项目、2个公共因子"言语智力"和"操作智力",就测验项目"算术"来说,它的共同度 $h_3^2 = a_{31}^2 + a_{32}^2 = 0.880^2 + (-0.332)^2 = 0.885$,这就是说,被试在"算术"测验上得分的方差的88.5%是由被测量者在"言语智力"和"操作智力"两方面的差异性带来的,另有11.5%则是由测量中的其他因素或误差带来的。其中,"言语智力"的贡献更大,为77.4%,是被试在"算术"测验中成绩差异的主要原因。

很明显,因素分析希望能用找到的 m 个公共因子解释变量的绝大部分的变异,即变量的共同度要比较高,越接近 1 越好。变量的共同度成为评估因素分析效果优劣的重要指标。

(三) 公共因子的方差贡献

如上所述,因子载荷的平方反映了某一因子对某一变量的方差贡献。那么,第 j 列因子载荷的平方和就是第 j 个公共因子在解释所有变量方差中贡献的总和,叫作该公共因子的方差贡献,即:

$$v_j^2 = \sum_{i=1}^{p} a_{ij}^2 = a_{1j}^2 + a_{2j}^2 + \cdots + a_{pj}^2 \qquad (公式10-3)$$

v_j^2 反映了公共因子 F_j 对所有变量总的影响,同时也体现了公共因子 F_j 在所有公共因子中的相对重要性。由表 10-2 可知,"言语智力"因子的方差贡献为: $v_1^2 = 0.927^2 + 0.905^2 + \cdots + (-0.342)^2 = 3.42$;"操作智力"因子的方差贡献为: $v_2^2 = (-0.260)^2 + (-0.103)^2 + \cdots + 0.820^2 = 2.54$。

因子载荷矩阵中任一行载荷的平方和是相应变量的共同度,其与对应变量的误差方差相加等于 1,所以所有变量的总方差等于变量数 p;任一列载荷的平方和是相应的一个因子的方差总贡献,而因子载荷矩阵中所有载荷的平方和就是所有公共因子总的方差贡献。于是,可以计算每一因子的方差贡献率、所有因子总的方差贡献率。以表 10-2 所示的因子载荷矩阵为例,该例有 7 个观测项目,总的变异方差为 7,所以因子的方差贡献率为:"言语智力"的方差贡献率 = $3.42 \div 7 = 0.489 = 48.86\%$;"操作智力"的方差贡献率 = $2.54 \div 7 = 0.363 = 36.29\%$;两个因子的方差贡献率 = $(3.42 + 2.54) \div 7 = 85.15\%$。

两个因子解释了变量方差的 85.15%,那么剩余的 14.85% 就只能由其他随机因素带来的误差因素解释。而且,相对而言,"言语智力"比"操作智力"对 7 个项目测验的影响更大,或者说在解释被试测验分数差异方面,"言语智力"的解释力更强。

第二节 适合度检验与因子提取

因素分析的主要步骤包括适合度检验、构造因素模型并确定因子数、因子旋转、因子得分计算、因子命名与解释等。

一、因素分析的适合度检验

因素分析首先通过计算变量间的相关矩阵来进行适合度检验。如果发现变量间的相关度普遍偏低,说明这些变量间的关系松散,很难找到有效的公共因子。一般认为,如果相关矩阵中的大部分相关系数的绝对值低于 0.3,并且没有达到显著性水平,那么这些数据就不太适合进行因素分析。以变量间相关矩阵为基础,还可变换出其他一些适合度检验的常用方法。

（一）巴特利特球形检验

巴特利特球形检验(Bartlett-test of sphericity)以原有变量的相关矩阵为出发点,提出虚无假设"H_0:相关系数矩阵是一个单位阵",即矩阵对角线上的元素都为 1,非对角线上的元素都为 0。巴特利特球形检验的统计量是根据相关系数矩阵的行列式计算得到,并且近似地服从卡方分布。如果检验统计量较大,且其对应的概率 p 值小于给定的显著性水平 α 概率,则应拒绝虚无假设 H_0,认为原有变量的相关系数矩阵不是单位阵,变量间存在显著的相关关系,可以进行因素分析;反之,则接受虚无假设 H_0,认为变量的相关矩阵是单位阵,变量之间的相关度很低,不适合进行因素分析。

（二）反像相关矩阵检验

反像相关矩阵(anti-image correlation matrix)检验是以变量间的偏相关矩阵为出发点的。偏相关系数是在消除或隔离了其他变量影响的条件下,计算两个变量间的相关系数。所以,如果确实存在公共因子,或者说变量间存在较多的重叠影响,那么在排除了这些公共因子的影响后,变量间的相关就会比较小,所得到的偏相关系数也应该很小。反像相关矩阵中的每个元素都是偏相关系数的负数。

如果反像相关矩阵中有些元素的绝对值比较大,说明这些变量间受其他变量重叠的影响就比较小,没有存在公共因子的明显证据,这些变量就不太适合进行因素分析。

（三）KMO 取样适合度检验

KMO 取样适合度(Kaiser-Meyer-Olkin measure of sampling adequacy,KMO)检验,是将变量间的相关矩阵与偏相关矩阵结合起来考虑的检验方法。可以设想,如果变量间相关矩阵中的元素的绝对值比较大,偏相关矩阵中元素的绝对值也比较大,二者比较可知两两变量间的关系受其他变量影响很少,存在公共因子的可能性较低,不太适合进行因素分析;如果变量间相关矩阵中的元素的绝对值比较大,偏相关矩阵中的元素的绝对值却比较小,二者比较可知两两变量间的关系受其他变量影响明显,存在公共因子的可能性就高,就较适合进行因素分析。于是,统计学家提出如下公式计算出 KMO 指标,以其大小来判断是否适合进行因素分析。

$$KMO = \frac{\sum\sum_{i \neq j} r_{ij}^2}{\sum\sum_{i \neq j} r_{ij}^2 + \sum\sum_{i \neq j} p_{ij}^2}$$ （公式 10-4）

公式中,r_{ij} 是变量 X_i 和其他变量 $X_j(j \neq i)$ 间的相关系数,p_{ij} 是变量 X_i 和其他变量 $X_j(j \neq i)$ 的偏相关系数。如果变量间的相关系数绝对值远远大于偏相关系数的绝对值,那么 KMO 就应该接近 1,从而说明这些变量之间存在着明显的相关关系,可以进行因素分析;反之,如果变量间相关系数绝对值相对于偏相关系数绝对值较小,那么 KMO 值就比较小,从而反映出这些变量间的相关受其他变量重叠影响较小,不适合进行因素分析。凯泽(Kaiser)根据研究或经验,给出了一个比较常用的判断标准:

$KMO > 0.9$,非常适合;
$0.8 < KMO < 0.9$,适合;
$0.7 < KMO < 0.8$,一般适合;
$0.6 < KMO < 0.7$,不太适合;
$KMO < 0.5$,极不适合。

二、 因子提取方法及因子数的确定

因素分析的基本目标是找出少数几个公共因子,这些因子能够在相当程度上解释一系列变量的数据变异。因此,如何抽取因子以及抽取几个因子便成为因素分析中的基本问题。

(一) 因子提取的方法

因子提取的方法很多,使用最多的是主成分分析法,其他方法有最小二乘法(least squares)、极大似然法(maximum likelihood)、α 因子法(alpha factoring)、映像分析法(image factoring)等。我们主要介绍主成分分析法。

主成分分析法对数据总体的分布没有什么特别限制,因此其使用范围较广,是因素分析中最常用的因子提取方法。研究中,获取了原变量的数据后,通过数学方法将给定的一组相关变量表示成另外一组相互独立的变量的线性组合,这一组相互独立的变量就叫作主成分(principal components)。这些主成分可以按照其方差贡献的递减顺序排列。

若要建立主成分与各相关变量的线性组合,设 p 个相关变量 $X_1, X_2, \cdots, X_p$,经过线性组合后转化为一组相互独立的变量 $F_1, F_2, \cdots, F_p$,可以表示为:

$$\begin{cases} F_1 = b_{11}X_1 + b_{12}X_2 + \cdots + b_{1p}X_p \\ F_2 = b_{21}X_1 + b_{22}X_2 + \cdots + b_{2p}X_p \\ \cdots \cdots \\ F_p = b_{p1}X_1 + b_{p2}X_2 + \cdots + b_{pp}X_p \end{cases}$$

其中:

(1) F_i 与 F_j 相互独立。

(2) F_i 以标准分来计,所以其方差等于 1,即 $b_{i1}^2 + b_{i2}^2 + \cdots + b_{ip}^2 = 1$。

(3) 在计算原变量的线性组合中,$F_1, F_2, \cdots, F_p$ 的方差贡献依次减小,所以将它们分别称为原有变量的第一主成分,第二主成分,$\cdots$,第 p 主成分。其中,第一主成分 F_1 对原变量 $X_1, X_2, \cdots, X_p$ 的解释能力最强,其余各主成分 $F_2, F_3, \cdots, F_p$ 对原变量的解释能力依次减小。

为了达到减少变量的目的,一般只选取前面几个方差贡献较大的主成分,这样既实现了对原变量的简化,又最大限度地保持了对原有变量变异信息的解释力。

主成分分析的几何解释是:对 $X_1,X_2,\cdots,X_p$ 组成的坐标系进行移动,使得新坐标系原点和数据群点的重心相重合。并且,在新坐标系中,数据在第一坐标轴上的差异最大,在第二坐标轴上的差异次之,依此类推。坐标轴之间相互垂直,从而反映出两个主成分之间的相互正交关系,即二者不相关。为便于理解,我们举一个二维坐标变换的例子。

假如在一个被试样本中进行了两项测量,得到两个变量的数据资料,以这两个变量数值描述被试间的差异,相当于在一个二维坐标系中描述被试的差异。如果这两个变量存在相关,就会使得我们在使用其中一个变量值时实际上受到了第二个变量的影响,为此采用主成分方法转换出两个新的相互独立的变量 F_1、F_2。这种转换的几何意义就可以表达为图 10-1 所示的形式,新的坐标系是由两个相互独立的主成分构成的。

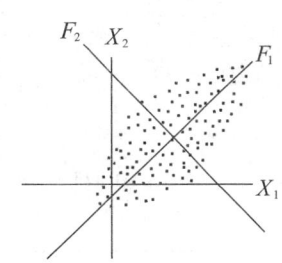

图 10-1　主成分变换或构造示意图

图 10-1 显示,两个原变量存在明显的线性相关,而新变量主成分 F_1、F_2 具有相互独立性,其中 F_1 坐标设在原变量变化最大的方向上,图中散点在 F_1 坐标方向的分布范围最大,所以 F_1 在散点分布上的解释力最强,也就是在解释两个原变量变异方面贡献最大,就被称为第一主成分;相对而言,F_2 就是第二主成分。

使用主成分分析方法或其他方法进行变量的线性变换后,就得到了一系列方差贡献力大小不等的新变量,然后从中依次确定能够对解释原变量变异信息作出最大贡献的若干因子。根据因素分析的数学模型:

$$X_i = a_{i1}F_1 + a_{i2}F_2 + \cdots + a_{im}F_m + \varepsilon_i \quad (i=1,2,\cdots,p) \quad （公式10-5）$$

我们知道,因子载荷矩阵的第一列因子载荷平方和($\lambda_1 = a_{11}^2 + a_{21}^2 + \cdots + a_{p1}^2$)反映了第一个因子对所有变量的方差总贡献或总影响;第二列因子载荷平方和($\lambda_2 = a_{12}^2 + a_{22}^2 + \cdots + a_{p2}^2$)反映了第二个因子对所有变量的方差总贡献或总影响,依此类推。这里,每一列因子载荷的平方和代表的是对应的那个因子的方差贡献,反映了该因子的主要特征,所以也叫作该因子的特征值,其计算公式为:

$$\lambda_j = a_{1j}^2 + a_{2j}^2 + \cdots + a_{pj}^2 \quad （公式10-6）$$

于是就有 $\lambda_1 \geq \lambda_2 \geq \cdots \geq \lambda_p$。根据特征值,抽取对所有原变量方差贡献最大的一个作为第一因子 F_1,抽取方差贡献第二的作为第二因子 F_2,依次抽取前 m 个因子,使它们的方差贡献总和在所有变量的方差总和中占有较大的比例,并将它们作为公共因子。还以表 10-1 中的数据为例,进行主成分分析,可得到如表 10-3 所示的主成分特征值。方差贡献比较大的有两个因子，第三个因子的贡献相对就很小了。如果提取前两个主成分作为公共因子，则其能解释原变量方差的 85.052%，算是达到了很好的解释效果。

表 10-3 主成分的特征值（方差贡献）及解释的方差比例

主成分	特征值	方差贡献率/%	累积贡献率/%
1	4.567	65.242	65.242
2	1.387	19.810	85.052
3	0.417	5.958	91.010
4	0.292	4.177	95.187
5	0.162	2.309	97.496
6	0.111	1.583	99.079
7	0.064	0.921	100.000

（二）因子数的确定

研究者进行因素分析时，常常面临一个重要问题：抽取几个公共因子更合适呢？每个因子的解释能力都是有限的，它只能反映原变量中一部分的变化信息。变量的剩余变异只能用其他的因子来解释。因此，抽取的公共因子数目越多，因素模型所能解释的变异就越多，我们所得到的因素模型就越精确；抽取的公共因子数目越少，因素模型的解释能力就越小，它所遗漏的变异信息就越多。如果将所有的主成分全部选为因子，则因子数与原变量数相同，这时也能完全地解释原变量的变异信息，但这就失去了因素分析的本来意义。提取的公共因子数太多，就不能有效地达到简化变量结构的目的。所以，在确定因子数时，我们需要在因素模型的准确性和简单性之间作出较好的权衡。

瑟斯顿曾提出过一个因子数与原变量数的关系式：$m \leq \dfrac{2n+1-\sqrt{8n+1}}{2}$，其中 m 为要提取的因子数、n 为原变量数，该计算式反映了公共因子方差未知时变量和必要的因子数之间的数量关系。但是该公式只是一个经验公式，并不能保证普遍有效，所以实际中很少被采用。

概括地说，确定因子数目时需要考虑以下几个方面。

（1）使抽取的 m 个因子对原变量方差的解释率达到一个较高的比例，一般建议或要求达到 80% 以上。但在实际应用中，根据问题性质和测量工具的成熟水平，也可以将标准定在 40%～60% 这一较低的水平上。比如说，有些研究者初步编制的问卷中，问卷项目质量不高或收集数据的过程管理不严格，带入的随机误差较大，原变量的相关普遍较低，这时要想用较少的公共因子达到很高的方差贡献率是不太可能的。

（2）由前文可知，因子的特征值与其方差贡献具有对应关系。要求前 m 个因子的方差贡献总和达到一定比例，就等于是要求前 m 个因子的特征值总和达到一定的量。

换句话说,选取的因子的特征值应该达到一定的量,通常是以特征值 λ 大于 1 为默认标准。特征值代表某一因子对所有变量变异的方差贡献,它在数值上等于该列因子载荷的平方和。因为标准化后的每个原变量的方差为 1,那么低于 1 的特征值就表明这个因子所能解释的变异信息总量比一个原变量的变异方差还少,很难指望借助于这样的因子达到简化变量的目的,所以说,这个因子就没有太大的意义。因此,选择出来作为公共因子,其特征值起码要大于 1。

(3) 通过碎石检验确定因子数。图 10-2 就是一个碎石图,该图中,横轴表示因子序号,序号编排依据方差贡献或特征值大小,贡献越大越是排在左边;纵轴表示每个因子特征值的大小。最左边的因子是特征值最大的,所以其对应的坐标点最高,后续因子的特征值迅速减少,所以曲线也迅速下降。曲线下降到某一因子之后开始变得平缓。曲线平缓意味着对应部分的各个因子的贡献比较接近,比较接近也就比较平均,它们在实现简化变量的过程中帮助不大,所以一般不再将其选作公共因子。简单地说,依据碎石图来确定因子数,一般是以碎石曲线从迅速下降到突然变得平缓的那个拐点对应的因子数来确定的。如图 10-2 所示,这个拐点在第三个主成分之前,所以可考虑提取两个公共因子。

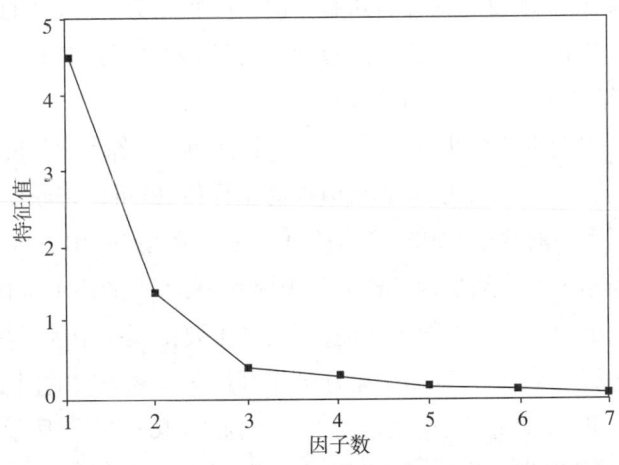

图 10-2 根据碎石图确定因子数示意图

(4) 前述的方法都是完全依据数据来确定因子数的。科学研究在采用定量分析的同时,都需要注意结合定性分析。确定因子数时,研究者也需要结合研究经验和相关专业知识或者结合某一理论假设,进行综合分析。实际研究中,众多变量的相互关系不明确,综合分析需要以一定的专业素养作为前提。

另外,提取的公共因子应该是内涵较为容易确定和表述的,所以可以结合因子载荷矩阵,分析各因子对哪些原变量的方差贡献较大,即相应的载荷值较高。载荷值较高的因子对应的原变量是否具有共同的性质就成为重要的衡量标准。如果确定了因子数后,较大载荷的分布能够覆盖绝大多数原变量,而且重叠较少,就说明因子数是适当的。

但是,许多时候,提取出来的因子,对应的原变量内容较为混乱,出现了因子命名的困难。这时就需要用到因子旋转了。

第三节　因子旋转及因子命名与计算

一、因子旋转的意义与原则

经过前面的一系列步骤,我们可以大致确定合适的因子数和因子载荷。然而,在实际研究中,初始的因子载荷矩阵所表示的含义往往不够明确。如果各列因子中的载荷值之间没有明显差异,就很难将原变量进行分类,也很难分化其与公共因子的对应关系,因此各因子的含义难以描述。倘若能使每个变量在某一因子上具有高负荷,同时在其他因子上的负荷都较低,那么对变量进行分组就变得较为容易,且能识别出与其相关的公共因子。为了达到这种目的,需要进行因子旋转,就是将抽取的因子结构经过数学变换,使各因子能够清楚地分离,凸显其特定的意义。

如图10-3所示,当因素分析得到两个因子Ⅰ和Ⅱ后,各个变量的特征就可以利用其在两个因子上的载荷值来描述,以载荷值作为坐标值,就可以将原变量表示成两个因子构成的二维坐标系中的散点,如图10-3(a)所示。很明显,由于因子载荷未明显分化,图10-3(a)所示的两个初始因子构成的坐标系中,各点的两个坐标值相差不大,所以各点的位置均是由两个因子共同决定的,而不是主要由某一个因子决定的。于是,对这个二维坐标系进行正交旋转,即两个坐标轴作同样角度和方向的同步旋转,得到两个新的坐标轴Ⅰ′和Ⅱ′保持正交,构成了新坐标系,如图10-3(b)所示。在正交旋转后得到的坐标系中,部分散点汇聚在Ⅰ′轴附近,其他散点汇聚在Ⅱ′轴附近,将它们在新坐标系中的坐标值列出,就得到了新的因子载荷矩阵,而新矩阵中的载荷值发生了分化。图中点2对应于Ⅰ′的坐标值很大,对应于Ⅱ′的坐标值很小,所以点2对应的变量在旋转后的因子Ⅰ′上载荷很大,在因子Ⅱ′上载荷很小。同样,变量1、3、4、5、6也是在因子Ⅰ′上载荷大,因子Ⅱ′上载荷小;变量7、8、9、10正好相反。于是将变量1～6归属到因子Ⅰ′,变量7～10归属到因子Ⅱ′。

可见,因子的正交旋转可以实现因子载荷的两极分化,从而得到更为有效的新因子。这些新因子所能解释的原变量更为明确,也更容易显示出因子本身的内涵,容易命名。

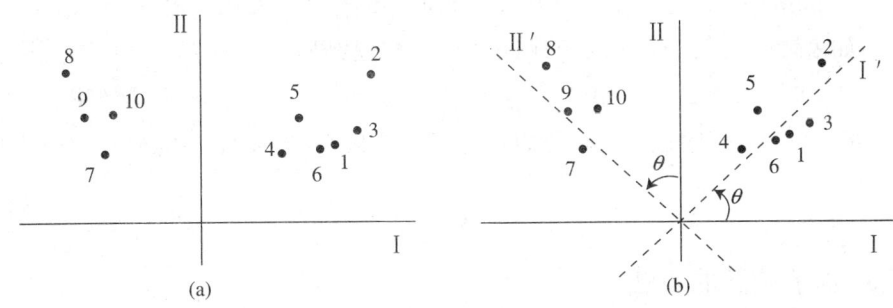

图 10-3　因子的正交旋转示意图

如上所述,因子旋转是为了改善因子载荷矩阵,凸显因子的意义。统计学中有多种因子旋转方法,采用不同方法得到的结果有所不同。那么如何选择旋转方法和结果呢?瑟斯顿等为此做过大量工作并于 1937 年提出了"简单结构原理",其主要是要求因素轴经旋转后应能:(1) 每一因子对很多变量来说没有负荷;(2) 每一变量只与少数因子存在相关,即因素复杂性越低越好。这样,将初始因子矩阵做一恰当线性变换后降低了因子的复杂性,增加了因子的简单性,使因子容易得到解释。瑟斯顿的简单结构原理提出后,在理论研究和实际应用中,一度大约有 95% 的因素分析是用来找出简单结构的,所用的方法都是正交旋转,即旋转过程中因素轴互相正交,始终保持初始解中因子间不相关的特点。但是,这种正交简化的方法也曾妨碍了因素分析的进一步发展。

1952 年,卡特尔提出了"决定性因素原理"作为对"简单结构原理"的补充和修正。他认为按照某一科学的实际模型进行旋转更重要,因素分析得到的因子矩阵应表示为与决定性因素一致。卡特尔的理论提出后受到大多数因素分析研究工作者的重视。他的理论也反映了客观事物的普遍规律。人们从实验数据中发现,在绝大多数科学领域中相互影响的各种因素不大可能彼此无关,斜交因子是普遍存在的,而正交因子才是特例。在自然界中引起事物变化的各种内在因素之间始终存在着错综复杂的联系,当对因子再进行因素分析时,则可能会得出二阶或高阶因素体系。这些结果用正交旋转是得不到的,即使在总体中各因素是不相关的,在样本中也有可能相关。此后,在实际分析工作中,斜交旋转方法的运用带来了较满意的结果。所以说,卡特尔的决定性因素原理解决了简单结构不能很好解释的问题。一般来说,用斜交因素旋转所得到的因素模型与自然模型更为接近,近来应用广泛的也是斜交旋转法。

在因子旋转方法及结果选择方面,应结合研究实际,综合运用瑟斯顿的"简单结构原理"和卡特尔的"决定性因素原理"。在此,可以提出几条简化原则。

(1) 在各因子上,只有少数的变量具有较大的载荷,其他变量载荷的绝对值均较低;

(2) 在每个变量上,只在少数因子上具有较大的载荷,其他因子载荷的绝对值均较低;

(3) 任取两个因子,同时在两个因子上载荷都比较低的变量尽量多一些;

(4) 如果想要进行二次以上的因素分析,构建高阶因子模型,则必须采取斜交旋转;

(5) 更为可靠的方法是,同时使用正交和斜交旋转,在对结果的分析比较中作出取舍。

二、因子旋转的方法

(一) 正交因子旋转

正交因子旋转可以通过旋转因子轴来达到简化因子结构的目的,从而使各个因子的含义更为清晰,便于因子结构的解释。在编制测验的过程中,利用正交旋转探明量表结构,可以为量表的进一步修订提供很大帮助。正交旋转方法假设各个因子间没有相关关系,因此,在旋转过程中,各因子轴之间保持90°的夹角不变(如图10-3所示),正交旋转也因此得名。

因素分析中,比较常用的正交旋转方法主要是方差极大化(varimax)。这种方法力图使各因子上的载荷出现分化或差异极大化,即使方差达到最大,加大每一列上各变量的载荷差异,并使相关矩阵中的变异方差尽可能地分散到不同因子上去。这是按照瑟斯顿的简单结构原理进行的旋转。

(二) 斜交因子旋转

斜交旋转假设因子间存在一定的相关,因此它不要求因子轴相互垂直,旋转后的各因子轴可以停留在因子空间的任意位置,从而可以使每条因子轴更靠近各自的变量群,如图10-4所示。斜交因子轴之间的夹角余弦值正好是两因子间的相关系数。

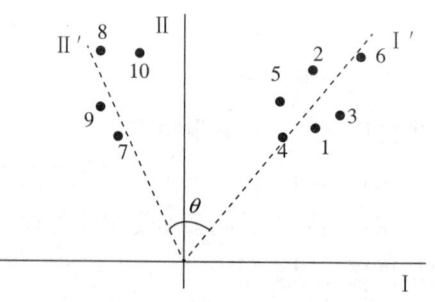

图10-4 因子的斜交旋转示意图

斜交旋转的基本思路是,在初始的因子载荷矩阵 A 的基础上,先求得正交旋转后的因子载荷矩阵 B,然后对因子载荷矩阵 B 进行斜交旋转,从而获得斜交旋转下的因子载荷矩阵。斜交旋转的方法有 promax 斜交旋转法、直接斜交极小法(direct oblimin)、广义斜交极小法、四方最小法等。但是斜交旋转的方法本身存在争议,一些常用统计软件也只是提供了两种斜交旋转的方法,即 promax 斜交旋转法和直接斜交极小法,通常选用 promax 斜交旋转法。

Promax 法是目前使用最多的斜交旋转方法。它强调在因子结构外部寻找旋转准则,其基本方法是:在获得了关于变量和多次因素分析的大量资料后,得出一个假设矩阵,然后通过旋转使实际的因子结构和假设矩阵达到最大程度的拟合。基本过程是:首先选定一个初始正交因子解 A,然后对初始正交因子载荷都加以二次方或四次方,但正、负符号保持不变,以此来加大因子载荷间的离散程度,从而得到假设矩阵 H。接下来从假设因子导出参照因子变换矩阵,并以此求出斜交主因子变换矩阵 T。最后将初始正交因子变换为斜交因子。

虽然斜交旋转可以解决各因子间的相关问题,但是它却难以解释各变量被公共因子所解释的比例。因为在斜交旋转所得到的因子载荷矩阵中,每行的因子载荷平方和只有在偶然情况下才等于共同度 h^2;同样,每列的载荷平方和也只有在偶然情况下才等于总方差。所以,通过斜交旋转得到的结果目前还存在争议。在研究过程中,使用怎样的旋转方法还需要根据具体情况来定。

另外,斜交旋转后得到的因子之间可能具有一定的相关,因此,可以计算得到公共因子的相关矩阵。用因素分析的一般方法对这些因子再进行分析,就可以得到"高阶因子",也就是说,斜交旋转后的因子可以作为变量再进一步地进行因素分析。

三、因子命名与因子分计算

因素分析的目的是建立合适的拟合模型,即用较少的几个因子解释大量的数据变化。经过了因子提取、因子数确定、因子旋转等几个步骤后,就能够基本确定繁杂数据之间的内在关系,获得相对简单的因子模型。但是,通过统计学方法所获得的结果仅仅具有数学上的意义,心理学或其他行为科学领域的研究者往往更关心数据间所隐含的心理学意义,他们会结合专业知识以及相关经验,对数据做出定性的解释,给因子命名并将其内涵确定下来。当然,因子的命名和解释带有专业性,也会带有主观性,能够体现出研究者的专业素养和个人倾向。

在对因素分析的结果进行解释的时候,需要注意,通过因素分析所得到的结果只能反映因子与众多变量的相关关系,而不是因果关系。提取的公共因子仅能反映某些变化的相互联系性,而不能说明这种联系的因果方向性。所以,并不能简单地认为我们所提取的因子导致了变量的变化。如果想要证明变量间变化的因果关系,则需要进一步的研究。

因子确定后,就完成了对变量的降维处理。为了有效地描述个案,需要计算个案在各因子上的得分。因子分的计算方法有多种,最常用的是回归法。考虑到公共因子 F_j 与原变量的关系,可以将因子分估计为:$\hat{F}_j = w_{j1} \times zx_1 + w_{j2} \times zx_2 + \cdots + w_{jp} \times zx_p (j = 1, 2, \cdots, m)$,其中 $W_{ij}(i=1,2,\cdots,p)$ 为标准化后的数据矩阵 X 的加权系数,反映了第 i 个变量与第 j 个因子的相关关系。这样,原变量可转换为标准分后参与加权计算,然后可以根据最小二乘法对因子分进行估计:首先将误差定义为因子模型中真因子分 F 与因子分估计值 $\hat{F}$ 之间的差异,所以有误差矩阵 $E = F - \hat{F}$;然后使误差平方和达到最小,从而得出因子分的估计值。

关键词

探索性因素分析、公共因子、因子载荷、共同度、方差贡献、巴特利特球形检验、反像相关矩阵检验、KMO 取样适合度检验、主成分法、正交因子旋转、斜交因子旋转

练习与思考

1. 试述探索性因素分析的基本原理。
2. 一般来说,完成探索性因素分析的步骤有哪些?
3. 说明因素分析的条件及如何判断其适合度。
4. 如何确定提取的因子数?
5. 说明因子旋转的作用及主要方法。
6. 得到因子分计算系数矩阵后,如何计算因子分?
7. 试分析因素分析与聚类分析的异同。
8. 为考察不同课程体现的知识能力及其关系,某教育研究工作者选择了初中学生的八门课程为研究变量,包括:代数、几何、物理、地理、英语、语文、化学、历史。随机抽取20名学生的成绩,如表10-4所示。请使用SPSS软件,完成对八门课程的因素分析。要求:

(1) 适合度检验结果;
(2) 确定的因子数;
(3) 未经旋转、正交旋转、斜交旋转三种情况下的因子载荷矩阵,做出合理选择并给因子命名;
(4) 输出正交、斜交旋转后因子的协方差相关矩阵,并进行比较;
(5) 采用正交旋转的结果,计算所有个案的因子分。

表 10-4 研究样本八门课程的测试分数

学生编号	代数	几何	物理	化学	语文	英语	历史	地理
1	94	83	78	65	80	70	65	70
2	73	75	80	62	70	70	75	80
3	52	55	65	75	40	80	82	75
4	50	45	60	65	60	80	80	75
5	68	85	75	63	72	60	75	70
6	67	67	72	62	70	65	70	62

续表

学生编号	代数	几何	物理	化学	语文	英语	历史	地理
7	55	56	70	75	60	80	80	90
8	70	84	65	55	62	60	73	60
9	88	82	90	50	90	65	60	68
10	40	60	65	60	75	70	70	75
11	75	65	70	72	82	80	82	75
12	88	86	90	90	82	92	80	85
13	72	86	90	70	90	75	85	70
14	65	60	60	60	62	65	70	50
15	96	86	90	88	75	82	82	70
16	60	55	70	75	75	75	80	85
17	70	65	70	65	75	60	70	75
18	85	90	85	75	80	80	85	70
19	90	87	80	70	70	70	85	90
20	70	80	85	75	75	80	75	80

课程资源

探索性因素分析的原理(视频10-1)
探索性因素分析的过程(视频10-2)
探索性因素分析的案例(视频10-3)

第十一章

比率的差异性检验

内容概览

在心理学与其他人文学科研究中，常常会遇到分类变量。依据分类变量可以将研究样本区分为不同类，这就会遇到各类间频数及其比例关系的比较问题，也常会进行基于比率的假设检验。为此，首先需要分析比率的抽样分布，然后可利用二项分布的原理进行总体比率的区间估计，并且可以将比率的显著性检验纳入标准正态分布系统中，即利用标准正态 Z 分布对样本比率的显著性、独立样本间比率的差异显著性、相关样本间比率的差异显著性进行假设检验。

此前讨论的各种统计分析方法大都是针对连续变化的观测数据。但在行为科学领域,研究者常常会遇到一些计数的或离散的数据,即按照某种性质差异对研究对象进行分组之后,或是对被试的不同行为进行次数登记之后,都会出现计数资料。基于计数资料对不同总体进行比较时,前述的许多差异检验方法不能使用,如 t 检验、F 检验、r 分析等。

第一节　总体比率的估计

在心理和教育研究中,经常会采用百分数或比率来表示实验或调查结果。但是这些百分数或比率一般是来自于总体的一个或多个样本,那么如何从样本比率来估计总体比率呢?

一、样本比率的抽样分布

统计学中,通常用 p 表示样本比率,用 P 表示总体比率。比率的出现往往意味着对象被划分为性质不同的两类,可称为 A 与非 A,其中非 A 常以 $\bar{A}$ 来表示。所以,随机抽样的样本比率符合二项分布。

假如在被研究的总体中,具有某种属性的个体或事件(二项试验中的成功事件)出现的概率设为 P,那么不具有这种属性的个体或事件(失败事件)出现的概率为 $Q = 1 - P$。从这样的总体中随机抽取一个容量为 n 的样本,可计算其成功事件出现的比率为 $p = \dfrac{X}{n}$(X 为成功事件出现的次数),未成功事件的比率即为 $q = 1 - p$。采用返回式的重复抽样,就可以从总体中得到容量为 n 的所有可能样本,由此可形成一个比率 p 的抽样分布。前文已经说明,当满足条件 $p < q, np \geq 5$ 时或 $p > q, nq \geq 5$ 时,二项分布接近正态分布。由此可知,符合类似条件的比率的抽样分布也近似于正态分布,对样本比率进行的显著性检验也可以采用 Z 分布。

二项分布可反映随机样本中成功次数的分布,其中成功次数的平均数 $\mu = n \cdot p$,标准差 $\sigma = \sqrt{nPQ}$。就比率的抽样分布来说,反映的是随机样本中成功比率的分布,而比率等于次数除以容量 n。所以,比率分布的平均数与标准差均由二项分布中的平均数、标准差除以 n 得到:

$$\mu_p = \frac{n \cdot p}{n} = P \qquad (公式 11-1)$$

$$\sigma_p = \frac{\sqrt{nPQ}}{n} = \sqrt{\frac{PQ}{n}} \qquad (公式11-2)$$

而这里作为比率分布的标准差的 σ_p,也就是其分布的标准误 SE_p(统计量 p 的标准差)。

当总体比率未知时,可用样本比率 $p = \frac{x}{n}$ 作为总体比率 P 的点估计值,那么总体比率的标准误的估计值就为:

$$s_p = \sqrt{\frac{pq}{n}} \qquad (公式11-3)$$

二、总体比率的区间估计

根据样本的比率估计总体比率的置信区间,称为总体比率的区间估计。理论上讲,总体比率的区间估计可以按二项展开式来计算,但比较烦琐。下面介绍一种简化的估计方法。

当满足条件 $p < q, np \geq 5$ 时,或 $p > q, nq \geq 5$ 时,可看作较大的样本,二项分布曲线接近正态分布曲线,即比率的抽样分布近似于正态分布。此时二项分布的概率可以用正态分布的概率作为近似值。此条件下,Z 值的计算公式为:

$$Z = \frac{p-P}{\sigma_p} = \frac{p-P}{\sqrt{\frac{pq}{n}}} \qquad (公式11-4)$$

于是可得到,总体比率 P 分布中置信区间的 Z 分数区间为:

$$P(-Z_{\frac{\alpha}{2}} < Z < Z_{\frac{\alpha}{2}}) = 1 - \alpha$$

将公式11-4代入上式,可以得到:

$$P\left(-Z_{\frac{\alpha}{2}} < \frac{p-P}{\sqrt{\frac{pq}{n}}} < Z_{\frac{\alpha}{2}}\right) = 1 - \alpha$$

$$P\left(p - Z_{\frac{\alpha}{2}}\sqrt{\frac{pq}{n}} < P < p + Z_{\frac{\alpha}{2}}\sqrt{\frac{pq}{n}}\right) = 1 - \alpha$$

于是,总体比率在 $1-\alpha$ 置信水平上的置信区间为:

$$p - Z_{\frac{\alpha}{2}}\sqrt{\frac{pq}{n}} < P < p + Z_{\frac{\alpha}{2}}\sqrt{\frac{pq}{n}} \qquad (公式11-5)$$

例如,置信度为95%时,则总体比率 P 的置信区间为:

$$p - 1.96\sqrt{\frac{pq}{n}} < P < p + 1.96\sqrt{\frac{pq}{n}} \qquad (公式11-6)$$

置信度为 99% 时,则总体比率 P 的置信区间为:

$$p - 2.58\sqrt{\frac{pq}{n}} < P < p + 2.58\sqrt{\frac{pq}{n}} \quad (公式 11-7)$$

【例 11-1】 随机抽取某区的 400 名初三学生,调查其视力情况,发现其中 180 名学生患有不同程度的近视,试估计该地区初三学生患近视的真实比率大概在什么范围。

【解】 这一问题是从样本比率来估计总体比率的置信区间。可以将置信度分别定为 95% 和 99% 两个水平,然后计算总体比率的置信区间。

根据题意,已知样本中近视者比率 $p = \frac{180}{400} = 0.45$,未近视者比率 $q = 1 - 0.45 = 0.55$。所以,比率分布的标准误为: $SE_p = \sigma_p = \sqrt{\frac{pq}{n}} = \sqrt{\frac{0.45 \times 0.55}{400}} \approx 0.025$

因为 $np = 180 > 5, nq = 220 > 5$,比率分布近似于正态分布,可以使用公式 11-5 计算置信区间。

当置信度为 95% 时,总体比率的置信区间为:

$0.45 - 1.96 \times 0.025 < P < 0.45 + 1.96 \times 0.025$,即 $0.401 < P < 0.499$;

当置信度为 99% 时,总体比率的置信区间为:

$0.45 - 2.58 \times 0.025 < P < 0.45 + 2.58 \times 0.025$,即 $0.386 < P < 0.515$。

第二节　单样本比率的差异检验

单样本比率的显著性检验就是看比率为 p 的样本能否被看作比率为 P 的已知总体的一个随机样本,换句话说,就是该样本比率与某总体比率是否存在显著差异。如果实际观察到的样本比率 p 落在总体比率 P 的样本分布的置信区间之外,则可以推断样本和总体之间存在显著性差异,它们之间的差异不大可能用抽样的随机误差来解释。如果样本比率 p 落在总体比率 P 的样本分布的置信区间之内,则可以推断样本是已知总体的一个随机样本,即观察样本比率和总体比率之间的差异可以由抽样的随机误差来解释。

一、研究假设与虚无假设

单样本比率的显著性检验(双侧检验),要首先根据检验任务提出虚无假设与研究假设。

虚无假设 $H_0: p = P$,即观察样本比率 p 和已知总体比率 P 之间无显著性差异,实际观察的样本可被看作已知总体的一个随机样本,它们之间的差异是由随机抽样误差引起的。

研究假设 $H_1:p \neq P$,即观察样本比率 p 和已知总体比率 P 之间存在显著性差异,观察样本所属的总体和已知总体不是同一总体,或说观察样本不是已知总体的随机样本,样本比率 p 和总体比率 P 之间的差异并不是由抽样误差引起的。

二、检验统计量的计算

当满足条件 $p < q, np \geq 5$ 时,或 $p > q, nq \geq 5$ 时,可采用正态分布来进行检验统计量的计算。

我们已经提出虚无假设 $p = P$,也就是假设实际观察样本是已知总体的一个随机样本,因此已知总体的比率分布的标准误为:$\sigma_p = \sqrt{\dfrac{PQ}{n}}$。检验统计量的计算公式是:

$$Z = \frac{p - P}{\sqrt{\dfrac{PQ}{n}}} \quad \text{(公式 11-8)}$$

三、统计决策

如果 $|Z| < Z_{\frac{\alpha}{2}}$,接受虚无假设,表明实际观察的样本比率 p 落在已知总体的样本分布置信区间内,实际观察样本与已知总体之间没有显著性差异。

如果 $|Z| > Z_{\frac{\alpha}{2}}$,拒绝虚无假设,表明实际观察样本比率 p 落在已知总体的样本分布置信区间之外,实际观察样本与已知总体之间存在显著性差异。

【例 11-2】 某大学一年级公共英语考试的不及格率为 3%,其中某学院的 120 名大一学生中有 6 人成绩不及格。问该学院公共英语考试成绩的不及格率和全校的不及格率是否有显著性差异?

【解】 根据题意知:$P = 0.03, Q = 0.97, p = \dfrac{6}{120} = 0.05, n = 120$。

建立虚无假设 $H_0: p = P$

建立研究假设 $H_1: p \neq P$

因为 $np \geq 5$ 且 $nq \geq 5$,所以使用公式 11-8 计算检验统计量:

$$Z = \frac{p - P}{\sqrt{\dfrac{PQ}{n}}} = \frac{0.05 - 0.03}{\sqrt{\dfrac{0.03 \times 0.97}{120}}} = 1.284$$

因为 $Z_{\frac{0.05}{2}} = 1.96, |Z| < Z_{\frac{0.05}{2}}$,所以接受虚无假设,认为该学院学生公共英语考试成绩不及格率与全校学生的不及格率无显著性差异。

第三节 相关样本比率的差异检验

两个样本相关,即同一组被试参加前后两次试验(两次试验的项目完全相同),或调查同一组被试在试验前后的情况,那么就可以得到两组一一对应的数据(两次试验的数据或前后两组数据),根据这两组数据分别计算出来的比率,就是相关样本比率。

一、2×2 资料登记四格表

在心理教育研究中,有的测量结果只有两种类别,如男性和女性;也有因为研究需要而将本来属于测量得到的正态连续变量的数据,按一定的标准分为不同类别,如将学生的成绩分为及格和不及格。分别计算每一类别的累计频数,并将它们登记到四格表中。

【例 11 - 3】 随机抽取 120 名学生代表,在听取某种奖学金制度宣讲前后分别来征求他们对该制度的意见,每一位学生有两次调查结果,统计资料见表 11 - 1。

表 11 - 1 120 名学生前后两次调查的结果

会 后	会 前		合 计
	赞成	反对	
赞成	37(a)	51(b)	88
反对	16(c)	16(d)	32
合计	53	67	120

从表 11 - 1 可知:$a = 37$,是在听取奖学金制度宣传前后都赞成这项制度的学生人数;$b = 51$,是在听取奖学金制度宣传前反对,但在听过宣讲后转为赞成的学生人数;$c = 16$,是在听取宣传前赞成这项制度,但在听过宣传后转而反对的学生人数;$d = 16$,是在听取奖学金宣传制度前后都反对这项制度的学生人数。这个四方格中的数据各自不是独立的,具有相关关系。

二、研究假设与虚无假设

就相关样本来说,比率的差异显著性检验(双侧检验)的统计假设如下。

虚无假设 $H_0:P_1 = P_2$，表示两个样本来自于比率相等的两个总体或来自于同一个总体，两个样本比率的差异是由于抽样的随机误差引起的；

研究假设 $H_1:P_1 \neq P_2$，表示两个样本的总体比率不同，即两个样本分别来自于两个不同总体。

就上面的例题来说，虚无假设的意思是：奖学金宣讲后，学生对这种新制度的总体赞成和反对率无变化，也就是宣传后学生的态度没有改变，样本中出现的差异是由随机误差造成的。研究假设的意思是：奖学金制度宣传后，学生对这种新制度的总体赞成率和反对率确实发生了改变。

三、检验统计量 Z 分数计算

从四格表中可以看出，a 和 d 是在前后两次调查中态度未发生改变的人数，b 和 c 是前后两次调查中态度发生了改变的人数，所以 b 和 c 值的大小反映了两次调查结果的差异性。两次调查中持赞成态度的比率之差为：

$$p_1 - p_2 = \frac{a+c}{n} - \frac{a+b}{n} = \frac{c-b}{n}$$

这样，前后两次调查的比率之差的显著性检验就成为 $\frac{c}{n}$ 和 $\frac{b}{n}$ 之间的差异是否显著的问题。

我们可以另外假设一个二项分布总体，即态度发生了变化的总体，从中随机抽取了一个容量 $n = b + c$ 的样本。根据两个总体无显著性差异的假设，则 $P_1 - P_2 = 0$，即 $b = c$，等于是说 b 和 c 在态度发生了改变的总体中出现的概率分别为 $\frac{1}{2}$，即第一次调查持反对意见而第二次赞成（成功事件）的同学在态度发生变化的总体中出现的概率为 $p = \frac{1}{2}$；第一次调查持赞成意见而第二次反对（失败事件）的同学在态度发生变化的总体中出现的概率为 $q = 1 - p = \frac{1}{2}$。于是，这个发生了变化的二项分布的总体的平均数，标准差为：

$$\mu = nP = \frac{b+c}{2} \quad \text{（公式 11-9）}$$

$$\sigma = \sqrt{nPQ} = \sqrt{(b+c) \times \frac{1}{2} \times \frac{1}{2}} = \frac{1}{2}\sqrt{b+c} \quad \text{（公式 11-10）}$$

由于抽样误差的存在，每次取样 b 和 c 不可能完全相等，在一定范围内波动。于是两相关样本比率差异的显著性检验，就成了检验样本比率为 $p = \frac{c}{n}$ 与 $P = \frac{1}{2}$ 的总体间是否有显著性差异的问题。

$b+c=n \geq 10$,即 $np \geq 5$ 时,可以用正态分布概率解释,其检验统计量为:

$$Z = \frac{p-P}{\sqrt{\frac{PQ}{n}}} = \frac{\frac{b}{b+c}-\frac{1}{2}}{\sqrt{\frac{\frac{1}{2} \times \frac{1}{2}}{b+c}}} = \frac{b-c}{\sqrt{b+c}} \qquad (公式11-11)$$

四、统计决策

如果 $|Z| > Z_{\frac{\alpha}{2}}$,则拒绝虚无假设,认为 b 或 c 落在 $(\frac{1}{2}+\frac{1}{2})^{b+c}$ 的置信区间之外,两相关样本比率存在显著性差异。

如果 $|Z| < Z_{\frac{\alpha}{2}}$,则接受虚无假设,拒绝研究假设,表明 b 或 c 落在 $(\frac{1}{2}+\frac{1}{2})^{b+c}$ 的置信区间之内,两相关样本比率不存在显著性差异。

【解】 例 11-3 的相关样本比率差异的显著性检验过程如下所示。

(1) 提出假设。

建立虚无假设 $H_0:P_1 = P_2$

建立研究假设 $H_1:P_1 \neq P_2$

(2) 计算检验统计量。

$$Z = \frac{b-c}{\sqrt{b+c}} = \frac{51-16}{\sqrt{51+16}} = 4.276, 而 Z_{\frac{0.01}{2}} = 2.58$$

$|Z| > Z_{\frac{0.01}{2}}$,$p < 0.01$,所以在 0.01 显著性水平上拒绝虚无假设,而认为奖学金宣传活动后,学生对该制度的态度有显著性改变。

【例 11-4】 一个 50 人的班级对某一班干部的工作进行了两次民主评议,两次评议之间,辅导员老师对该学生干部进行了思想与工作方法指导。两次评议的结果见表 11-2。请分析:前后两次评议的结果是否有显著性差异?辅导员的指导和帮助带来明显效果了吗?

表 11-2 两次民主评议结果

第二次评议	第一次评议		合计
	拥护	反对	
拥护	8(a)	19(b)	27
反对	5(c)	18(d)	23
合计	13	37	50

【解】 （1）提出假设。

建立虚无假设 $H_0: P_1 = P_2$

建立研究假设 $H_1: P_1 \neq P_2$

（2）计算检验统计量。

$$Z = \frac{b-c}{\sqrt{b+c}} = \frac{19-5}{\sqrt{19+5}} = 2.858, Z_{\frac{0.01}{2}} = 2.58$$

$|Z| > Z_{\frac{0.01}{2}}$，所以在0.01显著性水平上拒绝虚无假设，认为前后两次民主评议结果有显著性差异，也就是说，辅导员对该学生干部的指导帮助可能是有效的。

第四节　独立样本比率的差异检验

一、独立样本比率差异的抽样分布

两个二项分布总体，一个总体比率为 P_1，另一个总体比率为 P_2，从这两个总体中独立的抽取容量为 n_1 和 n_2 的两个样本，这两个样本的比率分别为 p_1 和 p_2，其差异为 $P_1 - P_2$。如果随机抽取所有可能独立样本组合，并且对每对组合计算两个样本的比率之差，就形成了两独立样本比率之差的抽样分布。当样本容量足够大，且两个样本均满足 $n_1 p_1 > 5, n_1 q_1 > 5$ 以及 $n_2 p_2 > 5, n_2 q_2 > 5$ 时，独立样本比率之差的抽样分布接近正态。

独立样本比率之差的抽样分布的平均数，等于样本所在的两个总体的比率差，即：

$$\mu_{p_1-p_2} = P_1 - P_2 \qquad （公式11-12）$$

独立样本比率之差的标准误：

$$\sigma_{p_1-p_2} = \sqrt{\sigma_{p_1}^2 + \sigma_{p_2}^2} = \sqrt{\frac{P_1 Q_1}{n_1} + \frac{P_2 Q_2}{n_2}} \qquad （公式11-13）$$

当总体比率未知时，可以用两样本比率 p_1 和 p_2 作为 P_1 和 P_2 的点估计值，所以样本比率之差标准误的估计值为：

$$S_{p_1-p_2} = \sqrt{\frac{p_1 q_1}{n_1} + \frac{p_2 q_2}{n_2}} \qquad （公式11-14）$$

二、研究假设与虚无假设

独立样本比率差异的显著性检验（双侧）的统计假设如下。

虚无假设 $H_0: P_1 = P_2$，表明样本所来自的两个总体的比率无差异，或两个样本是来自于同一个总体，样本表现出来的比率差异是由随机抽样误差引起的。

研究假设 $H_1: P_1 \neq P_2$，表明样本所来自的两个总体的比率 P_1 和 P_2 之间存在显著差异，样本表现出来的比率差异无法由随机误差所解释。

三、检验统计量的计算

进行独立样本差异的显著性检验时，样本所来自的两个总体比率 P_1 和 P_2 都未知，可以利用两样本的比率 p_1 和 p_2 作为其点估计值。因为事先假设两总体比率相等，两个样本来自同一总体，所以两样本比率 p_1 和 p_2 都可以作为总体比率 P 的点估计值，这时就用两样本比率的加权平均数作为总体比率的估计量，所以：

$$P_e = \frac{n_1 p_1 + n_2 p_2}{n_1 + n_2} \qquad (公式 11-15)$$

$$Q_e = 1 - P_e = \frac{n_1 q_1 + n_2 q_2}{n_1 + n_2} \qquad (公式 11-16)$$

$$S_{p_1-p_2} = \sigma_{P_1-P_2} = \sqrt{P_e Q_e \left(\frac{1}{n_1} + \frac{1}{n_2}\right)} = \sqrt{\frac{(n_1 p_1 + n_2 p_2)(n_1 q_1 + n_2 q_2)}{n_1 n_2 (n_1 + n_2)}}$$

$$(公式 11-17)$$

那么，独立样本比率差异的显著性检验的统计量计算公式为：

$$Z = \frac{(p_1 - p_2) - (P_1 - P_2)}{S_{p_1-p_2}}$$

因为检验的虚无假设是 $P_1 = P_2$，所以：

$$Z = \frac{p_1 - p_2}{S_{p_1-p_2}} = \frac{p_1 - p_2}{\sqrt{\frac{(n_1 p_1 + n_2 p_2)(n_1 q_1 + n_2 q_2)}{n_1 n_2 (n_1 + n_2)}}} \qquad (公式 11-18)$$

四、统计决策

如果检验统计量 $|Z| > Z_{\frac{\alpha}{2}}$，则拒绝虚无假设，认为两总体比率存在显著性差异。

如果检验统计量 $|Z| < Z_{\frac{\alpha}{2}}$，则接受虚无假设，认为两总体比率差异不显著，样本比率所表现出来的差异更可能是由抽样误差引起的。

【例 11-5】 为了比较两种学习方法的效果，随机抽取 240 名被试再随机分为两组。两组被试分别使用不同的学习方法，在相同时间周期内完成同样的学习任务。

使用同一测验检测学习效果,结果如表 11-3 所示。能否认为两种学习方法的效果不同?

表 11-3 240 名被试的测验成绩

	优良	一般	合计
方法 A	64	56	120
方法 B	46	74	120
合计	110	130	240

【解】 两个独立样本各自采用不同的学习方法,可以采用独立样本比率的显著性检验来比较两组被试考试成绩的优良率。由已知条件知道,样本 1:$n_1 = 120, p_1 = 0.533$,$q_1 = 1 - p_1 = 0.467$;样本 2:$n_2 = 120, p_2 = 0.383, q_2 = 1 - p_2 = 0.617$。

(1)提出假设。

建立虚无假设 $H_0: P_1 = P_2$;

建立研究假设 $H_1: P_1 \neq P_2$。

(2)将上述数据代入公式 11-18,即可得到检验统计量:

$$Z = \frac{p_1 - p_2}{\sqrt{\frac{(n_1 p_1 + n_2 p_2)(n_1 q_1 + n_2 q_2)}{n_1 n_2 (n_1 + n_2)}}} = \frac{\frac{8}{15} - \frac{23}{60}}{\sqrt{\frac{(64 + 46) \times (56 + 74)}{120 \times 120 \times 240}}} = 2.332$$

而 $Z_{\frac{0.05}{2}} = 1.96$

因为 $|Z| > Z_{\frac{0.05}{2}}$,所以在 0.05 显著性水平上拒绝虚无假设,说明采用不同学习方法的两个独立样本的优良率存在显著性差异,可以认为两种学习方法的效果不同。

关键词

样本比率、总体比率、假设检验、差异性检验

练习与思考

1. 哪些数据类型适合进行比率的假设检验?

2. 从某校随机抽取高三学生 50 名,其中体育不达标者有 7 人,求该校高三学生体育不达标人数的 95% 的置信区间及高三学生体育不达标的真实人数。

3. 2007 年某省高考报名人数为 109876 人,最后被录取人数为 80859 人。而 2007 年

全国高考录取率为56%,能否认为该省的高考录取率高于全国录取率?

4. 某实验随机抽取20名儿童做注意力发展实验,在实验前后分别对儿童进行一次注意力测验,实验前后儿童的注意力情况如表11-4所示,能否认为实验前后儿童的注意力有显著性差异?

表11-4 实验前后儿童的注意力情况

第二次测验	第一次测验		合计
	达到标准	未达到标准	
达到标准	6(a)	12(b)	18
未达到标准	0(c)	2(d)	2
合计	6	14	20

5. 某大学在教学评估期间对学生的上课情况进行调查,随机从一年级、二年级中各抽取一个班级行进调查。两个班的学生出勤情况如表11-5所示,能否认为两个年级出勤率有显著性差异?

表11-5 两个班学生的出勤情况

单位:人

年级	出勤	缺课	合计
一年级	36	2	38
二年级	30	6	36
合计	66	8	74

课程资源

单样本比率的差异性检验(视频11-1)
相关样本比率的差异性检验(视频11-2)
独立样本比率的差异性检验(视频11-3)
比率的差异性检验案例(视频11-4)

第十二章

χ^2 检验

内容概览

在行为科学的研究中，常常需要对计数资料进行分析和检验，而计数资料多来自于分类变量观测的结果。例如，民意调查、品牌研究、等级人数分布分析中多以计数方式记录结果。卡方检验是一种非参数检验，可用于解决多个离散型随机变量的统计检验问题，即解决计数资料的分析及假设检验问题。主要包括适合性卡方检验、独立性卡方检验和相关样本频数分布的差异性检验。

1936年,乔治·盖洛普通过民意调查的方式成功地预测了美国总统大选的结果。从此,民意调查成为美国以及许多国家政治经济生活中的常用信息获取手段。毫无疑问,通过民意调查得到的资料主要是计数资料,那么如何分析这些资料才能从样本调查结果去推断广泛的民意呢?χ^2检验(卡方检验)正是有效解决这一问题的常用方法。

第一节　χ^2检验的基本原理

一、行为科学中的计数资料

心理与行为科学研究中,除了借助于等距、等比量表获得的一些等距连续数据外,还常常会借助于称名量表或等级量表获取计数资料。例如,民意调查将公众的意见分为"赞成""反对""不确定"三类,然后可以得到三类选择的人次数;在产品质量评价中,将产品的质量分为"很好""较好""中等""较差""很差"等五类,然后获得选择每一类或每一等级的人数,这些都属于计数资料。另外,根据研究需要,一些连续变化的数据也可以转换为计数资料,例如按照一定的分数线将学生的考试成绩划分为"合格"和"不合格"两个类别,再统计分属两个类别的学生人数,就将计量资料转换成了计数资料。下面,就几个研究范例来具体了解一下心理与行为研究中计数资料的形式及统计分析问题。

(一) 品牌调查

【例12-1】　某公司为一商品设计了四种不同的外包装。那么,哪一种设计更能引起消费者的购买欲呢?公司将四种包装的相同产品并排陈列在超市货架上,一段时间后,统计到其销售情况,如表12-1所示。那么,能否借此推断顾客对四种包装设计的喜好度确实存在差异呢?

表12-1　四种不同包装的同一种产品的购买人数统计

单位:人

包装类型	A	B	C	D	合计
购买人数	42	59	48	51	200

此例为研究产品选择问题,可以是同一品牌的不同设计,也可以是同一种产品的不同品牌,都是通过消费者对不同产品购买的频率反映何种营销策略更为有效,或者研究消费者的心理活动。这种方法是市场调查中最为常用的手段。例子中只涉及一个分类维度,是单变量的研究。资料分析的统计任务就是通过样本频数的分布对样本所在总

体的分布作出推断。

（二）态度取向评估

【例 12-2】 某省最近出台了新的高考制度，为了解学生对这一高考新模式的态度，有教师从自己所在学校的高中生中随机抽取了 90 名学生，其中男生 40 人，女生 50 人。调查的问题是：作为高考备考生，您对新的高考方案持什么态度？请从下列 3 个备选项(A. 赞成 B. 反对 C. 无所谓)中选择一项最符合您想法的选项。学生选择的情况汇总如表 12-2 所示。那么该校学生对高考新方案的态度存在性别差异吗？

表 12-2 男、女生对高考新模式的态度

单位：人

性别	态度			合计
	赞成	反对	无所谓	
男	21	13	6	40
女	19	17	14	50
合计	40	30	20	90

这一问题涉及社会民意调查中最常见的资料类型，即态度偏好。这里的态度类别具有等级性质，它统计的数据反映被试的态度偏好在不同等级间的人数分布，而且往往涉及不同的被调查对象。此类资料的分析任务主要有两个：一是分析调查对象总体的主要态度偏向，二是比较不同被试群体态度偏向是否存在差异。

（三）成绩等级评定

【例 12-3】 在高校教学管理中，往往采用学生评教的方法促进教学。例如，某一学期末，有三个班的学生对同一位英语教师的教学质量进行了评价，结果如表 12-3 所示。那么这三个班级的学生对这位教师的评价是否存在明显差异呢？

表 12-3 三个班的学生对英语教师教学质量的评估结果

单位：分

班级	教学评估成绩			合计
	很好	一般	较差	
一	22	12	15	49
二	30	10	6	46
三	35	12	3	50
合计	87	34	24	145

这一问题涉及对人、事或物的评价问题，也是教育学、心理学研究中常见的问题。要分析表 12-3 中的数据，面临的问题主要有两个方面：一个方面是被试总体的评价等级人数分布及其差异性问题，另一个方面是不同的被试群体评价取向的差异性问题。

上述例子中数据资料的取得一般都需要采用称名量表或等级量表，而且都是属于

计数资料,这类资料不能采用前述介绍的各种参数分析方法来处理,而是要采用非参数检验方法,主要是 χ^2 检验来进行分析和推断。上一章中的某些资料也是通过 χ^2 检验来完成的。

二、χ^2 分布及其应用领域

(一) χ^2 分布

χ^2 分布是一种正偏态分布,其自由度不同时,分布曲线的偏斜程度不同。χ^2 分布曲线下的总面积为1,不同显著性水平下(曲线右边的面积)的卡方临界值见附表9。χ^2 检验一般采用的是单侧检验。在计算出自由度后,根据显著性水平要求,在 χ^2 临界值表中查出临界值,如果计算的 χ^2 值大于这个临界值,说明 χ^2 值对应的曲线下右侧的面积小于这个显著性水平对应的 α 值。例如,当自由度为5时,0.05 显著性水平对应的临界值是 11.1,这就是说,在自由度为5的 χ^2 分布曲线下,χ^2 值大于 11.1 的右边尾部的面积是 0.05。如图 12-1 所示,自由度分别为 1、4、10、20 时的 χ^2 分布概率密度函数曲线。

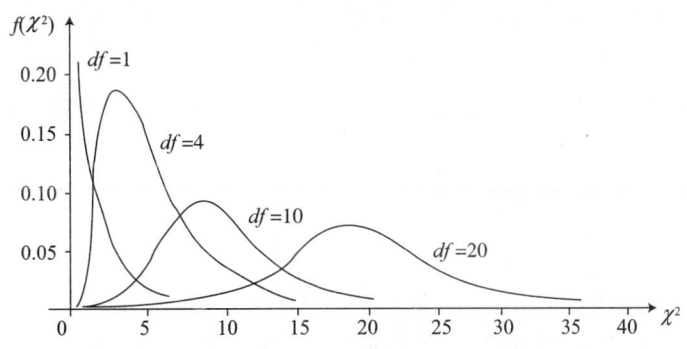

图 12-1　不同自由度下 χ^2 分布的密度函数曲线

由图 12-1 看出,χ^2 分布具有以下的特点。

(1) χ^2 值都是正值。

(2) χ^2 分布呈正偏态,右端无限延伸,但不与基线相交。

(3) χ^2 分布随自由度的变化而形成了一族分布。自由度不同,χ^2 分布曲线也不同:自由度越小,分布越偏斜;自由度越大,分布形态越趋于对称;其极限分布为正态分布,即当 $df \to \infty$ 时,χ^2 分布即为正态分布。

此外,χ^2 变量还有一个很有用的性质:几个相互独立的 χ^2 变量的和仍然服从 χ^2 分布,即 $\sum \chi^2$ 是一个遵从 $df = df_1 + df_2 + \cdots + df_k$ 的 χ^2 分布。这一性质称为 χ^2 变量的可加性。

(二) χ^2 分布的应用

χ^2 检验是一种非参数检验,可以用来处理很多关于离散型随机变量的统计检验问

题。其主要用途有两个:一是用于一个变量多项分类的资料,检验各类别的观察频数与期望频数是否吻合,即适合性检验;二是用于两个或两个以上变量,每个变量又分多个类别,检验这两个或两个以上变量之间是否独立,即独立性检验。

三、χ^2 检验的基本原理

实际研究中有时会进行一些抽样调查,然后根据样本所得的数据对总体的某些特性作出推断,例如民意调查等。假设在某次大选期间,民意测验中心随机抽取了1500名选民,了解他们对3位候选人的支持情况,具体结果如表12-4所示。那么,3位候选人的支持率存在显著性差异吗?

表12-4 假想的3位候选人的支持人数

单位:人

候选人	Jim	Bob	Chris	合计
支持人数	600	500	400	1500

简单地看,支持 Jim 的人数较多,3位候选人的支持率不同。但因为这是抽样研究,出现这种抽样调查结果可能有以下两种可能。

(1)选民总体对3位候选人的支持率确实不相等,所以抽取的样本对候选人的支持率不相等;

(2)选民总体对3位候选人的支持率实际上是相等的,但由于抽样误差造成了样本对候选人的支持率不相等。

为进行差异显著性检验,先作出虚无假设 H_0:假设选民总体中3位候选人的支持率相等,即支持3位候选人的选民人数不存在显著差异。现在的任务就是要检验样本频数的分布是否在抽样误差允许的波动范围内。

从样本中实际调查得到的不同类别的频数称为观察频数 f_o,按期望分布计算得到的频数称为期望频数或理论频数 f_e。则 χ^2 检验的统计量:

$$\chi^2 = \sum \frac{(f_o - f_e)^2}{f_e}$$

(公式12-1)

χ^2 值反映了实际的观察频数与期望频数的偏离程度:f_o 与 f_e 总是相等时,$\chi^2 = 0$;相差很小时,χ^2 值也就越小;相差很大时,χ^2 值就越大。一旦 χ^2 值大于某一临界值,就认为样本频数的分布已超出了抽样误差允许的范围,即样本所在总体的分布不符合期望分布。

在某一显著性水平下,必定存在一个临界值 $\chi^2_{\alpha,n}$,如图12-2所示,若 $\chi^2 < \chi^2_{\alpha,n}$,则认为观察频数与期望频数的差异在抽样误差允许的范围内,样本所在总体的分布符合期望分布;若 $\chi^2 > \chi^2_{\alpha,n}$,则认为观察频数与期望频数的差异已超出了抽样误差允许的范

围,样本所在总体的分布不符合期望分布。临界值 $\chi^2_{\alpha,n}$ 可以理解为在显著性水平 α 上拒绝虚无假设所必须达到的最小 χ^2 值。

需要注意的是,χ^2 检验是单侧检验,因为只有当 χ^2 值很大时,即观察频数与期望频数相差很远时,才能拒绝虚无假设。如果 χ^2 值很小,甚至接近零,则观察频数与期望频数相差很小,样本所在总体的分布与期望分布非常吻合,此时接受虚无假设。所以,只有当实际计算的 χ^2 值大于临界值 $\chi^2_{\alpha,n}$ 时,才拒绝虚无假设,如图 12-2 所示。

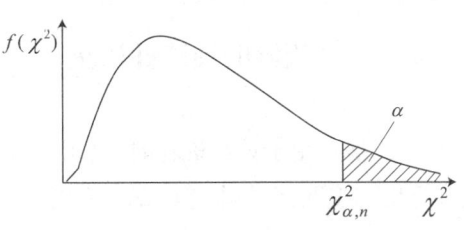

图 12-2　卡方检验示意图

四、χ^2 检验的主要步骤

χ^2 检验的一般过程与参数检验相同,它的关键步骤在于期望频数的计算和临界值的确定。现以表 12-4 所示的民意调查结果为例来说明 χ^2 检验的一般过程。根据表 12-4 所示的数据及其结构,可对样本数据进行 χ^2 检验,以分析选民总体的态度。

步骤 1:提出假设

虚无假设 H_0:3 位候选人的支持率不存在差异;

研究假设 H_1:3 位候选人的支持率存在差异。

步骤 2:计算检验统计量 χ^2 值

在本例中,观察频数为实际调查所得各位候选人的支持人数,分别为 600、500、400;虚无假设中 3 位候选人的支持率不存在差异,所以期望的 3 位候选人支持频数均为 500、500、500。于是:

$$\chi^2 = \sum \frac{(f_o - f_e)^2}{f_e} = \frac{(600-500)^2}{500} + \frac{(500-500)^2}{500} + \frac{(400-500)^2}{500} = 40$$

将计算过程列成表格形式,就如表 12-5 所示。

表 12-5　χ^2 值计算表

	f_o	f_e	$f_o - f_e$	$(f_o - f_e)^2$	$(f_o - f_e)^2/f_e$
赞成	600	500	100	10000	20
反对	500	500	0	0	0
不知可否	400	500	-100	10000	20
$\sum$	1500	1500			40

步骤 3:统计决断

本例中,数据分类的类别数 $k=3$,所以 $df = 3-1 = 2$。查附表 9 的 χ^2 分布表,

$\chi^2_{0.05,2}$ =5.99。χ^2 = 40 > $\chi^2_{0.05,2}$，拒绝虚无假设，认为 3 位候选人的支持率存在显著差异。

五、χ^2 检验的连续性校正

当 χ^2 检验用于计数资料时，由于用分类量尺或等级量尺测量的结果是非连续的，因此计算出的 χ^2 值也是非连续的。就是说，这里的 χ^2 是非连续的离散型随机变量。当自由度 $df=1$，$f_e < 5$ 时，其离散性尤为明显。但是，χ^2 分布本质上是连续型随机变量的分布形式。当连续型分布的结果应用于离散型分布时，必须对连续性作某些修正。

对统计量 $\chi^2 = \sum \dfrac{(f_o - f_e)^2}{f_e}$ 进行简单连续性修正的方法是由统计学家法兰克·叶慈（Frank Yates）提出的，因此这种校正方法称为 Yates 连续性校正法。其基本公式为：

$$\chi^2 = \sum \dfrac{(|f_o - f_e| - 0.5)^2}{f_e} \qquad (公式 12-2)$$

当自由度 $df = 1$ 且某一分组的期望频数 $f_e < 5$ 时，可使用公式 12-2 计算 χ^2 值。

第二节　适合性 χ^2 检验

适合性检验也称配合度检验，主要原理是借助 χ^2 统计量的实得指标来考察观察频数 f_o 与某一理论的期望频数 f_e 间的差异是否显著，从而确定样本所在总体的分布是否与期望分布相符。由于适合性检验的内容只涉及一个分类变量的计数资料，因而又称为单因素 χ^2 检验。

一、适合性 χ^2 检验的具体应用

适合性检验中，自由度 $df = k - m$。其中，k 是实验或调查中的类别数，m 为计算期望频数时用到的样本统计量的个数。通常情况下，计算期望频数需要用到样本总数这一个统计量，即 $m = 1$。所以，适合性检验的自由度一般为分类数减 1。

适合性检验的过程中，要计算统计量 χ^2，必须先计算期望频数。根据计算期望频数时所依据的期望分布的不同，适合性检验的应用可大致包括以下三种情况。

（一）期望频数服从均匀分布

期望频数服从均匀分布是指按某变量区分的各类期望频数相等，期望频数等于样本总数除以类别数。前一节中例 12-1 的问题就属于这一类的适合性 χ^2 检验。

【例 12-4】 根据例 12-1 提供的数据,判断顾客对 4 种包装设计的偏好是否存在显著差异。

【解】 根据题意已知:$N=200$,$k=4$,A、B、C、D 的实际观测次数分别为 42、59、48 和 51。

建立虚无假设 H_0:顾客对 4 种包装设计的喜好度不存在显著差异。根据虚无假设得出期望次数分布:$f_{e,A}=f_{e,B}=f_{e,C}=f_{e,D}=\dfrac{N}{4}=50$。

所以,检验统计量和自由度分别为:

$$\chi^2 = \sum \frac{(f_o - f_e)^2}{f_e} = \frac{(42-50)^2}{50} + \frac{(59-50)^2}{50} + \frac{(48-50)^2}{50} + \frac{(51-50)^2}{50} = 3$$

$$df = k - 1 = 4 - 1 = 3$$

查附表 9 的 χ^2 分布临界值表,当 $df=3$ 时,$\chi^2_{0.05,3}=7.81$。由于 $\chi^2=3<7.81$,所以接受虚无假设,认为顾客对 4 种包装设计不存在特别偏爱,对各种包装设计的选择无显著差异。

(二) 期望频数服从某一经验分布

期望频数服从某一经验分布是指期望频数服从某一特定的比率,这一比率是由长期的经验总结而来的,各类的期望频数分别等于样本总容量与相应类别所占比率的乘积。

【例 12-5】 某高校教务处统计了多年来全校本科毕业生的毕业论文成绩等级分布,如表 12-6 所示。今年某学院 150 名本科毕业生的论文成绩等级分布也列入了表 12-6。试分析该学院今年对毕业生毕业论文的成绩评定是否符合全校多年来平均的成绩分布模式。

表 12-6 某高校及其某学院学生毕业论文成绩分布

	成绩评定等级					合计
	优	良	中	及格	不及格	
全校成绩分布比例/%	10	50	25	11	4	100
某学院学生各等级成绩人数/人	20	80	35	12	3	150

【解】 根据题意可知:样本总容量 $N=150$,$k=5$。

实际观察次数:$f_{o1}=20$,$f_{o2}=80$,$f_{o3}=35$,$f_{o4}=12$,$f_{o5}=3$。

建立虚无假设 H_0:该学院学生毕业论文成绩等级分布符合全校的分布模式。根据虚无假设和全校分布模式得出期望次数分布:$f_{e1}=15$,$f_{e2}=75$,$f_{e3}=37.5$,$f_{e4}=16.5$,$f_{e5}=6$

所以,检验统计量和自由度分别为:

$$\chi^2 = \sum \frac{(f_o - f_e)^2}{f_e} = \frac{(20-15)^2}{15} + \frac{(80-75)^2}{75} + \frac{(35-37.5)^2}{37.5} + \frac{(12-16.5)^2}{16.5} +$$

$$\frac{(3-6)^2}{6} = 4.909$$

$$df = k - 1 = 5 - 1 = 4$$

查附表 9 的 χ^2 分布临界值表,当 $df = 4$ 时,$\chi^2_{0.05,4} = 9.49$。由于 $\chi^2 = 4.909 < 9.49$,所以接受虚无假设,认为该学院对学生毕业论文的成绩评定基本符合全校的一般分布模式,不存在显著差异。

(三) 期望频数服从某一经典分布

经典分布如正态分布,它的概率密度曲线已知,因此需要时可以通过查正态分布表来确定每个类别的期望频数。另外,前一节还提到,有时会根据研究需要,将一些连续变化的计量数据资料转换为计数资料。现在,我们将这两个方面结合起来分析例 12 - 6 中的数据资料。

【例 12 - 6】 120 名成年男子的体重分布如表 12 - 7 所示,且这一分布的平均值为 64.21 kg,标准差为 8.14。问这一体重分布是否符合正态分布?

表 12 - 7 120 名成年男子体重的分布表

单位:人

分组	45 ~	50 ~	55 ~	60 ~	65 ~	70 ~	75 ~	80 ~	合计
人数	5	9	16	35	27	13	11	4	120

本例中,将 120 名成年男子的体重整理成频数分布表的形式,体重这一连续随机变量的计量数据就转换成了计数资料,可以运用 χ^2 检验来考察观察频数分布与正态分布之间的吻合程度,以检验样本所在的总体是否为正态总体,这一方法称为正态分布拟合优度 χ^2 检验。正态分布拟合优度检验是心理学研究中整理分析数据时常用的统计方法,它与前面介绍的适合性检验的基本思路是一致的,但在期望频数的计算与自由度的确定上有所不同。

正态分布拟合优度 χ^2 检验中,期望频数的计算可以分为以下几个步骤。

(1) 确定各组的分界点,根据平均数和标准差计算出各组分界点所对应的 Z 分数。

(2) 从正态分布表中查出各个 Z 分数所对应的 p 值,然后计算出每个分组的理论概率。

(3) 将各组的期望概率乘以样本容量,就可以得到各组对应的理论期望频数。

需要注意的是,如果出现期望频数小于 5 的组,应将该组与其相邻组合并,计算出合并后的期望频数;如果还不到 5,则继续与相邻组合并,直到合并后的期望频数大于或等于 5。

在计算期望频数的过程中,共用到了总数、平均数、标准差 3 个样本统计量,所以正态分布拟合优度 χ^2 检验的自由度 $df = k - 3$,其中,k 为合并后保留下来的组数。

现在来解决例 12-6 的数据分布检验问题,即其正态分布拟合优度 χ^2 检验问题。

【解】 建立虚无假设 H_0:这一结果服从正态分布。

计算检验统计量 χ^2,如表 12-8 所示。

表 12-8 120 名成年男子体重频数分布正态性 χ^2 值计算表

分组	f_o	分界点	分界点对应 Z 值	分布区间对应 P 值	期望概率	f_e		$\dfrac{(f_o-f_e)^2}{f_e}$
80 ~	5				0.02619	3.14	} 11.01	0.812
75 ~	9	80	1.94	0.47381	0.06557	7.87		
		75	1.33	0.40824				
70 ~	16				0.14709	17.65		0.154
		70	0.71	0.26115				
65 ~	35				0.25716	30.86		0.555
		65	0.01	0.00399				
60 ~	27				0.20246	24.30		0.3
		60	-0.52	0.19847				
55 ~	13				0.17229	20.67		2.846
		55	-1.13	0.37076				
50 ~	11				0.08918	10.7	} 15.51	0.017
		50	-1.75	0.45994				
45 ~	4				0.04006	4.81		
合计	120				1.00000	120		$\chi^2 = 4.684$

表 12-8 中数据的计算过程如下。

(1) 现根据已知条件数据被划分成了 8 组,对应的 7 个组间分界点分别是 50、55、60、65、70、75、80,即表中第 3 列数据。以每个分界点值减去平均数并除以标准差得到各分界点对应的 Z 分数,即表中第 4 列数据。

(2) 查正态分布表得到各个 Z 分数对应的 P 值,即表中第 5 列数据。

(3) 计算 8 个数据组区内对应的正态曲线下的面积(概率),即表中第 6 列数据。

(4) 以正态分布计算各组期望频率乘以样本总数 120,得到各组理论期望频数。因第一组和最后一组期望频数均小于 5,就将这两个组频数合并到其相邻的组中去,如表中第 7 列数据。

(5) 因已知条件给出了各组的观察频数(也与理论频数对应地合并成 6 个组),结合计算出来的各组的期望频数,计算 χ^2 值,如表中第 8 列所示:$\chi^2 = 4.684$。再计算自由度,因为类别数被合并为 6,所以该检验的自由度 $df = 6 - 3 = 3$。查附表 9 的 χ^2 分布临界值表,当 $df = 3$ 时,$\chi^2_{0.05,3} = 7.81$,$\chi^2 = 4.684 < 7.81$,所以接受虚无假设,认为表 12-8 中数据服从正态分布。

二、适合性 χ^2 检验与比率检验的关系

当一个分类变量为两个水平时,就是所谓的二分变量,按照这一变量的水平可以将研究对象划分为两个类别。对于这样的资料,既可以采用比率的显著性检验,也可以用

χ^2 检验。两种方法所得结果一致。现在,以第十一章中的例 11-2 数据来说明,即这里采用 χ^2 检验,然后将结果与以 Z 分布完成的比率检验结果对照。

【例 12-7】 采用 χ^2 分析方法完成对例 11-2 数据的分析,并与第十一章比率检验的结果对照。

【解】 根据题意已知:样本容量 $n = 120$,分为不及格(6 人)、及格(114 人)两类。全校一年级学生不及格率 3%。要检验某学院的及格与不及格人数分布是否符合全校的分布。

建立虚无假设 H_0:该学院真实的不及格率与学校的不及格率无差异。

根据虚无假设计算期望频数:不及格的期望频数:$f_{e1} = 120 \times 3\% = 3.6$,及格的期望频数:$f_{e2} = 120 \times 97\% = 116.4$。

这里需要注意的是,不及格的期望频数未达到 5,所以要采用修正公式 12-2 来计算 χ^2 值,于是检验统计量 χ^2 和自由度计算如下:

$$\chi^2 = \sum \frac{(|f_o - f_e| - 0.5)^2}{f_e} = \frac{(|6 - 3.6| - 0.5)^2}{3.6} + \frac{(|114 - 116.4| - 0.5)^2}{116.4}$$
$$= 1.034$$

$df = 2 - 1 = 1$

查附表 9 的 χ^2 分布临界值表,当 $df = 1$ 时,$\chi^2_{0.05, 1} = 3.84$,由于 $\chi^2 = 1.034 < 3.84$,接受虚无假设,故认为该学院学生的不及格率和全校一年级学生的不及格率不存在显著性差异。

与第十一章例 11-2 的检验结果相比,这里的适合性 χ^2 检验与比率显著性检验所得统计结论是一致的,而且这里的 χ^2 检验计算更为简便。

第三节 独立性 χ^2 检验

研究连续变量的相关时,一般采用计算相关系数和回归分析的方法。当需要研究离散变量的分类变量或等级变量是否相关时,如性格与血型是否相关、对某一问题所持的态度与性别是否相关等,通常采用独立性 χ^2 检验方法。

一、独立性 χ^2 检验的一般过程

独立性 χ^2 检验主要用于两个变量多项分类的计数资料的分析。对于两个变量多项分类的计数资料,在统计整理时通常将其编制成列联表的形式,即把一个变量的分类资料写在行内,另一个变量的分类资料写在列内,用 r 表示行变量的分类项数,用 c 表示列

变量的分类项数,这样的表格在统计学上被称为 $r \times c$ 列联表。如在例 12-2 中,对某一问题所持的态度与性别是否相关的研究,它的数据资料可以整理成一个 2×3 的列联表,如表 12-2 所示。$r \times c$ 列联表的自由度 $df = (r-1)(c-1)$。

利用列联表提供的数据,可以推算出在某一假设条件下各个单元格中的期望频数。就例 12-2 的资料来说,要检验在态度方面是否存在性别差异,会先提出虚无假设 H_0:男生与女生的态度取向相同。也就是说,男生与女生中持赞成态度的人数比率相等,持反对态度的人数比率相等,持无所谓态度的人数比率也相等。基于这样的虚无假设就可以计算各单元格中的期望人数。比如,计算"男生×赞成"这一单元格的期望人数:所有 90 人中有 40 名学生赞成,所以赞成人数比率为 $\frac{40}{90}$,按男、女生中持赞成态度的比率相等的假设,就应该都是占 $\frac{40}{90}$,即"赞成"这一列的总人数除以全部人数。再看,男生总人数为 40 人,所以男生中持"赞成"态度的期望频数 $f_e = 40 \times \frac{40}{90} = 17.78$。用相同的方法可计算出其他单元格的期望频数。

由上述计算过程可以看出,一个单元格中的期望频数可用以下公式计算:

$$f_e = \frac{n_r n_c}{N} \qquad (公式 12-3)$$

公式中,n_r 为要计算的单元格所在行的总次数,n_c 为其所在列的总次数。

计算出各个单元格的期望频数后,再结合各单元格的实际观察次数,就可以计算检验统计量 χ^2 值和对应的自由度。经推导变换,$r \times c$ 列联表的独立性 χ^2 检验可以采用下列公式直接计算 χ^2 值和自由度:

$$\chi^2 = N \left(\sum \frac{f_o^2}{n_r n_c} - 1 \right) \qquad (公式 12-4)$$

$$df = (r-1)(c-1) \qquad (公式 12-5)$$

就刚才讨论的例 12-2 的问题,利用上述方法进行检验,可计算得到:

$$\chi^2 = N \left(\sum \frac{f_o^2}{n_r n_c} - 1 \right) = 90 \times \left(\frac{21^2}{40 \times 40} + \frac{13^2}{40 \times 30} + \cdots + \frac{14^2}{50 \times 20} - 1 \right) = 2.756$$

$$df = (r-1)(c-1) = (2-1)(3-1) = 2$$

查附表 9 的 χ^2 分布临界值表,当 $df = 2$ 时,$\chi^2_{0.05,2} = 5.99$。由于 $\chi^2 = 2.756 < 5.99$,接受虚无假设,即认为学生在这一问题上的态度与性别无关,不存在明显的性别差异。

二、四格表的独立性 χ^2 检验

当调查只涉及两个二分变量时,调查结果可以整理成四格表的形式。四格表的 χ^2

检验在很多情况下与两个比率的差异性检验有着相同的统计功用:独立样本四格表的 χ^2 检验,相当于独立样本比率差异的显著性检验;相关样本四格表的 χ^2 检验,相当于相关样本比率差异的显著性检验。

四格表是最简单的列联表形式,在进行统计量 χ^2 的计算和校正时,除可以运用基本公式 12 - 1 和公式 12 - 2 外,还可以变换出一些更简捷的公式。下面我们讨论四格表独立性检验的方法,以及四格表独立性检验与两个比率差异显著性检验的一致性。

(一) 独立样本四格表的独立性 χ^2 检验

所谓独立样本四格表,就是在有两个独立样本参加研究的过程中,使用一个二分变量将每个样本都区分为两个类别,由此统计形成的 2×2 的计数表,这其中也因此包含了两个分组变量。如表 12 - 9 所示,表中 a、b、c、d 分别代表各单元格对应的实际观察次数。

表 12 - 9　独立样本四格表的一般形式

分组变量 2	分组变量 1		合计
	1	2	
1	a	b	$a+b$
2	c	d	$c+d$
合计	$a+c$	$a+d$	N

在使用 χ^2 分布对两个分组变量进行独立性检验时, χ^2 值计算的简洁公式为:

$$\chi^2 = \frac{N(ad-bc)^2}{(a+b)(c+d)(a+c)(b+d)} \quad \text{(公式 12 - 6)}$$

如果存在某一单元格的期望频数小于 5 时,可使用校正公式:

$$\chi^2 = \frac{N\left(|ad-bc|-\frac{N}{2}\right)^2}{(a+b)(c+d)(a+c)(b+d)} \quad \text{(公式 12 - 7)}$$

【例 12 - 8】 为了改进体育训练的方法,某高校体育课教师提出了一套新的体育教学方法。为了比较新旧教学方法的效果,随机抽取 240 名大一新生,再随机分为两组,两组被试者分别接受新旧两种方法的训练。学期结束时进行相应项目的达标测试,测试结果汇总如表 12 - 10 所示。据此能否认为两种训练方法的效果不同?

表 12 - 10　两种体育教学方法效果的比较

	未达标	达标	合计
旧的训练方法	64(a)	56(b)	120($a+b$)
新的训练方法	46(c)	74(d)	120($c+d$)
合计	110($a+c$)	130($a+d$)	240

【解】 由题意可知,本例属于四格表的独立性χ^2检验,即通过对次数分布的分析,检验两个分组变量是独立的还是具有相关性的。

建立虚无假设 H_0:两个分组变量是相互独立的。意为训练方法的不同不会引起达标率的差异性。根据公式 12-6 计算统计量χ^2值:

$$\chi^2 = \frac{N(ad-bc)^2}{(a+b)(c+d)(a+c)(b+d)}$$

$$= \frac{240 \times (64 \times 74 - 56 \times 46)^2}{(64+56)(46+74)(64+46)(56+74)} = 5.438$$

$$df = (r-1)(c-1) = 1$$

查附表 9 的χ^2分布临界值表,当 $df=1$ 时,$\chi^2_{0.05,1} = 3.84$。由于$\chi^2 = 5.438 > 3.84$,故应拒绝虚无假设,认为两个分组变量具有相关性,即不同的训练方法所产生的训练效果不同,结合表 12-10 中的数据可以看出,新的教学训练方法效果更好。

(二)相关样本四格表的独立性χ^2检验

当参与研究的是同一个样本或是配对的两个样本,分别在两种不同的条件下接受观测,而观测的评定分为两个水平,这样的研究就可以得到相关样本的四格表。这里也存在两个变量,进行两个变量独立性检验时的χ^2值计算的简捷公式为:

$$\chi^2 = \frac{(b-c)^2}{b+c} \quad \text{(公式 12-8)}$$

当某一单元格中的期望频数小于 5 时,使用校正公式计算χ^2值,即:

$$\chi^2 = \frac{(|b-c|-1)^2}{b+c} \quad \text{(公式 12-9)}$$

式中,b、c表示在相关样本四格表中两次观测发生类别变化的个案数或频数。

【例 12-9】 某单位工作改革措施一公布,受到 50 名员工中大部分员工的反对,但是改革措施提出者还是以推进事业发展需要为由坚持推行此项改革。为此,他对这一改革措施的基本依据和意义进行了解释,发现有一些员工的意见发生了改变。统计结果如表 12-11 所示。问前后两次评议结果是否存在显著性差异?改革措施提出者的解释有效吗?

表 12-11 就改革措施进行的两次民主测评结果

第二次测评	第一次测评		合计
	拥护	反对	
拥护	8(a)	19(b)	27
反对	5(c)	18(d)	23
合计	13	37	50

【解】 据题意,前后两次参与测评的是同一个样本,所以是相关样本的独立性 χ^2 检验,即检验测评次第与员工意见类别两个变量之间是独立的还是相关的。

建立虚无假设 H_0:两个变量是相互独立的,即前后两次测评反映出来的员工意见没有显著性差异,改革措施提出者的解释无效。

使用公式 12-8 计算检验统计量 χ^2:$\chi^2 = \dfrac{(b-c)^2}{b+c} = \dfrac{(19-5)^2}{19+5} = 8.167$

自由度:$df = (r-1)(c-1) = 1$

查附表 9 的 χ^2 分布临界值表,当 $df = 1$ 时,$\chi^2_{0.05,1} = 3.84$。由于 $\chi^2 = 8.167 > 3.84$,故应拒绝虚无假设,认为前后两次测评结果存在显著性差异,结合表 12-11 的数据知道,改革措施提出者的解释有效,因为第二次测评中有 19 人改变了原来的反对意见,而只有 5 人改变了原来的赞同意见,即有更多的人赞同改革措施。

以四格表形式出现的计数资料,采用独立性 χ^2 检验的效果与前一章介绍的比率差异性检验的效果是一致的。

关键词

χ^2 检验、适合性 χ^2 检验、独立性 χ^2 检验

练习与思考

1. 心理学研究中的计数资料是如何获得的?
2. 计数数据与计量数据有哪些区别和联系?
3. 对计数数据的统计分析方法有哪些?
4. 比率的显著性检验与 χ^2 检验有哪些区别和联系?
5. 请总结一下 χ^2 检验的特点及它的应用。
6. 某商场为了研究顾客对 3 种品牌的矿泉水的喜好比例,以便为下一次进货提供决策依据,随机观察了 150 名购买者,并记录下他们所买的品牌,统计出购买 3 种品牌的人数,表 12-12 这些数据是否说明顾客对这三种矿泉水的喜好确实存在差异?

表 12-12 3 种品牌矿泉水的购买情况

单位:人

品牌	甲	乙	丙	合计
人数	61	53	36	150

7. 某地区是苗族、瑶族、侗族、布依族等多个少数民族的聚居区,现从中随机抽取了 200 人,他们的民族分布情况如表 12-13 所示,这些数据能否说明该地区各个少数民族的人口数有显著差异?

表 12-13 某地区少数民族的人口分布情况

单位:人

民族	苗族	瑶族	侗族	布依族	合计
人数	60	55	45	40	200

8. 学校要求各院系在本科生毕业设计的成绩评定中要注意成绩等级的人数分布,一般应符合表 12-14 中第一行所示的比例。某院 65 名本科生毕业设计成绩等级分布如表 12-14 第二行数字所示。请问该院系学生毕业设计的成绩评定是否符合学校要求?

表 12-14 某院毕业设计成绩的等级分布情况

评定等级	A	B	C	D	合计
要求比例	10%	50%	30%	10%	100%
某院各等级人数/人	8	42	12	3	65

9. 某班 50 名学生的体检结果如表 12-15 所示。问这一测试结果是否服从正态分布?

表 12-15 某班 50 名学生的体检结果

单位:人

体格	强	中	弱	合计
人数	16	24	10	50

10. 检验表 12-16 中的数学成绩的次数分布是否符合正态分布。

表 12-16 数学成绩的次数分布情况

分组	45~	50~	55~	60~	65~	70~	75~	80~	85~	90~	合计
频数	4	9	10	22	23	20	11	6	4	1	110

11. 随机抽取某中学二年级男生 60 名,女生 50 名,进行测验,测验结果见表 12-17。问成绩与性别是否相关?

表 12-17　某中学二年级样本的测验成绩

单位：人

性别	测验成绩				合计
	优	良	中	差	
男生	18	25	10	7	60
女生	15	24	7	4	50
合计	23	49	17	11	110

12. 在一次全国性的重大决策上，民主派与共和派人士表决情况如表 12-18 所示，问在这次决策上两党派是否存在显著差异？

表 12-18　两派人士表决情况

单位：票

党派	表决态度			合计
	赞成	反对	未表态	
民主派	85	78	37	200
共和派	116	59	25	200
合计	201	137	62	400

13. 为了解色盲和性别的关系，随机调查了 1000 名被试，其中男性 480 名，女性 520 名，所得数据见表 12-19。问性别和色盲是否相关？

表 12-19　1000 名被试的健康状况

单位：人

性别	健康状况		合计
	正常	色盲	
男性	442	38	480
女性	514	6	520
合计	956	44	1000

14. 表 12-20 为 120 名学生的期中与期末考试成绩（合格、不合格），问两次考试成绩是否有显著差异？

表 12-20　120 名学生的期中与期末考试成绩

单位：人

期中考试	期末考试		合计
	合格	不合格	
合格	61	15	76
不合格	33	11	44
合计	94	26	120

15. 为确定司机年龄是否会影响到交通事故的发生次数,对此进行了一项调查,其结果如表 12-21 所示,问司机年龄与交通事故发生次数是否有关?

表 12-21 不同年龄段的司机发生事故的次数

单位:人

司机年龄	事故数				合计
	0	1	2	>2	
21~30	748	74	31	9	862
31~40	821	60	25	10	916
41~50	786	51	22	6	865
51~60	720	66	16	5	807
61~70	672	50	15	7	744
合计	3747	301	109	37	4194

课程资源

卡方检验的基本原理(视频 12-1)

适合性卡方检验的过程(视频 12-2)

独立性 χ^2 检验的过程(视频 12-3)

χ^2 检验的案例(视频 12-4)

第十三章

非参数检验

内容概览

非参数检验是相对于 t 检验、Z 检验和 F 检验等参数检验方法而言的。参数检验一般要求数据总体呈正态分布或近似于正态分布，还常常要求拟比较各独立组间数据的方差齐性。但有时这些条件不能满足，就需要非参数检验。非参数检验对数据样本要求较低，可用于一些计数资料、等级资料和偏态分布资料。常用的、简单的非参数检验方法包括符号检验、符号秩次检验、秩和检验、中位数检验等四种方法，其中前两种适用于相关样本的资料，后两种适用于独立样本的资料。

统计推断中计量资料的 t 检验、Z 检验和 F 检验,几乎都是基于总体正态分布、总体方差齐性条件下对总体参数的检验,称为参数检验(parametric test)。但是,当总体分布未知或已知总体分布与检验所要求的条件不符,数据转换也不能使其满足参数检验条件时,就需要一些不依赖于总体分布、与总体参数无关的检验方法。这种方法不受总体参数的影响,它检验的是分布,而不是参数,称为非参数检验(nonparametric test)。

第一节 非参数检验概述

非参数检验方法在处理资料时所比较的是分布而不是参数,它不考虑资料总体的分布形态,直接用样本数据的符号、大小顺序码、综合判断划分的名次、严重程度、优劣等级等进行比较,检验时不对总体分布作假设,或者只作一点诸如对称性之类的简单假设。在总体分布未知的情况下,可以把数据按大小排列,使每个数据都有自己的"地位",统计学称为秩(rank),大小为 n 的样本也就产生了 n 个秩。这样,问题就简化为对这些秩的研究。这些秩以及由其产生的统计量的性质和分布与原来的总体分布无关,所以也叫作自由分布(distribution-free)。除了与秩有关的方法外,本章还会介绍一些其他的非参数检验方法。需要注意的是,参数检验与非参数检验之间的界限并非泾渭分明,有些统计问题既可以被理解为参数性的,也可以被理解为非参数性的。

一、非参数检验的适用范围

非参数检验常被应用于下述资料的分析。

(1)顺序变量、等级变量的测量资料:按某种属性的不同程度将观察单位分组计数,得到各组观察单位数,这些资料不是精确计量的。

(2)偏态资料:当观察资料成偏态或极端偏态分布而又未经变量变换,或虽经变换但仍未达到正态或近似正态分布时,宜选用非参数检验。

(3)分布形态未知的资料:当观察资料的分布形态未知时,可用非参数检验。

(4)各组数据同质性差:各组数据方差不齐,且不易经变换达到齐性,宜选用非参数检验。

(5)资料的初步分析:当需要迅速得到结果时,也可以用非参数检验方法进行初步分析,然后挑选其中更有意义的部分作进一步分析,包括进一步的参数分析。

非参数检验依然遵循假设检验的基本思想和准则,在缺乏总体分布信息的情况下,利用统计思想、数学方法和技巧构造相应的统计量,检验数据资料是否来自同一个总体。

二、非参数检验的优缺点

和参数检验相比,非参数检验具有以下优点。

(1)一般不需要严格的假设前提。大多数非参数检验方法可用来分析由等级构成的数据资料,要求资料的计量水平较低,因而适用范围比较广泛,这是它与参数检验相比的最大优点。

(2)稳定性。因为对总体分布的条件约束大大放宽,所以一般不需要对总体作过于理想化的假设而使之脱离研究实际,对个别较大的偏离数据也不会太敏感。

(3)多数非参数检验方法所要求的运算比较简单,也较为容易理解,不需要太多的数学基础和统计学知识,可以迅速完成运算,节约时间。

(4)非参数检验方法很适用于小样本、无分布样本、数据污染样本、混杂样本等,且方法简单。心理学研究中,在进行一些规模较大、设计复杂的实验之前,往往需要预实验,预实验的被试数较少,又需要对资料作快速处理,这时采用非参数检验方法比较方便。但非参数检验方法也具有以下缺点。

(1)非参数检验方法的最大不足是未能充分利用资料的全部信息。由于方法简单、使用的计量水平较低,未能充分地使用数据中的信息,对个别数据的变化也不敏感。所以,为追求简单而使用非参数检验方法时,其检验功效要差些。在给定的显著性水平下进行检验时,与参数检验方法相比,非参数检验过程中Ⅱ类错误的概率 β 要大些。

(2)对于大样本资料,如不采用适当的近似计算,会使运算变得十分庞杂。

(3)目前,非参数检验方法还不能处理变量间的"交互作用"。

第二节 符号检验

符号检验(sign test)是利用正、负号的数目对某种假设作出判定的非参数检验方法。

一、符号检验的基本原理

比较两个相关样本的差异,数据来自于顺序量表,通常不能采用 t 检验,这时就可以采用符号检验方法来进行假设检验。它与参数检验中配对样本差异显著性的 t 检验相对应,是根据两个配对样本的每对数据之差的符号(正号或负号)进行的样本差异显著性检验。

符号检验法也是将中数作为集中趋势的量度,虚无假设是配对样本资料差值来自中位数为零的总体。它是将两样本的每对数据之差($X_i - Y_i$)用正负号表示,若两样本没有显著性差异,则正差值与负差值应大致各占一半。

符号检验的基本原理是,计算一组被试分别在实验处理前后接受同样的测试,或者配对的两组分别接受直接测试和实验处理后的测试得到的两组数据是否存在差异,当不能确定总体是否为正态分布时可以使用符号检验。具体做法是:用第二组数据减去对应的第一组数据,得正数记为正号,得负数记为负号,然后作单样本的二项分布检验即可判断正负号数是否存在显著性差异。

二、符号检验的基本步骤

步骤1:提出虚无假设与研究假设。

虚无假设 H_0:甲、乙两个处理差值 d 总体的中位数为0;

研究假设 H_1:甲、乙两个处理差值 d 总体的中位数 $\neq 0$。

此时进行双侧检验。若将 H_1 中的"$\neq$"改为"$<$"或"$>$",则进行单侧检验。

步骤2:计算差值并赋予符号。

计算甲、乙两个处理的配对数据的差值 d,$d > 0$ 则记为"+",$d < 0$ 则记为"-",$d = 0$ 记为"0"。统计"+""-""0"的个数,分别记为 n_+, n_-, n_0,令 $N = n_+ + n_-$。检验的统计量为 k,等于 n_+、n_- 中的较小者,即 $k = \min(n_+, n_-)$。

步骤3:统计推断。

根据 N 值查附表10的符号检验表,得临界值 $k_{0.05(N)}$ 或 $k_{0.01(N)}$。如果 $k > k_{0.05(N)}$,则 $p > 0.05$,不能拒绝虚无假设 H_0,两个实验处理所得结果差异不显著;如果 $k_{0.01(N)} < k \leq k_{0.05(N)}$,则 $0.01 < p < 0.05$,可在0.05显著性水平上否定虚无假设 H_0,接受研究假设 H_1,两个实验处理差异显著;如果 $k \leq k_{0.01(N)}$,则 $p < 0.01$,在0.01显著性水平上拒绝虚无假设 H_0,接受研究假设 H_1,两个实验处理所得结果的差异很显著(当 k 恰好等于临界 k 值时,其确切概率常小于附表10中列出的相应概率)。

【例13-1】 某研究者测定了噪声刺激前后15名成人被试的心率变化,结果如表13-1所示。请问,噪声对这些被试的心率有无显著影响?

表13-1 噪声刺激前后被试的心率

单位:次/分钟

被试号	1	2	3	4	5	6	7	8	9	10	11	12	13	14	15
刺激前	61	70	68	73	85	81	65	62	72	84	76	60	80	79	71
刺激后	75	79	85	77	84	87	88	76	74	81	85	78	88	80	84
差值	-14	-9	-17	-4	1	-6	-23	-14	-2	3	-9	-18	-8	-1	-13
符号	-	-	-	-	+	-	-	-	-	+	-	-	-	-	-

【解】 这是一个配对资料的双侧检验问题。如果采用符号检验,则其检验步骤如下。

步骤 1:提出虚无假设与研究假设。

虚无假设 H_0:噪声刺激前后被试的心率差值 d 总体的中位数 $= 0$;

研究假设 H_1:噪声刺激前后被试的心率差值 d 总体的中位数 $\neq 0$。

步骤 2:计算差值并赋予符号。

经过计算,噪声刺激前后的差值及符号列于表 13-1 中的第 4 行和第 5 行,从而得到 $n_+ = 2$、$n_- = 13$,$N = n_+ + n_- = 2 + 13 = 15$,$k = \min(n_+, n_-) = n_+ = 2$。

步骤 3:统计推断。

当 $N = 15$ 时,查附表 10 得临界值 $k_{0.02(2)} = 2$,所以 $k = 2 = k_{0.02(2)}$,$p < 0.02$,表明噪声刺激对被试的心率影响达到了 0.02 的显著性水平。

在附表 10 中,虽然 N 是从 1 至 90,就是说 N 在这个范围内时都可以查附表 10,但是在实际研究中,当 $N > 25$ 时常近似使用正态分布完成检验。将 N 分成 n_+ 和 n_- 两部分,n_+ 或 n_- 符合二项分布,当 $N > 25$ 时,可将二项分布近似看成正态分布,则 $\mu = np = \frac{1}{2}N$,$\sigma = \sqrt{Npq} = \frac{\sqrt{N}}{2}$。

$$Z = \frac{k - \mu}{\sigma} = \frac{k - \frac{N}{2}}{\frac{\sqrt{N}}{2}} \quad \text{(公式 13-1)}$$

因为二项分布是间断性变量的概率分布,而正态分布是连续变量的概率分布,所以要使用正态分布来分析二项分布的资料时,最好使用连续性校正后的公式来计算 Z 值,即:

$$Z = \frac{(k \pm 0.5) - \frac{N}{2}}{\frac{\sqrt{N}}{2}} \quad \text{(公式 13-2)}$$

当 $k > \frac{N}{2}$ 时,式中括号内要用 $k - 0.5$;当 $k < \frac{N}{2}$ 时,括号内要用 $k + 0.5$。而前面曾规定 k 为 n_+ 和 n_- 中较小的一个,必然有 $k < \frac{N}{2}$,所以使用公式 13-2 时,括号内应为 $k + 0.5$。

需要注意的是,虽然符号检验较简单,但是由于利用的信息较少,所以效率较低。在样本的配对数少于 6 时,此方法几乎无效,不能使用;在样本配对数为 7~12 时,此方法也不敏感,但可以使用;在样本配对数为 20 以上时,符号检验就较为有效。

第三节　符号秩次检验

符号检验会丢失很多信息,因为它只利用了每对数据差值的正负号。为此,威尔克松(F. Wilcoxon)提出了既考虑差值正负号,又考虑差值大小的符号秩次检验方法。符号秩次检验又称为符号等级检验(signed rank test)、符号秩和检验(signed rank-sum test)等,是一种经过改进的符号检验,有时也称为威尔克松检验法(Wilcoxon test)。

一、符号秩次检验的基本原理

符号秩次检验的适用条件与符号检验法相同,也适合配对比较,但它的精确度好于符号检验方法,因为它除了比较各对数据的差值符号外,还要比较各对数据差值大小的秩次高低。

符号秩次检验的基本原理是,首先求出每一对数据的差值 d,若 $d = 0$ 则剔除该对数据。接着对各个差值取绝对值,并将所有差值的绝对值按从小到大的顺序编排并赋予其高低等次,即秩次。最后,将各个差值的正负号标在该差值对应的秩次前。这样,秩次就有了正秩和负秩之分。显然,当两个样本没有显著差异时,正秩和与负秩的和应大致相等。

于是,符号秩次检验的虚无假设就是 H_0:差值 d 总体的中位数 $= 0$。

二、符号秩次检验的基本步骤

步骤1:提出虚无假设与研究假设

虚无假设 H_0:差值 d 总体的中位数 $= 0$;

研究假设 H_1:差值 d 总体的中位数 $\neq 0$。

此时进行双侧检验。若将 H_1 中的"$\neq$"改为"$<$"或"$>$",则进行单侧检验。

步骤2:编秩次与定符号

先计算配对数据的差值 d,然后按 d 的绝对值从小到大编排秩次(注意:差值为零的不参加秩次编排和计算),再根据原差值正负在各秩次前标上正负号。若差值 $d = 0$,则舍去不记,样本数相应地减去 $d = 0$ 的个案数后记为 N;若有若干个差值 d 的绝对值相等,若正负号一致,则按顺序编秩即可,若有符号不同者,则应取平均秩次。编秩后,按差值的正负号给秩次添上符号。

步骤 3:确定检验统计量 T

分别计算正秩次及负秩次的和,正秩次之和用 T_+ 表示,负秩次之和的绝对值用 T_- 表示。T_+ 与 T_- 之和应该正好等于 $N(N+1)/2$,所以此式可验证 T_+ 和 T_- 的计算是否正确,并以绝对值较小的秩和绝对值为检验的统计量 T。

步骤 4:统计推断

将正、负差值的总个数记为 N,根据 N 查附表 11 的符号秩次检验表得到临界值 $T_{0.05(N)}$ 或 $T_{0.01(N)}$。如果 $T > T_{0.05(N)}$,$p > 0.05$,则不能拒绝虚无假设 H_0,两个实验处理的差异量不显著;如果 $T_{0.01(N)} < T \leq T_{0.05(N)}$,$0.01 < p \leq 0.05$,则在 0.05 显著性水平上拒绝虚无假设 H_0,接受研究假设 H_1,两个实验处理之间的差异显著;如果 $T \leq T_{0.01(N)}$,$p \leq 0.01$,则可在 0.01 显著性水平上拒绝虚无假设 H_0,接受研究 H_1,两个实验处理的差异达到很显著的水平(注意:当 T 恰好等于临界 T 值时,其确切概率常小于附表 11 中列出的相应概率)。

【例 13-2】 经配对的两组学生样本分别参加两种条件下的某项测试,测试结果如表 13-2 所示,请用符号秩次检验方法检验两组成绩的差异是否显著。

表 13-2 两组配对样本测试的成绩

次数	1	2	3	4	5	6	7	8	9	10	11	12	13	14	15	16
组 1	81	100	94	75	82	100	98	84	100	66	97	87	86	99	80	91
组 2	74	100	98	78	94	90	99	缺	98	83	97	100	100	79	85	94
d	7	0	-4	-3	-12	10	-1	—	2	-10	0	-13	-14	20	-5	-3
$\|d\|$	7	0	4	3	12	10	1	—	2	10	0	13	14	20	5	3
符号	+		-	-	-	+	-		+	+		-	-	+	-	-

两个数据样本为相关样本,使用符号秩次检验的过程如下。

(1)建立虚无假设和研究假设。

虚无假设 H_0:差值 d 总体的中位数等于 0;

研究假设 H_1:差值 d 总体的中位数不等于 0。

(2)编秩次与定符号。

用每一配对数据中,组 1 中的数减去组 2 中的数,得到两者的差值 d,取 d 的绝对值并记录对应的符号,如表 13-2 所示。将 d 按照绝对值从小到大的顺序排列:

$-1, +2, -3, -3, -4, -5, +7, +10, +10, -12, -13, -14, -20$

于是得到它们的秩次为:

$-1, +2, -3.5, -3.5, -5, -6, +7, +8.5, +8.5, -10, -11, -12, +13$

其中,正的秩次和 $T_+ = 39$;负的秩次和 $T_- = 52$

所以,$T = T_+ = 39$

(3)查附表 11 的符号秩次检验表得到:当 $N = 13$ 时 $T_{0.05(2)} = 17$,$T = 39 > T_{0.05(2)}$,

两个相关的数据样本未达到显著性的差异。

另外,与符号检验同样的道理,当 $N > 25$ 时,T 的分布接近于正态分布,可以使用正态分布进行差异性检验,即:

$$\mu_T = \frac{N(N+1)}{4} \qquad (公式 13-3)$$

$$\sigma_T = \sqrt{\frac{N(N+1)(2N+1)}{24}} \qquad (公式 13-4)$$

因而,检验的统计量 Z 值计算公式为:

$$Z = \frac{T - \mu_T}{\sigma_T} \qquad (公式 13-5)$$

当出现相同秩次较多时,应计算校正统计量 Z_C:

$$Z_C = \frac{\left|\frac{T - n(n+1)}{4}\right| - 0.5}{\dfrac{n(n+1)(2n+1) - 0.5\sum(t_k^3 - t_k)}{24}} \qquad (公式 13-6)$$

式中,t_k 为第 $k(k=1,2,\cdots)$ 个相同差值的个数,假定差值中有 2 个 0.1,3 个 0.2,5 个 0.3,则 $t_1 = 2, t_2 = 3, t_3 = 5$, $\sum(t_k^3 - t_k) = (2^3 - 2) + (3^3 - 3) + (5^3 - 5) = 150$。

需要说明的是,同一个问题既用符号检验又用符号秩次检验时,有可能出现矛盾的结果,这时应该以符号秩次检验的结果为准,因为符号检验只考虑对应数据差值 d 的符号,忽略其差异量的大小,丢失了一部分信息。而符号秩次检验同时考虑了 d 的大小(对其大小进行秩次编排),利用了更多的信息,所得结果的可靠性相对更高。

符号检验和符号秩次检验都是针对连续性数据或者有序分类数据,若要检验每一对二分变量之间的差异是否显著,则应使用麦克内玛检验(McNemar test)。

第四节 秩和检验

秩和(the sum of ranks)即秩次的和,也就是等级之和。这一方法首先由威尔克松提出,后来曼-惠特尼(Mann-Whitney)将其应用到两样本容量不等的情况,因而又称做曼-惠特尼威尔克松秩和检验(Mann-Whitney-Wilcoxon rank sum test)或曼-惠特尼 U 检验法。

一、秩和检验的基本原理

如果要比较两个独立样本的差异性,所给条件又不符合 t 检验的要求,这时可以采用秩和检验法。这是一种检验功效极强的非参数检验方法,适用于两个独立样本的资料。

秩和检验的基本思想是,如果两个样本的观察值没有显著差异,那么把这两组观察值放在一起来排序,总体来说,两个样本中的观测值所占的地位数也应该没有差异。换句话说,如果两个样本来自同一总体,两个样本的观察值的位次就应当分布均匀,不会出现一个样本中的观测值集中在高位次,另一个样本的观测值集中在低位次的情况。

设有两个独立样本的容量分别为 n_1 和 n_2。为了叙述方便,我们设定 $n_1 \leq n_2$,就是说,两个样本的容量可以相等也可以不相等,而且不相等时较小样本的容量记为 n_1。当我们把两个样本中的所有观察值由小到大排序时,各个观察值排列的位次称为秩,各个样本中所有观察值对应的秩的总和称为秩和,用 T 表示。如果两个样本的观察值没有显著差异,那么两个秩和 T 的大小就会比较接近。否则,两个秩和 T 的大小就会相差比较大,可以推测两个样本的观察值有显著差异。

二、秩和检验的基本步骤

步骤1:提出虚无假设与研究假设

虚无假设 H_0:各个样本所分别代表的总体分布位置相同;

研究假设 H_1:各个样本所分别代表的总体分布位置不完全相同。

步骤2:编秩次并计算秩和

将两个样本的所有观测值混合后,按照由小到大的顺序排成 $1,2,\cdots,n$ 个秩次。不同样本的相同观测值,取平均秩次;一个样本内的相同观测值,不求平均秩次。将容量较小的样本(n_1)中各数据的秩次相加,用 T 表示。

步骤3:统计推断

查附表12的秩和检验表,得到 T 值的临界区间值 $[T_1, T_2]$,若 $T \leq T_1$ 或 $T \geq T_2$,则说明两个样本的差异量达到了显著性水平;若 $T_1 < T < T_2$,则说明两个样本的差异量未达到显著性水平。

【例13-3】 某学校两个教学班采用不同的教学方法进行数学教学,经过一个试验周期后,抽测11名学生的数学成绩,结果如下。

甲班学生的数学成绩:76,77,79,81,88;

乙班学生的数学成绩:78,82,85,86,89,91

问两种教学法的教学效果有无显著性差异?(检验显著性水平 $\alpha = 0.05$)

【解】 (1)提出虚无假设与研究假设。

虚无假设 H_0:两种教学法的教学效果无显著差异;

研究假设 H_1:两种教学法的教学效果有显著差异。

(2)编秩次表和计算较小样本的秩和:将两个班学生的数学成绩混合后,按照由小到大的顺序排列,求出对应于每一个观测值的秩次,如表13-3所示。

表 13-3　两个样本中各观测值的秩次

等级	1	2	3	4	5	6	7	8	9	10	11
甲班	76	77		79	81				88		
乙班			78			82	85	86		89	91

计算可以得到较小样本的秩和：$T = 1 + 2 + 4 + 5 + 9 = 21$。

(3) 查附表 12，得 $n_1 = 5, n_2 = 6$ 时，$T_1 = 20, T_2 = 40$，所以本例中 $T_1 < T < T_2$，两个样本的数据差异未达到显著性水平，可以认为两种教学法的教学效果差异性未达到统计学上的显著性。

当两个样本容量都大于 10 时，一般认为秩和 T 的分布接近正态，其平均数和标准差如下：

$$\mu_T = \frac{n_1(n_1 + n_2 + 1)}{2} \quad \text{（公式 13-7）}$$

$$\sigma_T = \sqrt{\frac{n_1 n_2(n_1 + n_2 + 1)}{12}} \quad \text{（公式 13-8）}$$

其中，n_1 为较小的样本容量，即 $n_1 \leq n_2$，这样检验统计量为：

$$Z = \frac{T - \mu_T}{\sigma_T} \quad \text{（公式 13-9）}$$

【例 13-4】　在一项无意义音节记忆实验中，14 名男生（n_2）在一定的时间内记住的无意义音节的保存数量为：19,23,26,24,28,27,23,24,29,25,30,18,25,24；11 名女生（n_1）记住的无意义音节的保存数量为：25,23,27,20,21,18,22,18,17,31,30。问无意义音节的保存数量是否有性别差异？

【解】　将两组的实验数据混合从小到大排序，然后标出男生、女生每个人相应的秩次。结果男生分数的秩次依次为：5,10,18,13,21,19.5,10,13,22,16,23.5,3,16,13；女生分数的秩次依次为：16,10,19.5,6,7,3,8,3,1,25,23.5。

根据定义，女生的秩和为：

$T = 16 + 10 + 19.5 + 6 + 7 + 3 + 8 + 3 + 1 + 25 + 23.5 = 122$

因为本例中的两个样本的容量均超过 10，所以可以近似地采用正态分布来检验。

$$\mu_T = \frac{n_1(n_1 + n_2 + 1)}{2} = \frac{11 \times (11 + 14 + 1)}{2} = 143$$

$$\sigma_T = \sqrt{\frac{n_1 n_2(n_1 + n_2 + 1)}{12}} = \sqrt{\frac{11 \times 14 \times (11 + 14 + 1)}{12}} = 18.27$$

其中，n_1 为较小的样本容量，则有：

$$Z = \frac{T - \mu_T}{\sigma_T} = \frac{122 - 143}{18.27} = -1.149$$

两样本的差异未达到显著性水平,可认为无意义音节的保存量未出现显著的性别差异。

秩和检验关注样本具体观察值的相互关系,比符号检验法对数据信息的利用率高,检验效能较高。在正态总体下可达 t 检验效率的 95%,而在偏态分布总体下,检验效能一般高于 t 检验。

第五节　中位数检验

一、中位数检验的基本原理

中位数检验(median test)与秩和检验的适用条件基本相同,是适合两个独立样本数据差异性的一种非参数检验方法。

中位数检验的基本思想是,如果两个样本的观察值没有显著差异,那么把这两组观察值合并放在一起,各样本中的数据在共同中位数的上、下应各有一半,否则就说明两个样本存在差异,不是来自于同一总体。但是在应用中位数检验时,实际上是将中位数作为集中趋势的量度,因此虚无假设为:两个独立样本是从具有相同中位数的总体中抽取的,它也可以是双侧检验或单侧检验。双侧检验结果若有统计学意义,意味着两个总体的中位数有差异(并没有方向);单侧检验结果若有统计学意义,则表明研究假设"一个总体的中位数大于另一个总体的中位数"成立。

二、中位数检验的基本步骤

步骤 1:提出虚无假设与研究假设

虚无假设 H_0:各个样本所分别代表的各总体分布位置相同;

研究假设 H_1:各个样本所分别代表的各总体分布位置不完全相同。

步骤 2:合并排序并计算共同的中位数

将两个样本的所有观测值混合后,由小到大排序,找出它们共同的中位数。

步骤 3:列四格表

分别找出每个样本中大于共同中位数及小于共同中位数的数据个数,列成四格表。

步骤 4:统计推断

对四格表进行 χ^2 检验。若 χ^2 检验结果显著,则说明两个样本的集中趋势(中位数)

差异显著。

【例 13-5】 假设某医疗研究机构研制了一种治疗儿童多动症的药物,为了试验此种药物是否有效,研究人员筛选了 20 名多动症儿童参加试验。为了试验的实施,他们编制了甲、乙两套学习材料,这两套材料经检验在难度等方面相当,分别用于前测和后测。为了更可靠地进行比较,他们选取了年龄相近的某年级一个班的学生(30 人)作为对照组。实验分三个阶段进行:第一阶段是实验组和控制组均使用甲套材料进行前测,即均在同样长的时间里学习材料甲,然后检测学习成绩;第二阶段,多动症儿童接受药物治疗,而控制组不接受;第三阶段是两个组儿童各自都学习材料乙并进行学习效果的测试,这是后测。试验的结果如表 13-4 所示。

表 13-4 不等组实验组控制组前测后测设计研究数据

实验组			控制组		
前测	后测	变化量	前测	后测	变化量
20	36	16.00	40	45	5.00
25	30	5.00	55	50	-5.00
40	38	-2.00	35	40	5.00
20	50	30.00	60	65	5.00
30	40	10.00	65	65	0.00
40	55	15.00	50	60	10.00
30	45	15.00	35	40	5.00
20	30	10.00	40	50	10.00
50	60	10.00	55	60	5.00
30	45	15.00	50	65	15.00
30	40	10.00	40	55	15.00
25	45	20.00	35	40	5.00
30	50	20.00	30	40	10.00
40	45	5.00	40	55	15.00
50	70	20.00	50	55	5.00
30	50	20.00	60	65	5.00
40	55	15.00	60	70	10.00
30	35	5.00	50	60	10.00
20	45	25.00	55	65	10.00
50	60	10.00	65	60	-5.00
			40	55	15.00
			45	50	5.00
			40	50	10.00
			30	45	15.00

续表

实验组			控制组		
前测	后测	变化量	前测	后测	变化量
			40	45	5.00
			50	65	15.00
			60	65	5.00
			65	70	5.00
			50	70	20.00
			40	55	15.00

【解】 假设两个样本 X 和 Y 是来自有相同分布的总体,于是可以认为来自 X 的随机样本 $X_1, X_2, X_3, \cdots, X_{n1}$ 的中位数和来自 Y 的随机样本 $Y_1, Y_2, Y_3, \cdots, Y_{n2}$ 的中位数也应该大致相同。如果两个样本的中位数差异较大,则应否定两总体 X 和 Y 取值的平均状况相同的假设,或者说 X 和 Y 不具有相同的分布律。

步骤1:计算实验组 X 的后测与前测的差异量,控制组 Y 的后测与前测的差异量。

X: 16 5 −2 30 10 15 15 10 10 15 10 20 20 5 20 20 15 5 25 10

Y: 5 −5 5 0 10 5 10 5 15 15 10 15 5 5 10 10 10 −5 15 5 10 15 5 15 5 5 20 15

步骤2:计算样本 X 和样本 Y 的数据合并后数据的中位数 m,按从小到大的顺序排列合并样本的数据。

−5 −5 −2 0 5 5 5 5 5 5 5 5 5 5 5 5 5 5 10 10 10 10 10 10 10 10 10 10 15 15 15 15 15 15 15 15 15 15 16 20 20 20 20 20 25 30

计算合并样本的中位数,得到 $m = 10.00$。

步骤3:统计出 X 样本和 Y 样本中大于 m 和小于 m 的个案数,如表13−5 所示。

表13−5 两组成绩中位数的 χ^2 检验用表

组别	$>m$ 的个数	$\leq m$ 的个数	合计
实验组	$a = 11$	$b = 9$	20
控制组	$c = 8$	$d = 22$	30
合计	19	31	50

于是得到卡方值:

$$\chi^2 = \frac{N(ad - bc)^2}{(a+b)(c+d)(a+c)(b+d)} = 4.089$$

当 $df = 1$ 时,查附表9的 χ^2 分布临界值表得到 $\chi^2_{0.05} = 3.84$,所以本研究中 $\chi^2 > \chi^2_{0.05}$,样本 X 和样本 Y 在前测和后测的成绩变化具有显著性差异,表明引入的实验处理对实验组产生了明显影响。从具体数据可以看出,实验组的后测成绩更明显地高于前测成绩,因此可以说,多动症儿童在服用药物之后其学习成绩提高的幅度比控制组儿童成绩提高的幅度要大。

需要注意的是,如果任何一个单元格中期望次数低于1,或者有超过20%的单元格中的期望次数低于5时,就不能使用中位数检验法。

关键词

符号检验、符号秩次检验、秩和检验、中位数检验

练习与思考

1. 参数检验与非参数检验有何区别?各有什么优缺点?
2. 为什么在秩和检验编秩次时不同组间出现相同数据要给予"平均秩次",而同一组的相同数据不必计算"平均秩次"?
3. 专家甲、乙对7名参加比赛的选手评定的等级如表13-6所示。问甲、乙两人评定结果是否相似?

表 13-6 专家甲、乙对 7 名选手评定的结果

序号	1	2	3	4	5	6	7
甲	4号	1号	6号	5号	3号	2号	7号
乙	4号	2号	5号	6号	1号	3号	7号

4. 用高低两种不同声音信号作为刺激,测量被试的反应时,10名被试的反应时测量结果如下,问高低声音信号对反应时的测量结果有无影响($\alpha = 0.05$)?

高:365,372,382,394,403,412,428,439,446,481

低:376,388,389,391,409,411,437,439,456,458

5. 请10名被试评价比较两种果汁的质量,如果被试认为第一种果汁的质量好,记为"+",如果被试认为第二种果汁的质量好,记为"-"。评价比较的结果如下,问两种果汁的质量是否有差异?

被试号码:1, 2, 3, 4, 5, 6, 7, 8, 9, 10

评价结果:+, +, +, 0, -, -, +, +, +, +

6. 由10名员工组成一个评估小组,每个员工都对某5名领导的管理方式进行评估(见表13-7),问能否说员工对某些领导比对其他领导更喜欢($\alpha = 0.05$)?

表 13－7 10 位员工对 5 位领导的评估

员工	领导				
	A	B	C	D	E
1	1	3	2	4	5
2	2	3	1	5	4
3	1	4	2	3	5
4	1	2	3	5	4
5	2	1	3	4	5
6	2	3	1	5	4
7	1	2	4	3	5
8	2	1	3	4	5
9	1	2	4	3	5
10	2	1	3	4	5

课程资源

中位数检验的过程(视频 13－1)

非参数检验的案例(视频 13－2)

附录

统计用表

附表1　随机数表

Row/Col	（1）	（2）	（3）	（4）	（5）	（6）	（7）	（8）	（9）	（10）
00000	10097	32533	76520	13586	34673	54876	80959	09117	39292	74945
00001	37542	04805	64894	74296	24805	24037	20636	10402	00822	91665
00002	08422	68953	19645	09303	23209	02560	15953	34764	35080	33606
00003	99019	02529	09376	70715	38311	31165	88676	74397	04436	27659
00004	12807	99970	80157	36147	64032	36653	98951	16877	12171	76833
00005	66065	74717	34072	76850	36697	36170	65813	39885	11199	29170
00006	31060	10805	45571	82406	35303	42614	86799	07439	23403	09732
00007	85269	77602	02051	65692	68665	74818	73053	85247	18623	88579
00008	63573	32135	05325	47048	90553	57548	28468	28709	83491	25624
00009	73796	45753	03529	64778	35808	34282	60935	20344	35273	88435
00010	98520	17767	14905	68607	22109	40558	60970	93433	50500	73998
00011	11805	05431	39808	27732	50725	68248	29405	24201	52775	67851
00012	83452	99634	06288	98083	13746	70078	18475	40610	68711	77817
00013	88685	40200	86507	58401	36766	67951	90364	76493	29609	11062
00014	99594	67348	87517	64969	91826	08928	93785	61368	23478	34113
00015	65481	17674	17468	50950	58047	76974	73039	57186	40218	16544
00016	80124	35635	17727	08015	45318	22374	21115	78253	14385	53763
00017	74350	99817	77402	77214	43236	00210	45421	64237	96286	02655
00018	69916	26803	66252	29148	36936	87203	76621	13990	94400	56418
00019	09893	20505	14225	68514	46427	56788	96297	78822	54382	14598
00020	91499	14523	68479	27686	46162	83554	94750	89923	37089	20048
00021	80336	94598	26940	36858	70297	34135	53140	33340	42050	82341
00022	44104	81949	85157	47954	32979	26575	57600	40881	22222	06413
00023	12550	73742	11100	02040	12860	74697	96644	89439	28707	25815
00024	63606	49329	16505	34484	40219	52563	43651	77082	07207	31790

续表

Row/Col	(1)	(2)	(3)	(4)	(5)	(6)	(7)	(8)	(9)	(10)
00025	61196	90446	26457	47774	51924	33729	65394	59593	42582	60527
00026	15474	45266	95270	79953	59367	83848	82396	10118	33211	59466
00027	94557	28573	67897	54387	54622	44431	91190	42592	92927	45973
00028	42481	16213	97344	08721	16868	48767	03071	12059	25701	46670
00029	23523	78317	73208	89837	68935	91416	26252	29663	05522	82562
00030	04493	52494	75246	33824	45862	51025	61962	79335	65337	12472
00031	00549	97654	64051	88159	96119	63896	54692	82391	23287	29529
00032	35963	15307	26898	09354	3351	35462	77974	50024	90103	39333
00033	59808	08391	45427	26842	83609	49700	13021	24892	78565	20106
00034	46058	85236	01390	92286	77281	44077	93910	83647	70617	42941
00035	32179	00597	87379	25241	05567	07007	86743	17157	85394	11838
00036	69234	61406	20117	45204	15956	60000	18743	92423	97118	96338
00037	19565	41430	01758	75379	40419	21585	66674	36806	84962	85207
00038	45155	14938	19476	07246	43667	94543	59047	90033	20826	69541
00039	94864	31994	36168	10851	34888	81553	01540	35456	05014	51176
00040	98086	24826	45240	28404	44999	08896	39094	73407	35441	31880
00041	33185	16232	41941	50949	89435	48581	88695	41994	37548	73043
00042	80951	00406	96382	70774	20151	23387	25016	25298	94624	61171
00043	79752	49140	71961	28296	69861	02591	74852	20539	00387	59579
00044	18633	32537	98145	06571	31010	24674	05455	61427	77938	91936
00045	74029	43902	77557	32270	97790	17119	52527	58021	80814	51748
00046	54178	45611	80993	37143	05335	12969	56127	19255	36040	90324
00047	11664	49883	52079	84827	59381	71539	09973	33440	88461	23356
00048	48324	77928	31249	64710	02295	36870	32307	57546	15020	09994
00049	69074	94138	87637	91976	35584	04401	10518	21616	01848	76938

附表2 标准正态分布表
（曲线下的面积与纵高）

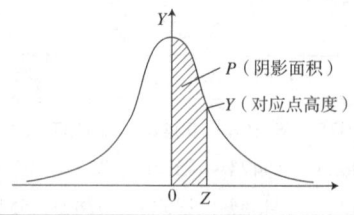

Z	Y	P	Z	Y	P	Z	Y	P
0.00	0.39894	0.00000	0.30	0.38139	0.11791	0.60	0.33322	0.22575
0.01	0.39892	0.00399	0.31	0.38023	0.12172	0.61	0.33121	0.22907
0.02	0.39886	0.00798	0.32	0.37903	0.12552	0.62	0.32918	0.23237
0.03	0.39876	0.01197	0.33	0.37780	0.12930	0.63	0.32713	0.23565
0.04	0.39862	0.01595	0.34	0.37654	0.13307	0.64	0.32506	0.23891
0.05	0.39844	0.01994	0.35	0.37524	0.13683	0.65	0.32297	0.24215
0.06	0.39822	0.02392	0.36	0.37391	0.14058	0.66	0.32086	0.24537
0.07	0.39797	0.02790	0.37	0.37255	0.14431	0.67	0.31874	0.24857
0.08	0.39767	0.03188	0.38	0.37115	0.14803	0.68	0.31659	0.25175
0.09	0.39733	0.03586	0.39	0.36973	0.15173	0.69	0.31443	0.25490
0.10	0.39695	0.03983	0.40	0.36827	0.15542	0.70	0.31225	0.25804
0.11	0.39654	0.04380	0.41	0.36678	0.15910	0.71	0.31006	0.26115
0.12	0.39608	0.04776	0.42	0.36526	0.16276	0.72	0.30785	0.26424
0.13	0.39559	0.05172	0.43	0.36371	0.16640	0.73	0.30563	0.23730
0.14	0.39505	0.05567	0.44	0.36213	0.17003	0.74	0.30339	0.27035
0.15	0.39448	0.05962	0.45	0.36053	0.17364	0.75	0.30114	0.27337
0.16	0.39387	0.06356	0.46	0.35889	0.17724	0.76	0.29887	0.27637
0.17	0.39322	0.06749	0.47	0.35723	0.18082	0.77	0.29659	0.27935
0.18	0.39253	0.07142	0.48	0.35553	0.18439	0.78	0.29431	0.28230
0.19	0.39181	0.07535	0.49	0.35381	0.18793	0.79	0.29200	0.28524
0.20	0.39104	0.07926	0.50	0.35207	0.19146	0.80	0.28969	0.28814
0.21	0.39024	0.08317	0.51	0.35029	0.19497	0.81	0.28737	0.29103
0.22	0.38940	0.08706	0.52	0.34849	0.19847	0.82	0.28504	0.29389
0.23	0.38853	0.09095	0.53	0.34667	0.20194	0.83	0.28269	0.29673
0.24	0.38762	0.09483	0.54	0.34482	0.20540	0.84	0.28034	0.29955
0.25	0.38667	0.09871	0.55	0.34294	0.20884	0.85	0.27798	0.30234
0.26	0.38568	0.10257	0.56	0.34105	0.21226	0.86	0.27562	0.30511
0.27	0.38466	0.10642	0.57	0.33912	0.21566	0.87	0.27324	0.30785
0.28	0.38361	0.11026	0.58	0.33718	0.21904	0.88	0.27986	0.31057
0.29	0.38251	0.11409	0.59	0.33521	0.22240	0.89	0.28848	0.31327

续表

Z	Y	P	Z	Y	P	Z	Y	P
0.90	0.26609	0.31594	1.20	0.19419	0.38493	1.50	0.12952	0.43319
0.91	0.26369	0.31859	1.21	0.19186	0.38686	1.51	0.12758	0.43448
0.92	0.26129	0.32121	1.22	0.18954	0.38877	1.52	0.12566	0.43574
0.93	0.25888	0.32381	1.23	0.18724	0.39065	1.53	0.12376	0.43699
0.94	0.25647	0.32639	1.24	0.18494	0.39251	1.54	0.12188	0.43822
0.95	0.25406	0.32894	1.25	0.18265	0.39435	1.55	0.12001	0.43943
0.96	0.25164	0.33147	1.26	0.18037	0.39617	1.56	0.11816	0.44062
0.97	0.24923	0.33398	1.27	0.17810	0.39796	1.57	0.11632	0.44179
0.98	0.24681	0.33646	1.28	0.17585	0.39973	1.58	0.11450	0.44295
0.99	0.24439	0.33891	1.29	0.17360	0.40147	1.59	0.11270	0.44408
1.00	0.24197	0.34134	1.30	0.17137	0.40320	1.60	0.11092	0.44520
1.01	0.23955	0.34375	1.31	0.16915	0.40490	1.61	0.10915	0.44630
1.02	0.23713	0.34614	1.32	0.16694	0.40658	1.62	0.10741	0.44738
1.03	0.23471	0.34850	1.33	0.16474	0.40824	1.63	0.10567	0.44845
1.04	0.23230	0.35083	1.34	0.16256	0.40988	1.64	0.10396	0.44950
1.05	0.22988	0.35314	1.35	0.16038	0.41149	1.65	0.10226	0.45053
1.06	0.22747	0.35543	1.36	0.15822	0.41309	1.66	0.10059	0.45154
1.07	0.22506	0.35769	1.37	0.15608	0.41466	1.67	0.09893	0.45254
1.08	0.22265	0.35993	1.38	0.15395	0.41621	1.68	0.09728	0.45352
1.09	0.22025	0.36214	1.39	0.15183	0.41774	1.69	0.09566	0.45449
1.10	0.21785	0.36433	1.40	0.14973	0.41924	1.70	0.09405	0.45543
1.11	0.21546	0.36650	1.41	0.14764	0.42073	1.71	0.09246	0.45637
1.12	0.21307	0.36864	1.42	0.14556	0.42220	1.72	0.09089	0.45728
1.13	0.21069	0.37076	1.43	0.14350	0.42364	1.73	0.08933	0.45818
1.14	0.20831	0.37286	1.44	0.14146	0.42507	1.74	0.08780	0.45907
1.15	0.20594	0.37493	1.45	0.13943	0.42647	1.75	0.08628	0.45994
1.16	0.20357	0.37698	1.46	0.13742	0.42786	1.76	0.08478	0.46080
1.17	0.20121	0.37900	1.47	0.13542	0.42922	1.77	0.08329	0.46164
1.18	0.19886	0.38100	1.48	0.13344	0.43056	1.78	0.08183	0.46246
1.19	0.19652	0.38298	1.49	0.13147	0.43189	1.79	0.08038	0.46327

续表

Z	Y	P	Z	Y	P	Z	Y	0P
1.80	0.07895	0.46407	2.10	0.04398	0.48214	2.40	0.02239	0.49180
1.81	0.07754	0.46485	2.11	0.04307	0.48257	2.41	0.02186	0.49202
1.82	0.07614	0.46562	2.12	0.04217	0.48300	2.42	0.02134	0.49224
1.83	0.07477	0.46638	2.13	0.04128	0.48341	2.43	0.02083	0.49245
1.84	0.07341	0.46712	2.14	0.04041	0.48382	2.44	0.02033	0.49266
1.85	0.07206	0.46784	2.15	0.03955	0.48422	2.45	0.01984	0.49286
1.86	0.07074	0.46856	2.16	0.03871	0.48461	2.46	0.01936	0.49305
1.87	0.06943	0.48926	2.17	0.03788	0.48500	2.47	0.01889	0.49324
1.88	0.06814	0.46995	2.18	0.03706	0.48537	2.48	0.01842	0.49343
1.89	0.06687	0.47062	2.19	0.03626	0.48574	2.49	0.01797	0.49361
1.90	0.06562	0.47128	2.20	0.03547	0.48610	2.50	0.01753	0.49379
1.91	0.06439	0.47193	2.21	0.03470	0.48645	2.51	0.01709	0.49396
1.92	0.06316	0.47257	2.22	0.03394	0.48679	2.52	0.01667	0.49413
1.93	0.06195	0.47320	2.23	0.03319	0.48713	2.53	0.01625	0.49430
1.94	0.06077	0.47381	2.24	0.03246	0.48745	2.54	0.01585	0.49446
1.95	0.05959	0.47441	2.25	0.03174	0.48778	2.55	0.01545	0.44961
1.96	0.05844	0.47500	2.26	0.03103	0.48809	2.56	0.01506	0.49477
1.97	0.05730	0.47558	2.27	0.03034	0.48840	2.57	0.01468	0.49492
1.98	0.05618	0.47615	2.28	0.02965	0.48870	2.58	0.01431	0.49506
1.99	0.05508	0.47670	2.29	0.02898	0.48899	2.59	0.01394	0.49520
2.00	0.05399	0.47725	2.30	0.02833	0.48928	2.60	0.01358	0.49534
2.01	0.02592	0.47778	2.31	0.02768	0.48956	2.61	0.01323	0.49547
2.02	0.05186	0.47831	2.32	0.02705	0.48983	2.62	0.01289	0.49560
2.03	0.05082	0.47882	2.33	0.02643	0.49010	2.63	0.01256	0.49573
2.04	0.04980	0.47982	2.34	0.02582	0.49036	2.64	0.01223	0.49585
2.05	0.04879	0.47982	2.35	0.02522	0.49061	2.65	0.01191	0.49598
2.06	0.04780	0.48030	2.36	0.02463	0.49086	2.66	0.01160	0.49609
2.07	0.04682	0.48077	2.37	0.02406	0.49111	2.67	0.01130	0.49621
2.08	0.04586	0.48124	2.38	0.02349	0.49134	2.68	0.01100	0.49632
2.09	0.04491	0.48169	2.39	0.02294	0.49158	2.69	0.01071	0.49643

续表

Z	Y	P	Z	Y	P	Z	Y	P
2.70	0.01042	0.49653	3.00	0.00443	0.49865	3.30	0.00172	0.49952
2.71	0.01014	0.49664	3.01	0.00430	0.49869	3.31	0.00167	0.49953
2.72	0.00987	0.49674	3.02	0.00417	0.49874	3.32	0.00161	0.49955
2.73	0.00961	0.49683	3.03	0.00405	0.49878	3.33	0.00156	0.49957
2.74	0.00935	0.49693	3.04	0.00393	0.49882	3.34	0.00151	0.49958
2.75	0.00909	0.49702	3.05	0.00381	0.49886	3.35	0.00146	0.49960
2.76	0.00885	0.49711	3.06	0.00370	0.49889	3.36	0.00141	0.49961
2.77	0.00861	0.49720	3.07	0.00358	0.49893	3.37	0.00136	0.49962
2.78	0.00837	0.49728	3.08	0.00348	0.49897	3.38	0.00132	0.49964
2.79	0.00814	0.49736	3.09	0.00337	0.49900	3.39	0.00127	0.49965
2.80	0.00792	0.49744	3.10	0.00327	0.49903	3.40	0.00123	0.49966
2.81	0.00770	0.49752	3.11	0.00317	0.49906	3.41	0.00119	0.49968
2.82	0.00748	0.49760	3.12	0.00307	0.49910	3.42	0.00115	0.49969
2.83	0.00727	0.49767	3.13	0.00298	0.49913	3.43	0.00111	0.49970
2.84	0.00707	0.49774	3.14	0.00288	0.49916	3.44	0.00107	0.49971
2.85	0.00687	0.49781	3.15	0.00279	0.49918	3.45	0.00104	0.49972
2.86	0.00668	0.49788	3.16	0.00271	0.49921	3.46	0.00100	0.49973
2.87	0.00649	0.49795	3.17	0.00262	0.49924	3.47	0.00097	0.49974
2.88	0.00631	0.49801	3.18	0.00251	0.49926	3.48	0.00094	0.49975
2.89	0.00613	0.49807	3.19	0.00246	0.49929	3.49	0.00090	0.49976
2.90	0.00525	0.49813	3.20	0.00238	0.49931	3.50	0.00087	0.49977
2.91	0.00578	0.49819	3.21	0.00231	0.49934	3.51	0.00084	0.49978
2.92	0.00562	0.49825	3.22	0.00224	0.49936	3.52	0.00081	0.49978
2.93	0.00545	0.49831	3.23	0.00216	0.49938	3.53	0.00079	0.49979
2.94	0.00530	0.49836	3.24	0.00210	0.49940	3.54	0.00076	0.49980
2.95	0.00514	0.49841	3.25	0.00203	0.49942	3.55	0.00073	0.49981
2.96	0.00499	0.49846	3.26	0.00196	0.49944	3.56	0.00071	0.49981
2.97	0.00485	0.49851	3.27	0.00190	0.49946	3.57	0.00068	0.49982
2.98	0.00471	0.49856	3.28	0.00184	0.49948	3.58	0.00066	0.49983
2.99	0.00457	0.49861	3.29	0.00178	0.49950	3.59	0.00063	0.49983

续表

Z	Y	P	Z	Y	P	Z	Y	P
3.60	0.00061	0.49984	3.75	0.00035	0.49991	3.90	0.00020	0.49995
3.61	0.00059	0.49986	3.76	0.00034	0.49992	3.91	0.00019	0.49995
3.62	0.00057	0.49985	3.77	0.00033	0.49992	3.92	0.00018	0.49996
3.63	0.00055	0.49986	3.78	0.00031	0.49992	3.93	0.00018	0.49996
3.64	0.00053	0.49986	3.79	0.00030	0.49992	3.94	0.00017	0.49996
3.65	0.00051	0.49987	3.80	0.00029	0.49993	3.95	0.00016	0.49996
3.66	0.00049	0.49987	3.81	0.00028	0.49993	3.96	0.00016	0.49996
3.67	0.00047	0.49988	3.82	0.00027	0.49993	3.97	0.00015	0.49996
3.68	0.00046	0.49988	3.83	0.00026	0.49994	3.98	0.00014	0.49997
3.69	0.00044	0.49989	3.84	0.00025	0.49994	3.99	0.00014	0.49997
3.70	0.00042	0.49989	3.85	0.00024	0.49994			
3.71	0.00041	0.49990	3.86	0.00023	0.49994			
3.72	0.00039	0.49990	3.87	0.00022	0.49995			
3.73	0.00038	0.49990	3.88	0.00021	0.49995			
3.74	0.00037	0.49991	3.89	0.00021	0.49995			

附表 3　t 值表（单、双侧检验）

df	（单侧检验用）					
	0.25	0.10	0.05	0.025	0.01	0.005
	（双侧检验用）					
	0.50	0.20	0.10	0.05	0.02	0.01
1	1.000	3.078	6.314	12.706	31.821	63.657
2	0.816	1.886	2.920	4.303	6.965	9.925
3	0.765	1.638	2.353	3.182	4.541	5.841
4	0.741	1.533	2.132	2.776	3.747	4.604
5	0.727	1.476	2.015	2.571	3.365	4.032
6	0.718	1.440	1.943	2.447	3.143	3.707
7	0.711	1.415	1.896	2.365	2.998	3.499
8	0.706	1.397	1.860	2.306	2.896	3.355
9	0.703	1.383	1.833	2.262	2.821	3.250
10	0.700	1.372	1.812	2.228	2.764	3.169
11	0.697	1.363	1.796	2.201	2.718	3.106
12	0.695	1.356	1.782	2.179	2.681	3.055
13	0.694	1.350	1.771	2.160	2.650	3.012
14	0.692	1.345	1.761	2.145	2.624	2.977
15	0.691	1.341	1.753	2.131	2.602	2.947
16	0.690	1.337	1.746	2.120	2.583	2.921
17	0.689	1.333	1.740	2.110	2.567	2.898
18	0.688	1.330	1.734	2.101	2.552	2.878
19	0.688	1.328	1.729	2.093	2.539	2.861
20	0.687	1.325	1.725	2.086	2.528	2.845
21	0.686	1.323	1.721	2.080	2.518	2.831
22	0.686	1.321	1.717	2.074	2.508	2.819
23	0.685	1.319	1.714	2.069	2.500	2.807
24	0.685	1.318	1.711	2.064	2.492	2.797
25	0.684	1.316	1.708	2.060	2.485	2.787
26	0.684	1.315	1.706	2.056	2.479	2.779
27	0.684	1.314	1.703	2.052	2.473	2.771
28	0.683	1.313	1.701	2.048	2.467	2.763
29	0.683	1.311	1.699	2.045	2.462	2.756
30	0.683	1.310	1.697	2.042	2.457	2.750
40	0.681	1.303	1.684	2.021	2.423	2.704
60	0.679	1.296	1.671	2.000	2.390	2.660
120	0.677	1.289	1.658	1.980	2.358	2.617
∞	0.674	1.282	1.645	1.960	2.326	2.576

附表4 F值表（双侧检验）

分母 df	a	分子 df																	
		1	2	3	4	5	6	7	8	9	10	12	15	20	24	30	40	60	120	∞
1	0.05	647.8	799.5	864.2	899.5	921.8	937.1	948.2	956.7	963.3	968.6	976.7	984.9	993.1	997.2	1001.0	1006.0	1010.0	1014.0	1018.0
	0.01	16211.0	20000.0	21615.0	22500.0	23056.0	23437.0	23715.0	23925.0	24091.0	24224	24426.0	24630.0	24836.0	24940.0	25044.0	25148.0	25253.0	25359.0	2546.5
2	0.05	38.51	39.00	39.17	39.25	39.30	39.33	39.36	39.37	39.39	39.40	39.41	39.43	39.45	39.46	39.46	39.47	39.48	39.49	39.50
	0.01	199.5	199.0	199.2	199.2	199.3	199.3	199.4	199.4	199.4	199.4	199.4	199.4	199.4	199.5	199.5	199.5	199.5	199.5	199.50
3	0.05	17.44	16.04	15.44	15.10	14.88	14.73	14.62	14.54	14.47	14.42	14.34	14.25	14.17	14.12	14.08	14.04	13.99	13.95	13.90
	0.01	55.55	49.80	47.47	46.19	45.39	44.84	44.43	44.13	43.88	43.69	43.39	43.08	42.78	42.62	42.47	42.31	42.15	41.99	41.83
4	0.05	12.22	10.65	9.98	9.60	9.36	9.20	9.07	8.98	8.90	8.84	8.75	8.66	8.56	8.51	8.46	8.41	8.36	8.31	8.26
	0.01	31.33	26.28	24.26	23.15	22.46	21.97	21.62	21.36	21.14	20.97	20.70	20.44	20.17	20.03	19.89	19.75	19.61	19.47	19.32
5	0.05	10.01	8.43	7.76	7.39	7.15	6.98	6.85	6.76	6.68	6.62	6.52	6.43	6.33	6.28	6.23	6.18	6.12	6.07	5.02
	0.01	22.78	18.31	16.53	15.56	14.94	14.51	14.20	13.96	13.71	13.62	13.38	13.15	12.90	12.78	12.66	12.53	12.40	12.27	12.14
6	0.05	8.81	7.26	6.60	6.23	5.99	5.82	5.70	5.60	5.52	5.46	5.37	5.27	5.17	5.12	5.07	5.01	4.96	4.90	4.85
	0.01	18.63	14.54	12.92	12.03	11.46	11.07	10.79	10.57	10.39	10.25	10.03	9.81	9.59	9.47	9.36	9.24	9.12	9.00	8.88
7	0.05	8.07	6.54	5.89	5.52	5.29	5.12	4.99	4.90	4.82	4.76	4.67	4.57	4.47	4.42	4.36	4.31	4.25	4.20	4.14
	0.01	16.24	12.40	10.88	10.05	9.52	9.16	8.89	8.68	8.61	8.38	8.18	7.97	7.75	7.65	7.53	7.42	7.31	7.19	7.08
8	0.05	7.57	6.06	5.42	5.05	4.82	4.65	4.53	4.43	4.36	4.30	4.20	4.10	4.00	3.95	3.89	3.84	7.78	3.73	3.57
	0.01	14.69	11.04	9.50	8.81	8.30	7.95	7.69	7.50	7.34	7.21	7.01	6.81	6.61	6.50	6.40	6.29	6.18	6.06	6.95
9	0.05	7.21	5.71	5.08	4.72	4.48	4.32	4.20	4.10	4.03	3.96	3.87	3.77	3.67	3.61	3.54	3.54	3.45	3.39	3.33
	0.01	13.61	10.11	8.72	7.96	7.47	7.13	6.88	6.69	6.54	6.42	6.23	6.03	5.83	5.73	5.42	5.52	5.41	5.30	5.19

续表

分母 df	α	分子 df																
		1	2	3	4	5	6	7	8	9	10	12	15	20	24	30	40	60	120	∞
10	0.05	6.94	5.46	4.83	4.47	4.24	4.07	3.95	3.85	3.78	3.72	3.62	3.52	3.42	3.37	3.31	3.26	3.20	3.14	3.08
	0.01	12.83	9.43	8.08	7.34	6.87	6.54	6.30	6.12	5.97	5.85	5.66	5.47	5.27	5.17	5.07	4.97	4.86	4.75	4.64
12	0.05	6.55	5.10	4.47	4.12	3.89	3.73	3.61	3.51	3.44	3.37	3.28	3.18	3.07	3.02	2.96	2.91	2.85	2.79	2.72
	0.01	11.75	8.51	7.23	6.52	6.07	5.76	5.52	5.35	5.20	5.09	4.91	4.72	4.53	4.43	4.33	4.23	4.12	4.01	3.90
15	0.05	6.20	4.77	4.15	3.80	3.58	3.41	3.29	3.20	3.12	3.06	2.96	2.86	2.76	2.70	2.64	2.59	2.52	2.46	2.40
	0.01	10.80	7.70	6.48	5.80	5.37	5.07	4.85	4.67	4.54	4.42	4.25	4.07	3.88	3.79	3.69	3.58	3.48	3.37	3.26
20	0.05	5.87	4.46	3.86	3.51	3.29	3.13	3.01	2.91	2.84	2.77	2.68	2.57	2.46	2.41	2.35	2.29	2.22	2.16	2.09
	0.01	9.94	6.99	5.82	5.17	4.76	4.47	4.26	4.09	3.96	3.85	3.68	3.50	3.32	3.22	3.12	3.02	2.92	2.81	2.59
24	0.05	5.72	4.32	3.72	3.38	3.15	2.99	2.87	2.78	2.70	2.64	2.54	2.44	2.33	2.27	2.21	2.15	2.08	2.01	1.94
	0.01	9.55	6.66	5.52	4.89	4.49	4.20	3.99	3.83	3.69	3.59	3.42	3.25	3.06	2.97	2.87	2.77	2.65	2.55	2.43
30	0.05	5.57	4.18	3.59	3.25	3.03	2.87	2.75	2.65	2.57	2.51	2.41	2.31	2.20	2.14	2.07	2.01	1.94	1.87	1.79
	0.01	9.18	6.35	5.24	4.62	4.23	3.95	3.74	3.58	3.45	3.34	3.18	3.01	2.82	2.73	2.63	2.52	2.42	2.30	2.18
40	0.05	5.42	4.05	3.46	3.13	2.90	2.74	2.62	2.53	2.45	2.39	2.29	2.18	2.07	2.01	1.94	1.88	1.80	1.72	1.64
	0.01	8.83	6.07	4.98	4.37	3.99	3.71	3.51	3.35	3.22	3.12	2.95	2.78	2.60	2.50	2.40	2.30	2.18	2.06	1.93
60	0.05	5.29	3.93	3.34	3.01	2.79	2.63	2.51	2.41	2.33	2.27	2.17	2.06	1.94	1.88	1.82	1.74	1.67	1.58	1.48
	0.01	8.49	5.79	4.73	4.14	3.76	3.49	3.29	3.13	3.01	2.90	2.74	2.57	2.39	2.29	2.19	2.08	1.98	1.83	1.69
120	0.05	5.15	3.80	3.23	2.89	2.67	2.52	2.39	2.30	2.22	2.16	2.05	1.94	1.82	1.76	1.69	1.61	1.53	1.43	1.31
	0.01	8.13	5.54	4.50	3.92	3.55	3.28	3.09	2.93	2.81	2.71	2.54	2.37	2.19	2.09	1.98	1.87	1.75	1.61	1.43
∞	0.05	5.02	3.69	3.12	2.79	2.57	2.41	2.29	2.19	2.11	2.05	1.94	1.83	1.71	1.64	1.57	1.48	1.39	1.27	1.00
	0.01	7.88	5.30	4.28	3.72	3.33	3.09	2.90	2.74	2.62	2.52	2.36	2.19	2.00	1.90	1.79	1.67	1.53	1.36	1.00

附表5　F值表（单侧检验）

分母 df	α	\multicolumn{20}{c}{分子 df}
		1	2	3	4	5	6	7	8	9	10	11	12	14	16	20	24	30	40	50	75	100	200	500	∞
1	0.05	161	200	216	225	230	234	237	239	241	242	243	244	245	246	248	249	250	251	252	253	253	254	254	254
	0.01	4052	4999	5403	5625	5764	5859	5928	5981	6022	6056	6082	6016	6142	6169	6208	6234	6258	6286	6302	6323	6334	6352	6361	6366
2	0.05	18.51	19.00	19.16	19.25	19.30	19.33	19.36	19.37	19.38	19.39	19.40	19.41	19.42	19.43	19.44	19.45	19.46	19.47	19.47	19.48	19.49	19.49	19.50	19.50
	0.01	98.49	99.01	99.17	99.25	99.30	99.33	99.34	99.36	99.38	99.40	99.41	99.42	99.43	99.44	99.45	99.46	99.47	99.48	99.48	99.49	99.49	99.49	99.50	99.50
3	0.05	10.13	9.55	9.28	9.12	9.01	8.94	8.88	8.84	8.81	8.78	8.76	8.74	8.71	8.69	8.66	8.64	8.62	8.60	8.58	8.57	8.56	8.54	8.54	8.53
	0.01	34.12	30.81	29.46	28.71	28.24	27.91	27.67	27.49	27.34	27.23	27.13	27.05	26.92	26.83	26.69	26.60	26.50	26.41	26.30	26.27	26.23	26.18	26.14	26.12
4	0.05	7.71	6.94	6.59	6.39	6.26	6.16	6.09	6.04	6.00	5.96	5.93	5.91	5.87	5.84	5.80	5.77	5.74	5.71	5.70	5.68	5.66	5.65	5.64	5.63
	0.01	21.20	18.00	16.69	15.98	15.52	15.21	14.98	14.80	14.66	14.54	14.45	14.37	14.24	14.15	14.02	13.93	13.83	13.74	13.69	13.61	13.57	13.52	13.48	13.46
5	0.05	6.61	5.79	5.41	5.19	5.05	4.95	4.88	4.82	4.78	4.74	4.70	4.68	4.64	4.60	4.56	4.53	4.50	4.46	4.44	4.42	4.40	4.38	4.37	4.36
	0.01	16.26	13.27	12.06	11.39	10.97	10.67	10.45	10.27	10.15	10.05	9.96	9.89	9.77	9.68	9.55	9.47	9.38	9.29	9.24	9.17	9.13	9.07	9.04	9.02
6	0.05	5.99	5.14	4.76	4.53	4.39	4.28	4.21	4.15	4.10	4.06	4.03	4.00	3.96	3.92	3.87	3.84	3.81	3.77	3.75	3.72	3.71	3.69	3.68	3.67
	0.01	13.74	10.92	9.78	9.15	8.75	8.47	8.26	8.10	7.98	7.87	7.79	7.72	7.60	7.52	7.39	7.31	7.23	7.14	7.09	7.02	6.99	6.94	6.90	6.88
7	0.05	5.59	4.74	4.35	4.12	3.97	3.87	3.79	3.73	3.68	3.63	3.60	3.57	3.52	3.49	3.44	3.41	3.38	3.34	3.32	3.29	3.28	3.25	3.24	3.23
	0.01	12.25	9.55	8.45	7.85	7.46	7.19	7.00	6.84	6.71	6.62	6.54	6.47	6.35	6.27	6.15	6.07	5.98	5.90	5.85	5.78	5.75	5.70	5.67	5.65
8	0.05	5.32	4.46	4.07	3.84	3.69	3.58	3.50	3.44	3.39	3.34	3.31	3.28	3.23	3.20	3.15	3.12	3.08	3.05	3.03	3.00	2.98	2.96	2.94	2.93
	0.01	11.26	8.65	7.59	7.01	6.63	6.37	6.19	6.03	5.91	5.82	5.74	5.67	5.56	5.48	5.36	5.28	5.20	5.11	5.06	5.00	4.96	4.91	4.88	4.86
9	0.05	5.12	4.26	3.86	3.63	3.48	3.37	3.29	3.23	3.18	3.13	3.10	3.07	3.02	2.98	2.93	2.90	2.86	2.82	2.80	2.77	2.76	2.73	2.72	2.71
	0.01	10.56	8.02	6.99	6.42	6.06	5.80	5.62	5.47	5.35	5.26	5.18	5.11	5.00	4.92	4.80	4.73	4.64	4.56	4.51	4.45	4.41	4.36	4.33	4.31

续表

分母 df	α	分子 df																						
		1	2	3	4	5	6	7	8	9	10	11	12	14	16	20	24	30	40	50	75	100	200	500	∞
10	0.05	4.96	4.10	3.71	3.48	3.33	3.22	3.14	3.07	3.02	2.97	2.94	2.91	2.86	2.82	2.77	2.74	2.70	2.67	2.64	2.61	2.59	2.56	2.55	2.54
	0.01	10.04	7.56	6.55	5.99	5.64	5.39	5.21	5.06	4.95	4.85	4.78	4.71	4.60	4.52	4.41	4.33	4.25	4.17	4.12	4.05	4.01	3.96	3.93	3.91
11	0.05	4.84	3.98	3.59	3.36	3.20	3.09	3.01	2.95	2.90	2.86	2.82	2.79	2.74	2.70	2.65	2.61	2.57	2.53	2.50	2.47	2.45	2.42	2.41	2.40
	0.01	9.65	7.20	6.22	5.67	5.32	5.07	4.88	4.74	4.63	4.54	4.46	4.40	4.29	4.21	4.10	4.02	3.94	3.86	3.80	3.74	3.70	3.66	3.62	3.60
12	0.05	4.75	3.88	3.49	3.26	3.11	3.00	2.92	2.85	2.80	2.76	2.72	2.69	2.64	2.60	2.54	2.50	2.46	2.42	2.40	2.36	2.35	2.32	2.31	2.30
	0.01	9.33	6.93	5.95	5.41	5.06	4.82	4.65	4.50	4.39	4.30	4.22	4.16	4.05	3.98	3.86	3.78	3.70	3.61	3.56	3.49	3.46	3.41	3.38	3.36
13	0.05	4.67	3.80	3.41	3.18	3.02	2.92	2.84	2.77	2.72	2.67	2.63	2.60	2.55	2.51	2.46	2.42	2.38	2.34	2.32	2.28	2.26	2.24	2.22	2.21
	0.01	9.07	6.70	5.74	5.20	4.86	4.62	4.44	4.30	4.19	4.10	4.02	3.96	3.85	3.78	3.67	3.59	3.51	3.42	3.37	3.30	3.27	3.21	3.18	3.16
14	0.05	4.60	3.74	3.34	3.11	2.96	2.85	2.77	2.70	2.65	2.60	2.56	2.53	2.48	2.44	2.39	2.35	2.31	2.27	2.24	2.21	2.19	2.16	2.14	2.13
	0.01	8.86	6.51	5.56	5.03	4.69	4.46	4.28	4.14	4.03	3.94	3.86	3.80	3.70	3.62	3.51	3.43	3.34	3.26	3.21	3.14	3.11	3.06	3.02	3.00
15	0.05	4.54	3.68	3.29	3.06	2.90	2.79	2.70	2.64	2.59	2.55	2.51	2.48	2.43	2.39	2.33	2.29	2.25	2.21	2.18	2.15	2.12	2.10	2.08	2.07
	0.01	8.68	6.36	5.42	4.89	4.56	4.32	4.14	4.00	3.89	3.80	3.73	3.67	3.56	3.48	3.36	3.29	3.20	3.12	3.07	3.00	2.97	2.92	2.89	2.87
16	0.05	4.49	3.63	3.24	3.01	2.85	2.74	2.66	2.59	2.54	2.49	2.45	2.42	2.37	2.33	2.28	2.24	2.20	2.16	2.13	2.09	2.07	2.04	2.02	2.01
	0.01	8.53	6.23	5.29	4.77	4.44	4.20	4.03	3.89	3.78	3.69	3.61	3.55	3.45	3.37	3.25	3.18	3.10	3.01	2.96	2.89	2.86	2.80	2.77	2.75
17	0.05	4.45	3.59	3.20	2.96	2.81	2.70	2.62	2.55	2.50	2.45	2.41	2.38	2.33	2.29	2.23	2.19	2.15	2.11	2.08	2.04	2.02	1.99	1.97	1.96
	0.01	8.40	6.11	5.18	4.67	4.34	4.10	3.93	3.79	3.68	3.59	3.52	3.45	3.35	3.27	3.16	3.08	3.00	2.92	2.86	2.79	2.76	2.70	2.67	2.65
18	0.05	4.41	3.55	3.16	2.93	2.77	2.66	2.58	2.51	2.46	2.41	2.37	2.34	2.29	2.25	2.19	2.15	2.11	2.07	2.04	2.00	1.98	1.95	1.93	1.92
	0.01	8.28	6.01	5.09	4.58	4.25	4.01	3.85	3.71	3.60	3.51	3.44	3.37	3.27	3.19	3.07	3.00	2.91	2.83	2.78	2.71	2.68	2.62	2.59	2.57

续表

分母 df	α	分子 df																							
		1	2	3	4	5	6	7	8	9	10	11	12	14	16	20	24	30	40	50	75	100	200	500	∞
19	0.05	4.38	3.52	3.13	2.90	2.74	2.63	2.55	2.48	2.43	2.38	2.34	2.31	2.26	2.21	2.15	2.11	2.07	2.02	2.00	1.96	1.94	1.91	1.90	1.88
	0.01	8.18	5.93	5.01	4.50	4.17	3.94	3.77	3.63	3.52	3.43	3.36	3.30	3.19	3.12	3.00	2.92	2.84	2.76	2.70	2.63	2.60	2.54	2.51	2.49
20	0.05	4.35	3.49	3.10	2.87	2.71	2.60	2.52	2.45	2.40	2.35	2.31	2.28	2.23	2.18	2.12	2.08	2.04	1.99	1.96	1.92	1.90	1.87	1.85	1.84
	0.01	8.10	5.85	4.94	4.43	4.10	3.87	3.71	3.56	3.45	3.37	3.30	3.23	3.13	3.05	2.94	2.86	2.77	2.69	2.63	2.56	2.53	2.47	2.44	2.42
21	0.05	4.32	3.47	3.07	2.84	2.68	2.57	2.49	2.42	2.37	2.32	2.28	2.25	2.20	2.15	2.09	2.05	2.00	1.96	1.93	1.89	1.87	1.84	1.82	1.81
	0.01	8.02	5.78	4.87	4.37	4.04	3.81	3.65	3.51	3.40	3.31	3.24	3.17	3.07	2.99	2.88	2.80	2.72	2.63	2.58	2.51	2.47	2.42	2.38	2.36
22	0.05	4.30	3.44	3.05	2.82	2.66	2.55	2.47	2.40	2.35	2.30	2.26	2.23	2.18	2.13	2.07	2.03	1.98	1.93	1.91	1.87	1.84	1.81	1.80	1.78
	0.01	7.94	5.72	4.82	4.31	3.99	3.76	3.59	3.45	3.35	3.26	3.18	3.12	3.02	2.94	2.83	2.75	2.67	2.58	2.53	2.46	2.42	2.37	2.33	2.31
23	0.05	4.28	3.42	3.03	2.80	2.64	2.53	2.45	2.38	2.32	2.28	2.24	2.20	2.14	2.10	2.04	2.00	1.96	1.91	1.88	1.84	1.82	1.79	1.77	1.76
	0.01	7.88	5.66	4.76	4.26	3.94	3.71	3.54	3.41	3.30	3.21	3.14	3.07	2.97	2.89	2.78	2.70	2.62	2.53	2.48	2.41	2.37	2.32	2.28	2.26
24	0.05	4.26	3.40	3.01	2.78	2.62	2.51	2.43	2.36	2.30	2.26	2.22	2.18	2.13	2.09	2.02	1.98	1.94	1.89	1.86	1.82	1.80	1.76	1.74	1.73
	0.01	7.82	5.61	4.72	4.22	3.90	3.67	3.50	3.36	3.25	3.17	3.09	3.03	2.93	2.85	2.74	2.66	2.58	2.49	2.44	2.36	2.33	2.27	2.23	2.21
25	0.05	4.24	3.38	2.99	2.76	2.60	2.49	2.41	2.34	2.28	2.24	2.20	2.16	2.11	2.06	2.00	1.96	1.92	1.87	1.84	1.80	1.77	1.74	1.72	1.71
	0.01	7.77	5.57	4.68	4.18	3.86	3.63	3.46	3.32	3.21	3.13	3.05	2.99	2.89	2.81	2.70	2.62	2.54	2.45	2.40	2.32	2.29	2.23	2.19	2.17
26	0.05	4.22	3.37	2.89	2.74	2.59	2.47	2.39	2.32	2.27	2.22	2.18	2.15	2.10	2.05	1.99	1.95	1.90	1.85	1.82	1.78	1.76	1.72	1.70	1.69
	0.01	5.72	5.53	4.64	4.14	3.82	3.59	3.42	3.29	3.17	3.09	3.02	2.96	2.86	2.77	2.66	2.58	2.50	2.41	2.36	2.28	2.25	2.19	2.15	2.13
27	0.05	4.21	3.35	2.96	2.73	2.57	2.46	2.37	2.30	2.25	2.20	2.16	2.13	2.08	2.03	1.97	1.93	1.88	1.84	1.80	1.76	1.74	1.71	1.68	1.67
	0.01	7.68	5.49	4.60	4.11	3.79	3.56	3.39	3.26	3.14	3.06	2.98	2.93	2.83	2.74	2.68	2.55	2.47	2.38	2.33	2.25	2.21	2.16	2.12	2.10

附表6 F_{max}的临界值(哈特莱方差齐性检验)

$$F_{max} = 最大\sigma^2 / 最小\sigma^2$$

t_i的 df	α	\multicolumn{11}{c}{k=变异数的数目}										
		2	3	4	5	6	7	8	9	10	11	12
4	0.05	9.60	15.5	20.6	25.2	29.5	33.6	37.5	41.4	44.6	48.0	51.4
	0.01	23.2	37.0	49.0	59.0	69.0	79.0	89.0	97.0	106.0	113.0	120.0
5	0.05	7.15	10.8	13.7	16.3	18.7	20.8	22.9	24.7	26.5	28.2	29.9
	0.01	14.9	22.0	28.0	33.0	38.0	42.0	46.0	50.0	54.0	57.0	60.0
6	0.05	5.82	8.38	10.4	12.1	13.7	15.0	16.3	17.5	18.6	19.7	20.7
	0.01	11.1	15.5	19.1	22.0	25.0	27.0	30.0	32.0	34.0	36.0	37.0
7	0.05	4.99	6.94	8.44	9.70	10.8	11.8	12.7	13.5	14.3	15.1	15.8
	0.01	8.89	12.1	14.5	16.5	18.4	20.0	22.0	23.0	24.0	26.0	27.0
8	0.05	4.43	6.00	7.18	8.12	9.03	9.78	10.5	11.1	11.7	12.2	12.7
	0.01	7.50	9.9	11.7	13.2	14.5	15.8	16.9	17.9	18.9	19.8	21.0
9	0.05	4.03	5.34	6.31	7.11	7.80	8.41	8.95	9.45	9.91	10.3	10.7
	0.01	6.54	8.5	9.9	11.1	12.1	13.1	13.9	14.7	15.3	16.0	16.6
10	0.05	3.72	4.85	5.67	6.34	6.92	7.42	7.87	8.28	8.66	9.01	9.34
	0.01	5.85	7.4	8.6	9.6	10.4	11.1	11.8	12.4	12.9	13.4	13.9
12	0.05	3.28	4.16	4.79	5.30	5.72	6.09	6.42	6.72	7.00	7.25	7.48
	0.01	4.91	6.1	6.9	7.6	8.2	8.7	9.1	9.5	9.9	10.2	10.6
15	0.05	2.86	3.54	4.01	4.37	4.68	4.95	5.19	5.40	5.59	5.77	5.93
	0.01	4.07	4.9	5.5	6.0	6.4	6.7	7.1	7.3	7.5	7.8	8.0
20	0.05	2.46	2.95	3.29	3.54	3.76	3.94	4.10	4.24	4.37	4.49	4.59
	0.01	3.32	3.8	4.3	4.6	4.9	5.1	5.3	5.5	5.6	5.8	5.9
30	0.05	2.07	2.40	2.61	2.78	2.91	3.02	3.12	3.21	3.29	3.36	3.39
	0.01	2.63	3.0	3.3	3.5	3.6	3.7	3.8	3.9	4.0	4.1	4.2
60	0.05	1.67	1.85	1.96	2.04	2.11	2.17	2.22	2.26	2.30	2.33	2.36
	0.01	1.96	2.2	2.3	2.4	2.4	2.5	2.5	2.6	2.6	2.7	2.7
∞	0.05	1.00	1.00	1.00	1.00	1.00	1.00	1.00	1.00	1.00	1.00	1.00
	0.01	1.00	1.00	1.00	1.00	1.00	1.00	1.00	1.00	1.00	1.00	1.00

附表7　Fisher Z_r 转换表

r	Z_r	r	Z_r	r	Z_r	r	Z_r	r	Z_r
0.000	0.000	0.200	0.203	0.400	0.424	0.600	0.693	0.800	1.099
0.005	0.005	0.205	0.208	0.405	0.430	0.605	0.701	0.805	1.113
0.010	0.010	0.210	0.213	0.410	0.436	0.610	0.709	0.810	1.127
0.015	0.015	0.215	0.218	0.415	0.442	0.615	0.717	0.815	1.142
0.020	0.020	0.220	0.224	0.420	0.448	0.620	0.725	0.820	1.157
0.025	0.025	0.225	0.229	0.425	0.454	0.625	0.733	0.825	1.172
0.030	0.030	0.230	0.234	0.430	0.460	0.630	0.741	0.830	1.188
0.035	0.035	0.235	0.239	0.435	0.465	0.635	0.750	0.835	1.204
0.040	0.040	0.240	0.245	0.440	0.472	0.640	0.758	0.840	1.221
0.045	0.045	0.245	0.250	0.445	0.478	0.645	0.767	0.845	1.238
0.050	0.050	0.250	0.255	0.450	0.485	0.650	0.775	0.850	1.255
0.055	0.055	0.255	0.261	0.455	0.491	0.655	0.784	0.855	1.274
0.060	0.060	0.260	0.265	0.460	0.497	0.660	0.793	0.860	1.293
0.065	0.065	0.265	0.271	0.465	0.504	0.665	0.802	0.865	1.313
0.070	0.070	0.270	0.277	0.470	0.510	0.670	0.811	0.870	1.333
0.075	0.075	0.275	0.282	0.475	0.517	0.675	0.820	0.875	1.354
0.080	0.080	0.280	0.288	0.480	0.523	0.680	0.829	0.880	1.376
0.085	0.085	0.285	0.293	0.485	0.530	0.685	0.838	0.885	1.398
0.090	0.090	0.290	0.299	0.490	0.536	0.690	0.848	0.890	1.422
0.095	0.095	0.295	0.304	0.495	0.543	0.695	0.858	0.895	1.447
0.100	0.100	0.300	0.310	0.500	0.549	0.700	0.867	0.900	1.472
0.105	0.105	0.305	0.315	0.505	0.556	0.705	0.877	0.905	1.499
0.110	0.110	0.310	0.321	0.510	0.563	0.710	0.887	0.910	1.528
0.115	0.116	0.315	0.326	0.515	0.570	0.715	0.897	0.915	1.557
0.120	0.121	0.320	0.332	0.520	0.576	0.720	0.908	0.920	1.589
0.125	0.126	0.325	0.337	0.525	0.583	0.725	0.918	0.925	1.623
0.130	0.131	0.330	0.343	0.530	0.590	0.730	0.929	0.930	1.658
0.135	0.135	0.335	0.348	0.535	0.597	0.735	0.940	0.935	1.697
0.140	0.141	0.340	0.354	0.540	0.604	0.740	0.950	0.940	1.788
0.145	0.146	0.345	0.360	0.545	0.611	0.745	0.962	0.945	1.783
0.150	0.151	0.350	0.365	0.550	0.618	0.750	0.973	0.950	1.832
0.155	0.156	0.355	0.371	0.555	0.626	0.755	0.984	0.955	1.886
0.160	0.161	0.360	0.377	0.560	0.633	0.760	0.995	0.960	1.946
0.165	0.167	0.365	0.383	0.565	0.640	0.765	1.008	0.965	2.014
0.170	0.172	0.370	0.388	0.570	0.648	0.770	1.020	0.970	2.092
0.175	0.177	0.375	0.394	0.575	0.655	0.775	1.033	0.975	2.185
0.180	0.182	0.380	0.400	0.580	0.662	0.780	1.045	0.980	2.298
0.185	0.187	0.385	0.406	0.585	0.670	0.785	1.058	0.985	2.443
0.190	0.192	0.390	0.412	0.590	0.678	0.790	1.071	0.990	2.647
0.195	0.198	0.395	0.418	0.595	0.685	0.795	1.085	0.995	2.994

附表 8　积差相关系数(r)显著性临界值表

$df = N-2$	α			
	0.10	0.05	0.02	0.01
1	0.988	0.997	0.9995	0.9999
2	0.900	0.950	0.980	0.990
3	0.805	0.878	0.934	0.959
4	0.729	0.811	0.882	0.917
5	0.669	0.754	0.833	0.874
6	0.622	0.707	0.789	0.834
7	0.582	0.666	0.750	0.793
8	0.549	0.632	0.716	0.765
9	0.521	0.602	0.685	0.735
10	0.497	0.576	0.658	0.708
11	0.476	0.553	0.634	0.684
12	0.458	0.532	0.612	0.661
13	0.441	0.514	0.592	0.641
14	0.426	0.497	0.574	0.623
15	0.412	0.482	0.558	0.606
16	0.400	0.468	0.542	0.590
17	0.389	0.456	0.528	0.575
18	0.378	0.444	0.516	0.561
19	0.369	0.433	0.503	0.549
20	0.360	0.423	0.492	0.537
21	0.352	0.413	0.482	0.526
22	0.344	0.404	0.472	0.515
23	0.337	0.396	0.462	0.505
24	0.330	0.388	0.453	0.496
25	0.323	0.381	0.445	0.487
26	0.317	0.374	0.437	0.479
27	0.311	0.367	0.430	0.471
28	0.305	0.361	0.423	0.463
29	0.301	0.355	0.416	0.456
30	0.296	0.349	0.409	0.449
35	0.275	0.325	0.381	0.418
40	0.257	0.304	0.358	0.393
45	0.243	0.288	0.338	0.372
50	0.231	0.273	0.322	0.354
60	0.211	0.250	0.295	0.325
70	0.195	0.232	0.274	0.302
80	0.183	0.217	0.256	0.283
90	0.173	0.205	0.242	0.267
100	0.164	0.195	0.230	0.254

附表 9 χ² 分布临界值表

χ² 大于表内所列 χ² 值的概率

df	0.995	0.990	0.975	0.950	0.900	0.750	0.500	0.250	0.100	0.050	0.025	0.010	0.005
1	0.00004	0.00016	0.00098	0.0039	0.0158	0.102	0.455	1.32	2.71	3.84	5.02	6.63	7.88
2	0.0100	0.0201	0.0506	0.103	0.211	0.575	1.39	2.77	4.61	5.99	7.38	9.21	10.6
3	0.0717	0.115	0.216	0.352	0.584	1.21	2.37	4.11	6.25	7.81	9.35	11.3	12.8
4	0.267	0.297	0.484	0.711	1.06	1.92	3.36	5.39	7.78	9.49	11.1	13.3	14.9
5	0.412	0.554	0.831	1.15	1.61	2.67	4.35	6.63	9.24	11.1	12.8	15.1	16.7
6	0.676	0.872	1.24	1.64	2.20	3.45	5.85	7.84	10.6	12.6	14.4	16.8	18.5
7	0.989	1.24	1.69	2.17	2.83	4.25	6.35	9.04	12.0	14.1	16.0	18.5	20.3
8	1.34	1.65	2.18	2.73	3.49	5.07	7.34	10.2	13.4	15.5	17.5	20.1	22.0
9	1.73	2.09	2.70	3.33	4.17	5.90	8.34	11.4	14.7	16.9	19.0	21.7	23.6
10	2.76	2.56	3.25	3.94	4.87	6.74	9.34	12.5	16.0	18.3	20.5	23.2	25.2
11	2.60	3.05	3.82	4.57	5.58	7.58	10.3	13.7	17.3	19.7	21.9	24.7	26.8
12	3.07	3.57	4.40	5.23	6.30	8.44	11.3	14.8	18.5	21.0	23.3	26.2	28.3
13	3.57	4.11	5.01	5.89	7.04	9.30	12.3	16.0	19.8	22.4	24.7	27.7	29.8
14	4.07	4.66	5.68	6.57	7.79	10.2	13.3	17.1	21.1	23.7	26.1	29.1	31.3
15	4.60	5.23	6.26	7.26	8.55	11.0	14.3	18.2	22.3	25.0	27.5	30.6	32.8

续表

χ^2 大于表内所列 χ^2 值的概率

df	0.995	0.990	0.975	0.950	0.900	0.750	0.500	0.250	0.100	0.050	0.025	0.010	0.005
16	5.14	5.81	6.91	7.96	9.31	11.9	15.3	19.4	23.5	26.3	28.8	32.0	34.3
17	5.70	6.41	7.56	8.67	10.1	12.8	16.3	20.5	24.8	27.6	30.2	33.4	35.7
18	6.26	7.01	8.23	9.39	10.9	13.7	17.3	21.6	26.0	28.9	31.5	34.8	37.2
19	6.84	7.63	9.91	10.1	11.7	14.6	18.3	22.7	27.2	30.1	32.9	36.2	38.6
20	7.43	8.29	9.59	10.9	12.4	15.5	19.3	23.8	28.4	31.4	34.2	37.6	40.0
21	8.03	8.90	10.3	11.6	13.2	16.3	20.3	24.9	29.6	32.7	35.5	38.9	41.4
22	8.64	9.54	11.0	12.3	14.0	17.2	21.3	26.0	30.8	33.9	36.8	40.3	42.8
23	9.26	10.2	11.7	13.1	14.8	18.1	22.3	27.1	32.0	35.2	38.1	41.6	44.2
24	9.89	10.9	12.4	13.8	15.7	19.0	23.3	28.2	33.2	36.4	39.4	43.0	45.6
25	10.5	11.5	13.1	14.6	16.5	19.9	24.3	29.3	34.4	37.7	40.6	44.3	46.9
26	11.2	12.2	13.8	15.4	17.3	20.3	25.3	30.4	35.6	38.9	41.9	45.6	48.3
27	11.8	12.9	14.6	16.2	18.1	21.7	26.3	31.5	36.7	40.1	43.2	47.0	49.6
28	12.5	13.6	15.3	16.9	18.9	22.7	27.3	32.6	37.9	41.3	44.5	48.3	51.0
29	13.1	14.3	16.0	17.7	19.8	23.6	28.3	33.7	39.1	42.6	45.7	49.6	52.3
30	13.8	15.0	16.8	18.5	20.6	24.5	29.3	34.8	40.3	43.8	47.0	50.9	53.7
40	20.7	22.2	24.4	26.5	29.1	35.7	39.3	45.6	51.8	55.8	59.3	63.7	65.8
50	28.0	29.7	32.4	34.8	37.7	42.9	49.3	56.3	63.2	67.5	71.4	76.2	79.5
60	35.5	37.5	40.5	43.2	46.5	52.3	59.3	67.0	74.4	79.1	83.3	88.4	92.0

附表10 符号检验表

N 对子数	0.01	0.05	0.10	N 对子数	0.01	0.05	0.10	N 对子数	0.01	0.05	0.10
1				31	7	9	10	61	20	22	23
2				32	8	9	10	62	20	22	24
3				33	8	10	11	63	20	23	24
4				34	9	10	11	64	21	23	24
5			0	35	9	11	12	65	21	24	25
6		0	0	36	9	11	12	66	22	24	25
7		0	0	37	10	12	13	67	22	25	26
8	0	0	1	38	10	12	13	68	22	25	26
9	0	1	1	39	11	12	13	69	23	25	27
10	0	1	1	40	11	13	14	70	23	26	27
11	0	1	2	41	11	13	14	71	24	26	28
12	1	2	2	42	12	14	15	72	24	27	28
13	1	2	3	43	12	14	15	73	25	27	28
14	1	2	3	44	13	15	16	74	25	28	29
15	2	3	3	45	13	15	16	75	25	28	29
16	2	3	4	46	13	15	16	76	26	28	30
17	2	4	4	47	14	16	17	77	26	29	30
18	3	4	5	48	14	16	17	78	27	29	31
19	3	4	5	49	15	17	18	79	27	30	31
20	3	5	5	50	15	17	18	80	28	30	32
21	4	5	6	51	15	18	19	81	28	31	32
22	4	5	6	52	16	18	19	82	28	31	33
23	4	6	7	53	16	18	20	83	29	32	33
24	5	6	7	54	17	19	20	84	29	32	33
25	5	7	7	55	17	19	20	85	30	32	34
26	6	7	8	56	17	20	21	86	30	33	34
27	6	7	8	57	18	20	21	87	31	33	35
28	6	8	9	58	18	21	22	88	31	34	35
29	7	8	9	59	19	21	22	89	31	34	36
30	7	9	10	60	19	21	23	90	32	35	36

注：此表为单侧检验，双侧检验的概率应为0.02，0.10，0.20。

附表11　符号秩次检验表

N	单侧检验显著水准		
	0.025	0.01	0.005
	双侧检验显著水准		
	0.05	0.02	0.01
6	0	—	—
7	2	0	—
8	4	2	0
9	6	3	2
10	8	5	3
11	11	7	5
12	14	10	7
13	17	13	10
14	21	16	13
15	25	20	16
16	30	24	20
17	35	28	23
18	40	33	28
19	46	38	32
20	52	43	38
21	59	49	43
22	66	56	49
23	73	62	55
24	81	69	61
25	89	77	68

附表12 秩和检验表

n_1	n_2	T_1	T_2	n_1	n_2	T_1	T_2	n_1	n_2	T_1	T_2
2	4	3	11	4	4	11	25	6	7	28	56
2	5	3	13	4	4	12	24	6	7	30	54
2	6	3	15	4	5	12	28	6	8	29	61
2	6	4	14	4	5	13	27	6	8	32	58
2	7	3	17	4	6	12	32	6	9	31	65
2	7	4	16	4	6	14	30	6	9	33	63
2	8	3	19	4	7	13	35	6	10	33	69
2	8	4	18	4	7	15	33	6	10	35	67
2	9	3	21	4	8	14	38	7	7	37	68
2	9	4	20	4	8	16	36	7	7	39	66
2	10	4	22	4	9	15	41	7	8	39	73
2	10	5	21	4	9	17	39	7	8	41	71
3	3	6	15	4	10	16	44	7	9	41	78
				4	10	18	42	7	9	43	76
3	4	6	18	5	5	18	37	7	10	43	83
3	4	7	17	5	5	19	36	7	10	46	80
3	5	6	21	5	6	19	41	8	8	49	87
3	5	7	20	5	6	20	40	8	8	52	84
3	6	7	23	5	7	20	45	8	9	51	63
3	6	8	22		7	22	43	8	9	54	90
3	7	8	25		8	21	49	8	10	54	98
3	7	9	24	5	8	23	47	8	10	57	95
3	8	8	28	5	9	22	53	9	9	63	108
3	8	9	27	5	9	25	50	9	9	66	105
3	9	9	30	5	10	24	56	9	10	66	114
3	9	10	29	5	10	26	54	9	10	69	111
3	10	9	33	6	6	26	52	10	10	79	131
3	10	11	31	6	6	28	50	10	10	83	127

注：表中数值上行表示0.025显著性水平，下行表示0.05显著性水平。（此表为单侧检验）

主要参考文献

1. 车宏生,王爱平,卞冉.(2006).*心理与社会研究统计方法*.北京师范大学出版社.
2. 车宏生,朱敏.(1988).*心理统计*.科学出版社.
3. 陈龙,韩淼.(1984).因素分析简介(续).*心理学动态*,6(2):60-66.
4. 邓铸.(2006).*应用实验心理学*.上海教育出版社.
5. 中华人民共和国国家统计局.(2005).*中国统计年鉴-2005*.中国统计出版社.
6. 洪立基.(1987).非参数检验适用于哪些情况.*中国卫生统计*,4(2):8-9.
7. 黄希庭,张志杰.(2005).*心理学研究方法*.高等教育出版社.
8. 贾怀勤.(2002).*应用统计*.中国对外经济贸易出版社.
9. 金瑜.(2001).*心理测量*.华东师范大学出版社.
10. 邵志芳.(2004).*心理与教育统计学*.上海科学普及出版社.
11. 舒华.(1994).*心理与教育研究中的多因素实验设计*.北京师范大学出版社.
12. 陶靖轩,刘春雨,鲁统宇,等.(2007).*应用统计学(第二版)*.中国计量出版社.
13. 王权.(1993).*现代因素分析*.杭州大学出版社.
14. 王孝玲.(2001).*教育统计学*.华东师范大学出版社.
15. 王晓柳.(2001).*教育统计学*.苏州大学出版社.
16. 温忠麟,邢最智.(2001).*现代教育与心理统计技术*.江苏教育出版社.
17. 谢小庆,王丽.(1989).*因素分析:一种科学研究的工具*.中国社会科学出版社.
18. 张厚粲.(1988).*心理与教育统计学*.北京师范大学出版社.
19. 张厚粲,徐建平.(2003).*现代心理与教育统计学*.北京师范大学出版社.
20. 张积家,陈栩茜.(2005).句子背景下缺失音素的中文听觉词理解的音、义激活进程(Ⅱ).*心理学报*,37(5),582-589.
21. 张敏强.(2002).*教育与心理统计学*.人民教育出版社.
22. 郑昊敏,温忠麟,吴燕.(2011).心理学常用效应量的选用与分析.*心理科学进展*,19(12),155-159.
23. [日]芝祐顺.(1999).*因素分析法*.曹亦薇,译.人民教育出版社.
24. 朱滢.(2000).*实验心理学*.北京大学出版社.
25. [美]弗雷德里克·J.格拉维特,罗妮安·B.佛泽诺.(2005).*行为科学研究方法*.邓铸,等译.陕西师范大学出版社.
26. [美]梅雷迪斯.D.高尔,等.(2002).*教育研究方法导论*.许庆豫,等译.江苏教育出版社,27-28.

27. Cohen, J. (1973). Eta-squared and Partial Eta-Squared in Fixed Factor ANOVA Designs. *Educational and Psychological Measurement*, 33, 107–112.
28. D. P. Schultz, & S. E. Schultz. (2004). *工业与组织心理学*. 时勘,等译. 中国轻工业出版社.
29. G. Levine, & S. Parkinson. (1994). *Experimental Methods in Psychology*. New Jersey: Lawrence Erlbaum Associates, Inc.
30. R. B. Cattell. (1952). *Factor Analysis*. New York: Harper Bros.
31. Snyder, P., & Lawson, S. (1993). Evaluating results using corrected and uncorrected effect size estimates. *Journal of Experimental Education*, 61(2), 334–349.